A NECESSIDADE DA GEOGRAFIA

O presente trabalho foi realizado com apoio da
Coordenação de Aperfeiçoamento de Pessoal de Nível Superior – Brasil (CAPES) –
Recursos PROEX

Ana Fani Alessandri Carlos
Rita de Cássia Ariza da Cruz
(organizadoras)

A NECESSIDADE DA GEOGRAFIA

editoracontexto

Diagramação
Gustavo S. Vilas Boas

Preparação de textos
Daniela Marini Iwamoto

Revisão
Lilian Aquino

Dados Internacionais de Catalogação na Publicação (CIP)

A necessidade da geografia / organizado por
Ana Fani Alessandri Carlos e Rita de Cássia Ariza da Cruz. –
São Paulo : Contexto, 2019.
256 p.

Bibliografia
ISBN: 978-85-520-0158-4

1. Geografia 2. Geografia – Pesquisa 3. Geografia humana
4. Geopolítica I. Carlos, Ana Fani Alessandri
II. Cruz, Rita de Cássia Ariza da

19-1348 CDD 910

Angélica Ilacqua CRB-8/7057

Índices para catálogo sistemático:
1. Geografia

2019

EDITORA CONTEXTO
Diretor editorial: *Jaime Pinsky*

Rua Dr. José Elias, 520 – Alto da Lapa
05083-030 – São Paulo – SP
PABX: (11) 3832 5838
contexto@editoracontexto.com.br
www.editoracontexto.com.br

Uma geografia digna desse nome deve preocupar-se com o futuro.
Uma ciência do homem deve cuidar do futuro não como mero
exercício acadêmico, mas para dominá-lo.

Milton Santos

SUMÁRIO

REGIÃO, METROPOLIZAÇÃO E LUGAR

NATUREZA, PAISAGEM E CULTURA

INTRODUÇÃO

Este livro é fruto de um projeto coletivo tecido por muitas mãos – para sermos exatos, 20 pares –, gestado ao longo de uma série de encontros, o que faz dele uma obra que supera a simples ideia de coletânea. O que reúne esse grupo de pessoas diferentes é, certamente, a existência de um projeto em comum: aquele que encontra na Geografia a potência e o caminho para pensar o mundo em que vivemos a partir de diferentes abordagens sustentadas pelos conceitos basilares da disciplina. O tempo lento da reflexão que compreende o mundo tem como pressuposto uma visão de mundo e recorre ao método que orienta *este fazer* munido de uma ferramenta conceitual.

O que está posto para as ciências humanas e para a Geografia em particular é o fato de que os conceitos devem ser delineados e justapostos de modo a construir um caminho para a investigação da realidade, revelando sua complexidade diante da diversidade do mundo em constante transformação. Desse modo, os conceitos ganham, neste livro, novos conteúdos, posto que nascem da prática em constante transformação. Este é o desafio: enfrentar e rever os conceitos dando-lhes novos conteúdos, apontar ou, ainda, desdobrar deles novos temas de investigação. Com esse procedimento, atualiza-se as possibilidades que fundamentam a pesquisa em Geografia, que objetiva compreender a realidade em sua dinâmica. Tem como momento analisador, atravessando todo o livro, aquilo que é específico da Geografia: o nível espacial da realidade social.

A organização do livro repousa no diálogo entre os capítulos, de modo a construir o caminho da investigação geográfica. A centralidade do espaço em nossas pesquisas permite pensar o mundo em que vivemos em várias frentes de pesquisa: desde as questões sobre as transformações da natureza e o debate sobre a problemática ambiental, à questão agrícola-agrária num mundo urbano, o turismo e a cidade como fonte de novos negócios, dentre outras questões. O espaço como fio condutor da análise geográfica se manifesta no plano real, que é aquele da prática em suas contradições, revelando conflitos. Ele pode ser lido através de processos de regionalização, das novas dinâmicas da metropolização, das metamorfoses da paisagem, dos conflitos que permeiam a vida tanto na cidade como no campo, no urbano e no rural. Isso porque esta realidade se expressa em sua determinação principal – a espacial – que se constrói a partir da relação entre a sociedade e a natureza e se expressa numa paisagem cambiante onde os elementos da história e da cultura sinalizam momentos de ruptura e crise. Desse modo, o mapa, tão caro à pesquisa geográfica, não se reduz aqui a uma representação, mas permite a leitura da dinâmica do real em suas escalas, por exemplo. A escala permite pensar nas articulações entre lugares e no lugar. Este, por sua vez, revela o plano do cotidiano e dos modos de vida – tanto no urbano quanto no rural. Da mesma maneira, o debate espacial permite localizar as lutas e os conflitos de nossa sociedade, muitas delas decorrente do próprio ato de planejar, que se faz transformando espaços e territórios sob a orientação do Estado, iluminando as alianças entre o poder econômico e o político e as estratégias do processo de acumulação sob o domínio do capital e do *mundo da mercadoria*. A ação do Estado, por sua vez, transcende fronteiras, redefinindo a geopolítica e um novo caminho da mundialização.

O livro esta dividido em 3 partes: a) Espaço e território; b) Região, metropolização e lugar; c) Natureza, paisagem e cultura. Em cada uma de suas partes, os capítulos se articulam em torno da ideia de que, do ponto de vista da Geografia, é possível compreender a dimensão espacial no movimento da prática social que nasceria como momento necessário de sua compreensão. Assim, definindo classes de objetos sobre os quais recai a análise em suas determinações históricas, o que significa que, ao longo da construção do conhecimento geográfico, os conceitos se transformam. Exploratório, ele condensa, ele orienta o ato e a ação do conhecer, hierarquizando os fatos e dando-lhes universalidade.

Na primeira parte, o movimento refere-se especificamente às possibilidades de compreender o espaço e o território, desde uma tentativa possível de definição de "espaço" no campo da Geografia, passando por reflexões acerca de sua representação e chegando a análises sobre seu uso e apropriação, as quais fundamentam o debate acerca do território e de suas dimensões política e geopolítica. Neste movimento, iluminando um percurso dialético entre o abstrato e o concreto, situam-se abordagens sobre escala, planejamento e fronteira.

Na segunda parte, trata-se de pensar formas dos *arranjos espaciais*, isto é, o modo como a produção do espaço ganha materialidade na ideia de região, de metropolização e de lugar, reconhecendo-se as contradições abrigadas nesse processo. Assim, esses conceitos são revistos e é atualizado o debate sobre cada um deles, em um movimento que, por um lado, visibiliza o plano do vivido e, de outro, qualifica os desdobramentos, no lugar, de processos espaciais regidos pela lógica da mercantilização do espaço.

Na terceira parte, o foco é a natureza, conceito que historicamente é basilar para a própria constituição da disciplina. Mas o caminho da análise sobre a natureza, fundado na dialética, incorpora sociedade, cultura, paisagem, espaço e território numa perspectiva pela qual supera-se a ideia de um espaço natural e exterior à sociedade para localizá-lo no movimento do conjunto da produção social, revelando a necessidade da Geografia no desvendar do mundo.

Assim, este livro se debruça sobre os conceitos que são fundamentais à realização da análise geográfica do mundo moderno em suas profundas e rápidas transformações, lidas a partir da realidade brasileira, com base em pesquisas realizadas no tempo lento da investigação que não descuida da tarefa de uma Geografia socialmente engajada, como necessidade na ação que compreende o mundo em que vivemos e delineia o compromisso do geógrafo – sua responsabilidade social – com o futuro da sociedade. Realizadas no tempo da longa duração, necessário à produção do conhecimento, as reflexões apresentadas nesta obra objetivam trazer os conceitos necessários para orientar a reflexão e a pesquisa em Geografia, produzidas no tempo lento que envolve a construção dos conceitos como forma de apropriação do mundo pelo ato de conhecer. Esperamos que este livro seja companheiro de estudantes e professores engajados na mudança social que exige a compreensão do presente.

Desse modo, a necessidade da Geografia repousa na ideia de que o conhecimento do mundo passa pela compreensão de todos os níveis que compõem a realidade social enquanto totalidade, onde a dimensão espacial ganha relevo indiscutível na medida em que o espaço é indispensável para a vida bem como para sua reprodução, não apenas em sua materialidade objetiva, mas enquanto movimento do processo constitutivo da vida humana. Na Geografia, a construção de uma teoria que explicite essa realidade tem centralidade na espacialidade das relações sociais produtoras do mundo. O que se entende por geográfico é essa dimensão espacial deste mundo social como materialidade e processo; realidade e conceito. Entender o mundo para modifica-lo é um ponto central para pensar o futuro da sociedade a partir do entendimento do que ela é. Aqui está posta de *A necessidade da Geografia,* iluminando a dimensão espacial da realidade.

No livro, portanto, as categorias de análise da investigação geográfica em sua reunião revelam a totalidade do mundo a partir de uma disciplina localizada no âmbito das ciências humanas como uma de suas partes. Diante da contradição entre sua condição de disciplina e da necessidade de compreender o mundo como totalidade, a Geografia se debruça sobre a espacialidade do mundo – como categoria totalizadora – com o instrumental que aparece desenhado nas páginas deste livro escrito por um conjunto de professores dos programas de graduação e pós-graduação do Departamento de Geografia da USP.

A história do Departamento de Geografia da Faculdade de Filosofia, Letras e Ciências Humanas da Universidade de São Paulo é pontuada por esse tipo de projeto que pensa o mundo como exercício de liberdade que move a produção acadêmica, desafiando o corpo docente em torno de um tema/projeto. Este, como outros projetos coletivos, compõe formas e modos de pensar o mundo a partir da Geografia em suas diferenças tanto no âmbito da teoria quanto do método. Essa diferença nos une e torna potente a Geografia que fazemos. Lembramos, aqui, a célebre coleção feita em 1954 sobre a batuta do professor Aroldo de Azevedo, sobre *A cidade de São Paulo* comemorando seus 400 anos, e 50 anos mais tarde a coleção *Geografias de São Paulo* (coordenada por Ana Fani Alessandri Carlos e Ariovaldo Umbelino de Oliveira).

Sonhar com o futuro da sociedade superando as contradições que sustentam os conflitos e explicitam a desigualdade vivida requer um projeto que ilumine esse horizonte. Este tem como ponto de partida o desvendar do presente em sua complexidade.

Este livro é, assim, um *convite* a pensar o mundo a partir da Geografia no diálogo necessário com outras disciplinas.

PARTE 1

ESPAÇO E TERRITÓRIO

UMA GEOGRAFIA DO ESPAÇO

Ana Fani Alessandri Carlos

O espaço, conceito interdisciplinar, abstrato na Matemática e na Filosofia, ganha materialidade na constituição da Geografia como disciplina, que, em seus primórdios, dedicou-se à descrição da superfície terrestre com forte apelo em apresentar as terras recém-descobertas ao mundo. Mas, em seu desenvolvimento, ao longo do tempo, o espaço terrestre como objeto de estudo da Geografia ganha nova dimensão na medida em que é, "sob esta forma qualquer, um meio de vida ou uma fonte de vida ou uma indispensável passagem para aceder a um meio de vida ou uma fonte de vida, como escreveu George".[1] Nesta direção, o espaço aparece como o fundamento da Geografia dando-lhe identidade. Assim, localizar os fenômenos na superfície terrestre, descrevendo-os e diferenciando-os a partir das transformações da natureza em seu conteúdo essencialmente humano (sem, todavia, ignorar as características do meio natural) passa a se constituir em foco central da disciplina. Isto é, "o *espaço* que nos interessa é o espaço humano ou social que contém ou é contido por múltiplos de espaço" (Santos, 1978: 120). Nesta direção, "continuamos presos à personalidade da Geografia como ciência humana, persuadidos de que a sua função própria, em relação à das ciências da terra, é considerar permanentemente os fenômenos que estuda em suas relações com a presença e a ação das coletividades humanas na superfície do globo" (George, s/d: 5).

Neste percurso, todavia, a análise do espaço – como objeto de estudo da Geografia – limitou-se, em grande parte, à materialidade dos fenômenos sociais. Essa atitude acabou por definir a Geografia como a disciplina da distribuição das atividades dos grupos humanos na superfície da terra, apoiada no método descritivo. Foi necessário um longo trajeto para superar sua situação de estudo da superfície terrestre entendida como morada do homem e apoiada na descrição.

A conclusão de que não existiria uma sociedade a-espacial (Santos, 1979; Di Méo, 2000; Carlos, 2011) aponta um salto significativo deslocando a análise da necessidade de descrever os predicados da superfície terrestre para a preocupação em entender como e por que as atividades humanas se distribuem de forma diferenciada no planeta. Nessa fase, torna-se impossível ignorar as diferenças das ocupações humanas, a prática dos homens em seu conteúdo, bem como as causas de sua repartição atentando aos processos que explicariam cada situação. Nesse percurso, o espaço ganha uma dimensão conceitual quando deixa de ser entendido como simples palco da ação humana, acompanhado pelo movimento da investigação que supera a simples descrição dos fenômenos, preocupando-se com a busca das leis que explicam a organização do espaço pelos grupos humanos. Neste momento, os geógrafos passam a se interrogar sobre o conteúdo e sentido do espaço como dimensão da realidade. O ponto de partida passa a ser a questão sobre a dinâmica da organização do espaço sinalizando um salto significativo na investigação geográfica. Da sua fase descritiva à sua fase analítica – momento em que se supera a condição de ciência que descreve a terra –, "a Geografia poderia ser definida como o estudo da dinâmica do espaço humanizado" (George, s/d: 5).

Esse período que marca a denominada *Geografia clássica* entra em crise no final dos anos 1960 nos EUA – onde desponta, como afirma Unwin (1995), uma consciência maior sobre as contradições que moviam a sociedade capitalista em sua expansão –, chegando no Brasil nos anos 1970. Aqui, o momento da investigação questiona seu poder teórico em desvendar, em seus fundamentos, a realidade profundamente desigual que marca o país. As transformações do mundo contemporâneo necessitavam ser explicitadas, assim como esclarecidos os seus fundamentos. A Geografia estava em nítido contraste com esta necessidade. Não só o *novo* – a metamorfose do real – que exige sempre novos conceitos e formulações, mas a própria disciplina se transforma a partir da constatação de seus próprios limites. É assim, diante das mudanças do mundo e da necessidade de explicitá-las, que se torna inevitável para os geógrafos o questionamento sobre a potência e as deficiências da Geografia como saber, ao mesmo tempo em que se debruça sobre a construção do caminho da compreensão do mundo como totalidade social em movimento.

Sintetizando, esse momento de questionamento/ruptura com a Geografia clássica que move os debates dos anos 1970 vem marcado pelo questionamento sobre o conteúdo do conceito de espaço. Aqui ganha centralidade a reflexão sobre a relação espaço-sociedade sob a perspectiva do materialismo histórico. Como primeira consequência aparece a superação da ideia de grupos sociais atuando no espaço material pelo conceito de sociedade diferenciada em classes como sujeito produtor do espaço, o que dá um novo conteúdo à análise da diferenciação espacial – não mais definida no seio da distribuição dos fenômenos pelas regiões, mas focando a desigualdade socioespacial criada pela divisão do trabalho definida no seio do processo capitalista. Tal fato iluminou o debate em torno da produção do espaço, com desdobramentos inevitáveis.

Para Santos, por exemplo,

> se a Geografia deseja interpretar o espaço humano como o fato histórico que ele é, somente a história da sociedade mundial, aliada à da sociedade local, pode servir como fundamento à compreensão da realidade espacial e permitir a sua transformação a serviço do homem, pois a história não se escreve fora do espaço e não há Geografia a-espacial [...] as diferenças entre lugares são o resultado do arranjo espacial dos modos de produção particulares onde os modos de produção tornam-se concretos sobre uma base territorial historicamente determinada. (Santos, 1979: 14)

Brunet (Auriac e Brunet, 1986), por sua vez, escreve que o objeto particular do geógrafo é analisar o processo de funcionamento, de organização e diferenciação dos espaços; nesse sentido, "produzir o espaço é ao mesmo tempo diferenciar e organizar". Diferenciação e organização do espaço, para o autor, serviriam à reprodução social. Essa atitude localiza a Geografia de outro modo, no âmbito das ciências humanas: o espaço é inseparável da realização social.

Mas a construção do pensamento geográfico não se realiza de modo linear, o que significa que nem toda produção seguiu o mesmo caminho acima simplificado. Ele se faz de modo ambíguo. Do ponto de vista do espaço, sua produção mistura-se à ideia de organização; do ponto de vista da sociedade, em muitos momentos a ideia de atores sociais *atuando* no espaço apaga a potência das análises das classes sociais em conflito no processo de produção do espaço. Para Auriac, por outro lado, "as relações entre a sociedade e seu espaço não podem ser tratadas, estritamente, nem como espaciais nem como sociais especificamente [...] afirmamos sobretudo, que existe o espacial no social" (Auriac e Brunet, 1986: 73). Essa afirmação contempla como problema as mediações na medida em que o espaço não é imediatamente a sociedade e vice-versa. Nesse aspecto, é importante a contribuição da formulação de Santos, que aponta um caminho profícuo sobre o qual se debruçou parte significativa da investigação nos anos 1970 na Geografia brasileira apoiada no materialismo histórico: o papel do trabalho como mediação entre a sociedade e o espaço. Este, por sua vez, seria produto das transformações do processo de trabalho. Para o autor,

> o espaço humano reconhecido, em qualquer período histórico é um resultado da produção. O ato de produzir é igualmente um ato de produzir espaço. A promoção do homem animal a homem social deu-se quando ele começou a produzir. Produzir significa tirar da natureza os elementos indispensáveis à reprodução da vida. A produção, pois, supõe uma intermediação entre o homem e a natureza, através das técnicas e dos instrumentos de trabalho. (Santos, 1978: 161)

Nessa perspectiva, o conceito de sociedade dá densidade à análise espacial iluminando sua condição de sujeito da ação em sua totalidade (isto é, a sociedade estruturada em classes), procedimento metodológico necessário para compreender as determinações históricas do movimento do processo de acumulação capitalista, condicionando as transformações espaciais e localizando-as no seio da sociedade capitalista em mudança contínua. O que está posto, portanto, neste capítulo, é a centralidade do conceito de espaço na investigação geográfica.

O ESPAÇO DA VIDA COMO PONTO DE PARTIDA

Podemos partir do pressuposto de que o trajeto da investigação geográfica expõe a prática espacial em seu conteúdo social. O espaço se distingue sem dissociar-se do humano. É lugar marcado pelo tempo da ação que permite a vida, recriando-a constantemente. A materialidade do espaço se aproxima daquela do corpo e da ação que metamorfoseia a matéria. Assim, o espaço é uma condição necessária à realização da vida, na medida em que as relações sociais têm uma existência real enquanto existência espacial concreta. Trata-se da menor escala: um lugar determinado sem a qual as ações não se concretizariam, num tempo determinado, pela duração da ação. É assim que espaço e tempo aparecem através da ação humana em sua indissociabilidade enquanto modo de apropriação para a produção-reprodução da vida. Dessa feita, a atividade que viabiliza a reprodução da existência humana se realizaria pela mediação do processo de apropriação do mundo no plano da vida cotidiana – o que envolve trabalho, criação e imaginação. Nessa escala – do lugar e da vida cotidiana –, constroem-se os elementos de referências impressos pelas formas dos usos definidos através das propriedades do espaço-tempo vivido (o que pode ser exemplificado pelos atos de habitar, circular, trocar etc.). A vida contempla, desse modo, um mundo objetivo a partir do qual se constitui a ação que cria a identidade das pessoas com os lugares e com o outro da relação social. Enquanto construção e obra do ser humano, essa ação tem um sentido poético. É também através desta relação que se constroem as histórias particulares (a partir de um ponto fixo), que é também de onde se constroem as histórias coletivas. Para isso é necessário a mediação de um centro que reúne sujeitos e ações. Nesse percurso, a materialidade do espaço se relativiza. Ele é a materialidade que permite as ações – são a casa, o mercado, as ruas e avenidas – e é também a identidade que os indivíduos criam em relação a estes lugares de manifestação da vida.

A prática espacial como prática social remonta à história. Para torná-la mais clara, faz sentido relembrar o debate sobre o significado, no panteão grego, das divindades Héstia e Hermes.[2] Na representação arcaica do espaço para os gregos, a vida está centrada no lugar. "O espaço exige um centro um ponto fixo, um valor privilegiado a partir do qual se possam orientar e definir direções todas diferentes qualitativamente" (Vernant, 1990: 194): Héstia é o centro da vida que representa a casa, e nela, a permanência e perenidade do grupo enquanto manutenção da história. O espaço doméstico é fechado – o fixo e fixado –, é o espaço da mulher que preserva a história do clã através do cuidado com os ritos religiosos. Mas, ao mesmo tempo, esse espaço é aberto pelo trânsito da mulher que, através do casamento, muda de família (a do pai para a do marido). A casa é, portanto, ao mesmo tempo, permanência e continuidade, mas também mudança, e com isso o fechamento do espaço doméstico se dialetiza através do casamento. Hermes, por sua vez é o outro do espaço doméstico, ele representa o movimento constante, é *o de fora*. Implica espaços e tempos de transição e de passagem, isto é, de qualquer ponto do espaço a um outro. A vida não se reduz ao estrito lugar da casa. Héstia e Hermes aparecem como forças divinas, revelando um conjunto de atividades na qual o espaço se representa ao mesmo tempo como lugar da fixidez e do movimento, através das escalas espaço-temporais. Na sua dialética, temos: o fixo e o móvel, o fechado e o aberto, o interior e o exterior que "concernem, por certo ao ordenamento do solo à organização do espaço, que como práxis constituíram o quadro no qual se elaborou na Grécia arcaica, a experiência do que é espacial" (Vernant, 1990: 212).

Qualificando esses espaços estamos diante do privado e do público – em sua indissociabilidade –, que são marcados por formas de apropriação diferenciadas, enquanto momentos impostos pelo desenrolar da vida que constituem o dentro e o fora, o individual e o coletivo, o protegido e o violento. A dialética "o dentro e o fora" é um ponto de partida para desvendar a prática social como ação que se desenrola no espaço envolvendo o tempo dessas relações e as escalas do espaço: a vida cotidiana, ao realizar-se, expande-se para fora e para o mais distante. A especificidade revela-se na diferença pelos conteúdos das relações sociais, contemplando um "topos" como pressuposto e produto das relações sociais de troca que se desdobra numa espacialidade mais ampla e significativa que é, no caso em questão, a produção da polis. Esta contempla o sentido da vida comunitária, espaço mais amplo onde se reúnem e ganham sentido e função o teatro de Dionísio – através da arte que agrupa todos indistintamente –, da ágora, exercício do político e lugar das trocas – que constitui parcela significativa da identidade grega –, e do templo de Atena, marcada pela representação religiosa. Aqui a cidade projetada como representação que a sociedade faz de si mesma se torna centralidade da vida e da construção da identidade. A ideia de cidadania se tece na relação de cada indivíduo participando das atividades reunidas na polis, que também representa um jogo incessante combinando distâncias e locais diferenciados da ação, reunindo e dando sentido às atividades dos indivíduos em sociedade.

Dessa feita, o habitar – mais amplo que a casa – guarda a dimensão do uso – envolve o corpo no sentido de que o usador[3] tem uma presença real e concreta, restitui desse modo a presença e o vivido. Envolve um lugar determinado no espaço, portanto uma localização e uma distância que se relaciona com outros lugares da cidade e que, por isso, ganha qualidades específicas. Nessa direção, o espaço do habitar tem o sentido dado pela reprodução da vida, tratando-se dos espaços concretos dos gestos, do corpo, que constrói a memória porque cria identidade. Estes constituem o mundo da percepção sensível, carregado de significados afetivos ou representações que se construíram ao longo do tempo, determinando o modo como se produz o espaço. Assim, o habitar envolve a produção de formas espaciais, materiais, bem como um modo de habitá-las e percebê-las. É um termo poético porque envolve um tempo de criação nos modos de apropriação, que organiza e determina o uso. Produz limitações, ao mesmo tempo em que abre possibilidades. Esta prática, que envolve toda a sociedade, assenta-se no plano do lugar – sem excluir outras escalas – e expõe a realização da vida humana nos atos da vida cotidiana, enquanto modo de apropriação que se realiza através das formas e possibilidades do uso dos espaços-tempo no interior da vida cotidiana. É assim que cada momento da história produz um espaço.

Assim chega-se à ideia do espaço como condição de efetivação da vida. Sendo social, ele é histórico – o que significa dizer que a produção se define com características comuns em diferentes épocas. O espaço tem, assim, uma dupla determinação: ele é condição e produto de uma prática que é social (que se desenrola como projeto civilizatório) e abstrato como conceito. A investigação expõe, desse modo, a consideração da teoria (plano da produção do conhecimento) e a prática como o lugar onde se produzem os conceitos (práxis) em sua indissociabilidade.

A dinâmica social do mundo se constitui (teórica e praticamente) como prática sócio-espaço-temporal. Uma prática que, ao longo da história, revela-se em sua dimensão social: o espaço como condição da manutenção dos homens vivos. Ao situar o espaço no âmbito das relações sociais – manutenção da sociedade como condição de construção de sua história –, o conceito de espaço se localiza numa teoria mais ampla. Significa enfrentar o questionamento de que a Geografia como disciplina no campo das ciências humanas possa ser pensada como momento deste todo que se debruça à compreensão da realidade como totalidade social a partir do conceito de produção social do espaço (superando o conceito de espaço). A reflexão sobre o espaço como nível da realidade social no movimento da produção/reprodução das relações sociais representa um salto importante na produção de uma Geografia comprometida em compreender a realidade.

O CONCEITO DE ESPAÇO SE FORMULA NA PRÁTICA SOCIAL

O conceito de *espaço* localizado no movimento da produção social – numa realidade concreta, em relações reais que se desenvolvem no bojo de um movimento real – ganha um novo conteúdo. De materialidade absoluta o espaço se revela como momento constitutivo do social, penetrando e determinando a práxis em suas várias dimensões. Supera-se a ideia de produção das coisas no espaço, para focar a produção do próprio espaço no movimento de reprodução da vida e da história. Nesse sentido, o conceito de produção ganha importância significativa.

A análise geográfica da *produção do espaço* aponta para o fato de que as relações sociais revelam-se numa prática que é e se realiza espacialmente, na relação dialética sociedade/espaço (os termos aqui não se confundem nem se opõem; trata-se de um termo se realizando no outro e através do outro). Portanto, considera-se a reprodução da sociedade, em sua totalidade, realizando-se como movimento da produção/reprodução do espaço. A sociedade, constituindo-se, o faz produzindo um mundo que lhe é próprio através da ação que transforma a natureza em espaço social na sua condição de sujeito-produtor. Uma condição ativa que contém, como estratégia, uma finalidade que contempla e supera a manutenção da própria vida; trata-se da produção do homem. Nesse contexto, a reprodução continuada do espaço se realiza enquanto aspecto fundamental da reprodução ininterrupta da vida. Nesse sentido, a produção do espaço contempla sua própria reprodução. O conceito de produção tem um caráter histórico. Em seu movimento, o processo produção-reprodução do espaço como conceito globalizante aponta tendências contraditórias. Contempla o movimento entre renovação-conservação-preservação-continuidade-rupturas.

O conceito de produção apresenta uma dupla determinação. A produção *strictu sensu* diz respeito, exclusivamente, ao processo de produção de objetos, enquanto a noção *lato sensu* diz respeito ao processo de produção do próprio homem. No primeiro caso, trata-se da produção de bens, produtos, mercadorias, o que significa dizer que o processo de produção concebe um mundo objetivo – o espaço em sua materialidade como condição de reprodução da vida social. Sob o capitalismo, o processo de produção de mercadorias se realiza criando não só a divisão técnica do trabalho dentro da empresa, a divisão entre processo de produção e processo de circulação, mas também as relações sociais mais amplas e complexas que extrapolam a esfera da empresa tomando a sociedade como um todo. No segundo caso, a produção tem um sentido filosófico, revelando um processo de subjetivação: ao mesmo tempo em que o homem produz o mundo objetivo (real e concreto), produz uma consciência sobre ele – um mundo de determinações e possibilidades – capaz de metamorfosear a realidade. Logo, a produção *lato sensu* diz respeito ao processo mais amplo de produção de relações sociais, de uma cultura, de uma ideologia, de um conhecimento. Termo amplo, a produção envolve relações mais abrangentes, significa, neste contexto, o que se passa fora da esfera específica da produção de mercadorias e do mundo do trabalho (sem, todavia, deixar de incorporá-lo) para estender-se ao plano do habitar, ao lazer, à vida privada, guardando o sentido do dinamismo das necessidades e dos desejos que marcam a reprodução da sociedade em seu sentido mais amplo – nessa direção, abre como perspectiva investigativa o desvendamento da realidade em constituição, iluminando o plano da análise da vida cotidiana enquanto lugar da reprodução contraditória da vida.

Assim, o conceito de *produção*, em suas determinações, muda os termos do sentido do espacial, relacionando-o ou aproximando-o da construção da teoria social cuja matriz é o fundamento da construção da Geografia a partir da relação homem-natureza. Desse modo, a análise do conteúdo social do espaço em relação direta com a totalidade do mundo social se realiza através da mediação da sua produção – o que muda os termos da análise. Este caminho indica o deslocamento do enfoque geográfico da localização das atividades no espaço para a análise do conteúdo das atividades enquanto prática socioespacial realizando-se como movimento de apropriação-produção-reprodução do espaço. Não quer dizer que se nega a importância da localização dos fenômenos no espaço, mas se afirma a necessidade de superação desta ideia como finalidade e sentido "do geográfico".

Localizada no plano da história, a produção do espaço é anterior ao capitalismo e se perde na longa duração iniciada no momento em que o homem deixou de ser coletor e caçador, criando as condições de, através de seu trabalho, transformar efetivamente a natureza, dominando-a. Desse modo, o espaço como produção emerge da história, da relação do homem com a natureza, processo no qual ele se produz – a si próprio – como ser genérico numa natureza apropriada e que é condição de sua reprodução. Nesse processo, a natureza vai assumindo inicialmente a condição da realização da vida no planeta, meio através do qual o trabalho acontece, até assumir a condição de criação humana como resultado da atividade que mantém os homens reproduzindo-se no movimento do processo contraditório de humanização da humanidade.

Assim, a construção da história como resultado desse processo transforma o homem num ser genérico e a natureza em espaço social, pois toda produção requer um objeto/obra. Trata-se da produção de um mundo que se realiza como objetividade material porque a produção envolve e supõe o homem e envolve a natureza, a ação e o conhecimento. Isso porque toda ação responde a uma necessidade e produz um objeto que sacia a necessidade, ao mesmo tempo em que a forma da ação humana também realiza uma inteligibilidade do mundo. A categoria que se ilumina aqui é a práxis – que, no horizonte desta reflexão, pode ser qualificada como espaço-temporal. Mas o homem, também, age a partir de uma representação social que o localiza no mundo, caracterizando uma sociedade, organizando as relações entre os homens, desenvolvendo a troca, transformando-se e transformando a natureza das necessidades e dos desejos. Assim, a produção revela-se em suas especificidades históricas e imbrica vários planos da realidade: social, política, ideológica, jurídica, cultural. Portanto, trata-se de um modo de produzir, pensar e sentir, representar, enfim, um modo de vida.

Esse raciocínio vem acompanhado de exigências teóricas. Trata-se da superação de algumas condições: a) da ideia de espaço geográfico como palco da ação humana, quadro físico reduzido à compreensão da distribuição das atividades dos homens/grupos humanos, para a constatação da produção social do espaço como momento da produção da vida como processo civilizatório; b) da ideia de atores sociais produtores do espaço, para pensar a sociedade como sujeito da ação que produz o espaço; c) das especializações que fragmentam o conhecimento dos níveis da realidade – analisando-a ora na sua dimensão estritamente cultural, ora econômica, ora presa à materialidade do espaço, ora à subjetividade absoluta que produz – para focar a totalidade social; d) do tratamento da realidade como pronta e acabada através da aplicação de modelos definidos por índices que imobilizam dinâmicas e ignoram processos contraditórios.

UMA PROPOSTA DE DEFINIÇÃO

A partir do desenvolvimento da ideia de que as relações sociais se realizam como relações espaciais e que o espaço se produz (e reproduz) no movimento de produção do mundo social, podemos definir[4] o espaço *como condição, meio e produto da reprodução da sociedade*. Essa tríade se constrói no movimento do método que dá centralidade ao conceito de produção social do espaço como desdobramento da relação sujeito-objeto em suas exigências teóricas (isto é, revisando o conteúdo dos conceitos, descobrindo novos). O espaço enquanto condição/meio e produto da sociedade aponta novos conteúdos ao abrir o pensamento à totalidade social, descobrindo os sujeitos e objeto da ação que transformam a natureza em mundo social. A *tríade* revela a reprodução social, bem como a espacialidade das relações sociais como dimensão da realidade. Esse desenvolvimento analítico se desdobra da consideração de que não existe sociedade fora do espaço, obrigando os geógrafos a se debruçarem sobre seu significado (Santos, 1979; Di Méo, 2000; Carlos, 2011). Considerando que a produção do espaço traz como consequência sua reprodução, deparamo-nos com a necessidade de pensar o movimento da história, que explicita o novo momento da sociedade, como movimento constante de sua realização através da produção do espaço da vida. A reprodução não implica linearidade, mas, fundamentalmente, simultaneidade (o que explica o desenvolvimento espacial desigual).

O espaço *como condição* envolve e supera a ideia da materialidade pura do espaço. Certamente as atividades humanas se distribuem no espaço envolvendo um conjunto de ações que se desenvolvem na vida cotidiana na dialética espaço-tempo através do uso. O raciocínio que queremos destacar, aqui, é que o espaço, como categoria do pensamento que desvenda a realidade prática, traz em si a ideia de referência para o ser humano porque é sua condição de existência que, se presa ao lugar concreto da ação, transcende o mundo material, como vimos até aqui – sem todavia excluí-lo. Isso porque a dimensão material do espaço envolve o movimento da história: a ação presente em confronto com o trabalho morto acumulado pelo processo de transformação constante da natureza em espaço humano ao longo do processo histórico. Trata-se da ação prática dos homens restituídos, presentificados e atualizados como morfologia do lugar, que é também produto do conhecimento e das representações que determinada coletividade cria. Guarda a relação dialética entre o tempo cíclico (tempo da natureza) e o tempo linear (fabricado no processo da história); entre continuidade e a descontinuidade dos processos espaciais e dinâmicas locais; na dialética entre ruptura e crise, revelando as metamorfoses e a continuidade que contempla o acúmulo, no espaço, do tempo da história e se apresenta como a condição de um novo momento da produção, isto é, de sua reprodução. Há simultaneidade entre produção-reprodução, mas há também uma escala a ser pensada em articulação de escalas espaço-temporais. Reunidas, todas as qualidades aparecem como diferenciação/desigualdade dos lugares e entre esses mesmos lugares no tempo marcando diferenças nas escalas espaço-temporais. Essa dinâmica espacial realiza-se numa estrutura, tem uma forma, adquire funções individualizadas dependendo do tempo.

No livro *A condição espacial* (Carlos, 2011), a ideia de *condição* aponta a preocupação em localizar os movimentos da produção espacial como momentos necessários da reprodução do humano (e do seu mundo). Essa condição torna possível uma primeira aproximação: pensar a produção do espaço como *imanente* à produção social no contexto da produção civilizatória em que o ato de criar a existência apareceria como o ato de produzir o espaço[5] – isto é, a produção do espaço faz parte da produção das condições materiais objetivas da constituição da história humana. O espaço como momento da produção social encontra, portanto, seu fundamento na construção/constituição da sociedade ao longo do processo histórico como constitutivo da humanidade do homem.

a) O espaço como condição da realização da vida envolve, consequentemente, uma totalidade que foge do material para incorporar o universo dos sujeitos produtores em sua relação com esta materialidade sujeita às determinações históricas. Significa dizer que a vida se desenvolve determinada pela lógica dessa sociedade que impõe para todos o acesso aos lugares pela mediação do mercado, seja na compra da casa, no acesso ao centro, no acesso aos lazeres, no desfrute dos espaços públicos etc. Aqui o uso dos lugares – como condição da vida – se define pelo valor de troca – tornam-se espaço e tempo da mercadoria imposta à vida cotidiana. Como condição para a realização do processo de acumulação capitalista neste século, o espaço adquire forma e função de capital fixo. Do ponto de vista da política o espaço se transforma em território a partir do qual o Estado não se estrutura.

b) Como *meio*, o espaço *é mediação da* ação que produz a vida, revelando a sociedade em ato. A relação com a natureza não é direta e requer mediações como o trabalho (que transforma a natureza em espaço social), envolvendo o conhecimento e a técnica (que permite, por exemplo, contornar as dificuldades da ligação entre áreas), as representações que a sociedade constrói sobre o mundo definindo suas ações nos atos de produzir o espaço, as normas e leis que o regem e que se definem no plano do Estado em suas intervenções no espaço, ou mesmo as políticas públicas, de distribuição e orientação do orçamento etc. Entre os lugares – e nos lugares – está a circulação como mediação, criando a rede de lugares através da divisão espacial do trabalho e as redes de circulação, distribuição e troca. As relações sociais que se realizam enquanto relações espaciais se fazem pela medição de lugares definidos sem os quais as trocas sociais não existiriam. Aqui se estabelece um centro (ponto fixo no espaço) que reúne ações, permite o encontro, mas que subjetivamente tem o sentido da representação criada pela coletividade.

Do ponto de vista do ciclo do capital, o espaço é prioritariamente circulação – dela depende a realização do lucro. Isto é, se o processo de trabalho produz lucro, sua realização depende da troca/consumo da mercadoria. Quanto maior o espaço-tempo de deslocamento da mercadoria no espaço – da fábrica ao consumidor – maior será o custo de circulação desvalorizando o capital. Do ponto de vista político o espaço-território é meio de dominação.

c) Como *produto*, a produção do espaço ganha a forma do trabalho humano sintetizando o conjunto das relações sociais em suas determinações históricas. Essa dimensão material contempla, também, planos e níveis que se relativizam, isto é, não se trata de um mero espaço construído (arquiteturas e formas), apesar de contemplar essa dimensão. Como produto, é também uma criação política e estratégica – isto é, o capitalismo, em sua dimensão política e econômica, não atua de forma cega no espaço, mas através de estratégias que visam à acumulação. O espaço é produto do modo de produção em seu desenvolvimento, que, sob o capitalismo, se reveste na forma da mercadoria, produto de uma sociedade cujas relações sociais são definidas pela lógica do processo de valorização. Nesse sentido, o espaço que resulta desse processo comporta a dupla determinação da mercadoria: é valor de troca ao mesmo tempo em que é, dialeticamente, valor de uso.[6] O espaço produzido sob a orientação da lógica capitalista apresenta um conflito brutal que se funda na contradição entre o espaço como uso (espaço apropriado como condição e meio para a realização da vida) e aquele produzido sob o signo do valor de troca, submetido ao processo de valorização, como condição de realização da acumulação. Nessa conjuntura, o espaço é fragmentado e vendido aos pedaços no mercado, compondo o circuito de reprodução da mercadoria (e, com isso, realizando a propriedade privada do solo). Do ponto de vista do capital, o espaço se consome produtivamente como possibilidade sempre ampliada de realização do ciclo do capital. Em sua especificidade, o espaço como produção da sociedade capitalista contém, portanto, *a lógica da mercadoria* e é o foco dos investimentos públicos. Este movimento de reprodução – sob a forma de mercadoria – realiza-se pela cooptação quase total dos níveis da realidade humana desde o acesso à moradia até a produção do imaginário assentado na constituição da sociedade de consumo. Nesse movimento, acentua-se a contradição entre as necessidades da reprodução ampliada do capital e aquelas da sociedade como um todo, em que a propriedade privada da riqueza é um elemento central que define as relações contratuais que permeiam a vida cotidiana, determinando-a uma vez que o capital, em seu desenvolvimento, criou o mundo da mercadoria com sua linguagem, signos e representações.

Assim, a produção do espaço, como mercadoria, é constitutiva da problemática explicativa do mundo moderno sob a forma da segregação (produto da lógica da valorização, da concentração da riqueza, manifesta na centralização do poder e na propriedade privada do solo), que é a expressão mais bem acabada da mercantilização do espaço sob a lógica do capital. Sob o capitalismo, a desigualdade se expressa na concentração da riqueza nas mãos de uma classe que, em seus desdobramentos, se materializa no espaço, nos termos e orientação de sua produção social que define o lugar de cada um a partir do acesso à habitação e de tudo o que ela implica (desde a infraestrutura que qualifica sua localização até as relações com os outros lugares, inclusive o uso da rua). Tal desigualdade define, também, as estratégias que fundamentam o ato de planejar o espaço como estratégia de classe – nesse processo o espaço vai assumindo várias formas/modos como condição/meio e produto do processo que visa à reprodução ampliada do capital –, realizando-o como movimento incessante de valorização. Como realização do mundo da mercadoria, esse movimento põe em *confronto* o valor de troca e o valor de uso; necessidades sociais e necessidades da acumulação sempre ampliada do capital.

Esse movimento da produção-reprodução do espaço social aponta uma *contradição central*; o espaço produzido pelo conjunto da sociedade é, por natureza, resultado social, mas sua apropriação pelos membros dessa sociedade é privado. O conflito não poderá ser evitado e se revela como lutas pelo espaço da vida (tanto no campo – cujo exemplo é o Movimento dos Trabalhadores Rurais Sem Terra, MST – quanto na cidade – Movimento dos Trabalhadores Sem Teto, MTST). Como investigação da prática sócio-espaço-temporal, a Geografia contempla a análise das novas formas de alienação no mundo moderno que se revela cheio de privações.

O espaço é, assim, o mais tangível, e, nessa condição, determina a prática social – condição, meio e produto da reprodução das relações sociais – e o mais abstrato, como conceito central da Geografia que se produz no plano do conhecimento. O espaço definido pela tríade se desdobra a partir dos conteúdos de sua produção como momento e movimento da história da disciplina que se volta à compreensão da sociedade em sua criação constante.

A tríade supera assim a fixidez do espaço através da consideração de sua produção no movimento da história constitutiva da sociedade. Por outro lado, o espaço não é um campo da experiência, o palco da realização da vida, para localizar-se no cerne do processo de reprodução da sociedade que se realiza hoje em escala mundial através do processo de urbanização: sociedade urbana e mundialização do espaço dão sentido e marcam o horizonte desta realização.

Importante e fundamental ressaltar que a análise aqui desenvolvida permite chegar ao centro do processo de produção do espaço revelando sua contradição central: a produção do espaço é social, mas sua apropriação é privada. Ilumina-se, assim, o papel da propriedade privada da riqueza que se realiza sob o capitalismo bem como a condição de sua concentração, essencial não só para a acumulação, mas para a própria reprodução do sistema capitalista que repousa, cada vez mais, na produção-reprodução do espaço.

SOBRE A NECESSIDADE DA GEOGRAFIA

Do exposto, pode-se depreender que o *conceito de produção do espaço* surge no movimento de superação do conhecimento no âmbito da própria Geografia – como momento da crítica –, e não da transposição do tema desenvolvido na obra de Henri Lefebvre, *La production de l'espace*.

O caminho da crítica – que acompanha o ato de conhecer – envolve colocar em ordem, de modo articulado pelo caminho do método, categorias de análise, revisando os conteúdos dos principais conceitos da Geografia, num sistema superior de pensamento. Na Geografia, o foco tem como ponto de partida a relação homem-natureza, iluminando as atividades humanas na face da Terra.

Em movimento, disciplina e conceitos se transformam através da investigação que pretende compreender a transformação contemporânea iluminando a *prática sócio-espaço-temporal*. Marcada pelo estreitamento do tempo das mudanças que sinaliza a constituição de uma sociedade urbana num espaço globalizado sob o domínio das finanças, a produção do espaço ganha centralidade para o desvendamento das condições sob as quais nossa sociedade se reproduz.

A urbanização no mundo *ilumina o papel e a importância do espaço* no movimento da acumulação capitalista, seja como força produtiva para o capital, seja como um negócio nas mãos dos detentores do monopólio da terra (através da existência da propriedade privada) pela mediação do setor imobiliário, deslocando o foco principal da produção clássica de mercadorias para a produção do espaço como negócio através da mediação do Estado.[7] Tornado campo onde se desenvolvem os conflitos, impossível compreender as lutas urbanas sem considerar a dimensão espacial que os envolve.

Nesse momento, o espaço ganha centralidade diante das crises de acumulação (uma crise social que aparece como crise econômica). Por sua vez, a investigação sobre a produção do espaço permite encontrar o que funda esta sociedade desigual que se revela através: a) das formas mais variadas da segregação; b) das desigualdades latentes que fundam a vida cotidiana e que se desenvolve nos estritos limites dos espaços privados em confronto com os públicos, vigiados, opressores, onde domina a propriedade privada da terra ou do solo urbano, marcando as formas de acesso de cada um aos espaços de realização da vida; c) dos constrangimentos vividos numa sociedade de classes esfacelada e dividida por grupos que entram em confronto nos espaços públicos; d) da práxis sócio-espaço-temporal, como *potência estranha* no movimento do constitutivo da sociedade capitalista que se reproduz, revelando uma nova forma de alienação que se desdobra na produção do espaço – definida pela lógica do crescimento.

NOTAS

1 "A Geografia é, assim, ciência do espaço em função do que ele oferece ou fornece aos homens e como ciência da conjuntura e do resultado das sucessões de conjunturas" (George Pierre, apud P. George et al., 1980: 9-40).

2 A questão do tempo e do espaço constitui um domínio privilegiado da reflexão filosófica desde suas origens. Ela coincide com os primeiros textos da filosofia grega, onde encontramos fragmentos em Anaximandro está igualmente no coração da obra de Heráclito (Lambros Couloubaritsis, *Le temps et l'espace*, Bruxelas, Ousia, 1992, p. 5).

3 A palavra *usador* no capítulo se refere àquele que usa o espaço o lugar a morada sem a necessária mediação do mercado; isto é trata-se de uma relação não mercantil. Essa palavra assume no capítulo um caráter conceitual associando-a ao conceito de apropriação contido no ato de usar um espaço, um lugar.

4 A construção desta definição que se formula ao longo de minha trajetória de pesquisa tem seu primeiro esboço na dissertação de mestrado, *Reflexões sobre o espaço geográfico* (1978), ganhando esta formulação na tese de doutorado, *A (re)produção do espaço urbano: o caso de Cotia*, defendida em 1987. Encontra-se sintetizada no livro *A condição espacial*, de 2011.

5 Ideia que aprece em minha dissertação de mestrado apresentada em 1979, *Reflexões sobre o espaço geográfico*, defendida no Departamento de Geografia da FFLCH/USP.

[6] Entende-se por dialética o movimento entre dois termos – aqui, no caso, apontamos o fato de que o espaço enquanto mercadoria revela a contradição uso-troca – no qual um se realiza através do outro e no outro; eles não se separam nem se articulam, mas se definem um pelo outro através da teoria do valor. Por exemplo, o espaço-mercadoria é ao mesmo tempo uso voltado à realização da vida e troca (o espaço produzido visando a realização do ciclo econômico). Ambos, uso e troca, se fundem realizando-se um através do outro. As parcelas do espaço, vendidas no mercado imobiliário, realizam esse duplo movimento (uso pra quem compra uma casa, por exemplo, e troca para quem vende as parcelas do espaço no mercado imobiliário produzidas como mercadoria). O mercado, como mediação, reúne e restabelece o sentido da mercadoria no movimento do processo de compra e venda.

[7] O desenvolvimento desta explicação é realizado por Ana Fani Carlos, Cesar Simoni Santos, Isabel Pinto Alvarez, Savio Mieli, Danilo Voloschko e Rafael Pádua em *A cidade como negócio*, São Paulo, Contexto, 2018.

BIBLIOGRAFIA

Alexander, R. et al. *Le temps et l'espace*. Bruxelles: Éditions Ousia, 1992.

Auriac, F; Brunet, R. *Espaces, jeux et enjeeux*. Paris: Fayard/Fondation Diderot, 1986.

Bavoux, J.-J. *La géographie*. Paris: Armand Colin, 2009.

Brunet, R. *Le déchiffrement du monde*. Paris: Belin, 2001.

Carlos, A. F. A. *A condição espacial*. São Paulo: Contexto, 2011.

______. *Espaço e tempo na metrópole*. São Paulo: FFLCH edições; versão digital. Disponível em: <www.gesp.fflch.USP.br/sites/gesp.fflch.USP.br/files/Espa%C3%A7o-Tempo%20da%20Vida%20Cotidiana%20na%20Metr%C3%B3pole_.pdf> . Acesso em: 24 abr. 2019. Di Méo, G.; Buléon, P. *L'espace social: lecture géographiques des societés*. Paris: Armand Colin, 2005.

Di Meo, G. *Gégraphie sociale et territoires*. Paris: Nathan, 1998.

George, P. et al. *A geografia ativa*. São Paulo: Difel,1980.

George, P. *A ação do homem*. São Paulo: Difel, s/d.

Gold, P. Pensamento sobre a geografia. *Cuadernos Críticos de Geografia Humana*, ano XII, n. 68, Barcelona,1987. Disponível em: <http://www.ub.edu/geocrit/cienbil.htm> . Acesso em: 24 abr. 2019.

Gómez, A. L. A geografia humana: de ciência de los lugares a ciência social? *Cuadernos de geo critica*, año VIII, n. 48, Barcelona, 1983. Disponível em: <http://www.ub.edu/geocrit/cienbil.htm> . Acesso em: 24 abr. 2019.

Isnard, H. L'espace du géographe. *Annales de Géographie, Bulletin de la Societé de Géographie*, n. 462, 1975, Paris, pp 174-187.

Lussault, M. *L'homme spatial*. Paris: Seuil, 2007.

Moreira, R. *Geografia e práxis*. São Paulo: Contexto, 2012.

Santos, M. *Por uma geografia nova*. São Paulo: Hucitec, 1978.

______. *Espaço e sociedade*. Petrópolis: Vozes, 1979.

______. *A natureza do espaço*. São Paulo: Hucitec, 2006.

Souza, M. L. de. *Os conceitos fundamentais da pesquisa socioespacial*. Rio de Janeiro: Bertrand Brasil, 2013.

Unwin, T. *El lugar de la geografia*. Madrid: Cátedra, 1995.

Vernant, J. P. *Mito e pensamento entre os gregos*. Rio de janeiro: Paz e Terra, 1990.

UM CONCEITO CONCRETO DE ESCALA

César Simoni Santos

Muitos geógrafos já se pegaram hesitando na exposição de uma ideia quando defrontados com a bifurcação dos sentidos da noção de escala. Por exemplo, para falarmos de um fenômeno com grande amplitude espacial, bem espalhado por diversas áreas do globo terrestre, devemos dizer que o fenômeno se apresenta numa grande escala ou numa escala pequena? A dúvida não expressa falta de conhecimento. Pelo contrário! Ela decorre do fato de que estamos lidando com dois sentidos e significados diferentes atribuídos à noção de escala e é exatamente o conhecimento desses dois sentidos que pode suscitar a dúvida. Esse momento de indecisão na elaboração do discurso é resultado da procura pelo melhor sentido no emprego do conceito, aquele que melhor deverá comunicar a ideia considerando o público ouvinte. Se o interlocutor for um grupo de economistas, por exemplo, é mais fácil supor que para expressar a ideia talvez seja melhor utilizar a noção de grande escala, dado que a própria noção de escala é frequentemente mobilizada nesse campo do saber numa relação diretamente proporcional à intensidade ou extensão do fenômeno que se quer apreender.

Entendido desse modo, no entanto, se o problema semântico não decorre da falta de conhecimento dos significados da conceito de escala, ele deve se originar da falta de conhecimento de um pacto, de um acordo ou de uma convenção em torno do emprego do termo no campo em que se pretende explorá-lo. Essa falta de conhecimento, novamente, não deve ser atribuída exclusivamente ao portador da dúvida, pois o próprio campo disciplinar não travou este pacto de forma clara. Isso tem garantido a pertinência do debate atual sobre a noção de escala.

A proximidade natural e histórica da Geografia com as técnicas, o conhecimento e a ciência cartográficas parece ter um papel de destaque nessa recorrente confusão. Foi e ainda tem sido muito frequente o emprego na Geografia de uma noção geométrico-cartográfica de escala que é sumamente diferente daquela empregada pelos economistas, por exemplo. Isso se expressa no fato de que, muitas vezes, na tentativa de capturar o fenômeno, recorre-se à função inversa que é própria da formulação matemática implicada nas técnicas de representação da cartografia: aqui, quanto maior a área de abrangência, menor deverá ser a razão da escala. Por isso, para representar o espaço de uma cidade, utiliza-se a escala de 1/10.000 ou de 1/20.000, razões bem maiores que aquelas utilizadas na escala para representar um país com a extensão territorial do Brasil, por exemplo, que é da ordem de 1/5.000.000 ou de 1/10.000.000.

Desse modo, de início e por extensão, a Geografia se apropriou de uma noção de escala trazida do ambiente de produção e leitura das representações cartográficas e só mais tarde preocupou-se em sistematizar uma noção propriamente geográfica de escala. Até hoje o termo levanta questionamentos e suscita debates. Este capítulo procura explorar as contribuições mais recentes de importantes autores e herdeiros do movimento de renovação crítica da Geografia no refinamento e na depuração de um conceito geográfico de escala.

A revelação e o reconhecimento de que o espaço social é igualmente condição, meio e produto da própria atividade social (Carlos, 1994) são uma conquista da qual a Geografia ainda não extraiu todas as consequências. Assim como os primeiros propositores dessa compreensão (Carlos e Lencioni, 1982; Gottdiner, 1997; Smith, 1988; Soja, 1993) tiveram de enfrentar um ambiente conceitual e teórico já consolidado, desafiando noções aparentemente estabilizadas; os passos subsequentes não puderam ocorrer de outra forma. Pretende-se aqui abordar mais uma das consequências dessa revelação sobre uma dimensão conceitual importante para a Geografia. A noção de escala, como tantas outras que sofreram abalos na aproximação de perspectivas críticas, deve ser reinterpretada e desafiada diante dos fundamentos da produção do espaço.

O argumento geral do capítulo é composto em três momentos. O primeiro procura reconhecer os problemas da identificação imediata de um conceito geográfico de escala com a noção geométrico-cartográfica que consta nos mapas e em representações de grande utilidade para os geógrafos. O segundo apresenta alguns limites das soluções encontradas no âmbito epistemológico, que, por assim dizer, ao tratar ainda a escala como uma dimensão operacional do trabalho intelectual, colocam impedimentos ao reconhecimento de sua natureza concreta e objetiva. O terceiro foi inspirado na crítica que as vertentes de orientação materialista e dialética dirigiram ao mesmo tempo às abordagens de perfil ontologizante – que fixaram dimensões escalares rígidas para a manifestação e organização dos fenômenos do mundo real – e àquelas de inclinação fenomenológica – que priorizaram um tratamento ao problema da escala no campo mental das representações, da intuição ou da epistemologia. Este terceiro momento procura lidar com as possibilidades abertas por um tratamento que reconhece simultaneamente a plasticidade e o caráter objetivo da escala na medida em que a própria dimensão escalar é considerada produto da atividade social; um plano, portanto, do próprio processo de produção social do espaço. É principalmente dessa perspectiva que a escala deixa de ser um instrumento da observação e passa a ser, ela mesma, observada como um dado da realidade modelado concretamente pelos processos sociais em curso.

A DESMATERIALIZAÇÃO DO CONCEITO DE ESCALA

Um dos primeiros geógrafos a colocar o problema de uma noção propriamente geográfica de escala foi Jean Tricart, em 1952, num artigo intitulado "La géomorphologie et la notion d'échelle". Nesse artigo, ele procurou estabelecer níveis de correlação entre a natureza do fenômeno considerado e a escala em que ele deve ser apreendido. Ele dizia, por exemplo, que na escala de 1/1.000 deveriam ser observados os "solos poligonais", os escorregamentos e as "ravinas"; que, na escala de 1/100.000, observam-se os "vales", as "bacias" e os "escarpamentos" e que, na escala de 1/10.000.000, destacam-se os "sistemas montanhosos". A importância desse esforço está estabelecida para além dos ganhos em termos de precisão e padronização que recaem sobre o uso do recurso da escala. Ele supõe uma dimensão escalar própria e efetiva do fenômeno estudado, o que se relaciona com as formas de sua representação. Ao assim proceder, retira-se a escolha e o tratamento da componente escalar do campo exclusivo das técnicas matemático-cartográficas, limitando, portanto, a autonomia da subjetividade face às imposições do objeto (no reconhecimento de uma dimensão objetiva que se impõe sobre as arbitrariedades do sujeito).

No campo da Geografia humana, um importante trabalho que repercutiu o debate posto com ênfase por Tricart chegou no ano de 1969 pelas mãos de Roger Brunet, no artigo "Le quartier rural, structure régionale" (Brunet, 1969). No entanto, para a construção de um conceito especificamente geográfico de escala, a maior contribuição do artigo se esconde por trás do transporte desse debate dos campos da Geomorfologia e da Biogeografia, esta representada no artigo "Paysage et géographie physique globale", de Georges Bertrand e publicado um ano antes (Bertrand, 1968). A elaboração de um quadro detalhado vinculando as noções de "zona", "domínio", "região", "*pays*" e "bairro" a dimensões escalares e de apreensão fixas parece reforçar a atribuição de um estatuto ontológico para essas noções. Isso colocou o esforço de reconhecimento e conceituação da dimensão objetiva do nível escalar do objeto na mira das vertentes de influência neokantista que vão ganhar destaque no curso da renovação pragmática da ciência geográfica.

No debate sobre a natureza da geografia, os embates em torno da noção de região têm um papel de destaque e capturam, por um período, as principais tendências e vertentes que se confrontam na arena acadêmica. Richard Hartshorne vai sistematizar uma compreensão sobre a disciplina e o trabalho do geógrafo que dará origem a um dos mais fortes e contundentes ataques à perspectiva da existência objetiva da região. A defesa que Hartshorne faz da definição das ciências pelos seus métodos, e não por seus objetos; ao mesmo tempo em que conduz ao risco do enrijecimento metodológico, fortalece uma concepção de região que se define no campo epistemológico, como produto, portanto, do trabalho intelectual de regionalização empreendido pelo pesquisador e pela ciência. Ela não seria, assim, o resultado concreto e objetivo de uma realidade específica, mas o construto mental de sujeitos metódicos preocupados com a sistematização dos fenômenos. Desse modo, a teoria regional de Hartshorne se situa na contramão da tendência à objetivação da região que havia caracterizado, por exemplo, a Geografia Regional francesa do início do século XX.

Os desdobramentos dessa perspectiva foram diversos e se investiram, na maioria das vezes, num esforço de combate à ideia de que as configurações espaciais pudessem ter alguma existência concreta. A prioridade do método face ao objeto acabou por substituir o risco do positivismo empiricista que se amparava acriticamente numa materialidade inerte por um positivismo lógico que faz apologia à coerência interna e tem no rigor metodológico o critério último de validação do conhecimento. David Grigg, convencido de que a única existência do fato regional se reportava ao esforço de regionalização empreendido pelos sujeitos do conhecimento, desprezou o trabalho da História na elaboração de unidades regionais efetivas. Entendendo que "todos os sistemas regionais são modelos" ou que "todas as regiões" resultam do trabalho intelectual, ela "não é mais do que uma abstração" (Grigg, 1974: 54). Grigg chegou a tratar como ato de fé "a crença de que as regiões são unidades reais", reafirmando que "a aceitação da região como realidade objetiva está completamente rejeitada" (Grigg, 1974: 33).

Esse esforço de desintegração do fato regional clássico, que, em certa medida, encontra suas justificativas na pertinência de uma crítica ao descritivismo e à predominância de um objetivismo inerte, ao emancipar o fato geográfico de suas dimensões escalares rígidas mas objetivas, libertou também a ciência de seus compromissos com as vozes e os sinais emitidos pelo mundo real, dando a prerrogativa da dimensão escalar à escolha do sujeito, como um fator exclusivo do campo epistêmico. É assim que, por exemplo, para David Stoddart,

> os limites do ecossistema podem ser fixados em qualquer extensão de área desejável, e o conceito é tão flexível que pode ser empregado em qualquer nível desde aquele dos frutos do carvalho [...] ou pedaços de esterco [...] até o do próprio universo, e está sendo usado correntemente no estudo de ecossistemas artificiais no interior de cápsulas espaciais e nos foguetes interplanetários [...]. (Stoddart, 1974: 87)

O que está implícito nessas abordagens é uma apreensão de tipo epistêmica da noção de escala. Com isso se quer dizer que a escala volta a ser localizada exclusivamente no campo das prerrogativas do método e, portanto, do sujeito do conhecimento, extirpada, assim, do rol dos atributos pertinentes à própria realidade. Essa forma de apreensão não é exclusiva de um grupo ou de uma vertente específica na história do pensamento geográfico. Muito pelo contrário. A maior parte da produção acadêmica da Geografia tem lidado com a escala como se fosse um atributo do olhar, das escolhas do pesquisador e, nessa forma, ela mantém um nível de identidade e proximidade profundo em relação à noção geométrico-cartográfica, que, como puro instrumento, se mantém vazia de qualquer conteúdo e, por isso, se preserva como recurso para aplicação indistinta a qualquer realidade. Não é gratuito, dessa forma, o reconhecimento de que, dessa perspectiva, "o mapa é uma forma óbvia desse processo de abstração e simplificação" (Grigg, 1974: 54).

Compartilhando esforços com a perspectiva hartshorneriana e com os autores da normalização da renovação pragmática, a institucionalização da Ciência Regional (Benko, 1999) representou mais um forte impulso em favor da maior autonomia escalar para as formas de uso desse mesmo conceito. A emancipação escalar do conceito regional, ora operado pela elaboração de modelos abstratos, ora pelos critérios de regionalização a serviço de interesses os mais diversos, permitiu a modelagem de uma noção de região de forma bem diferente daquela que predominou sob a forte influência da Geografia vidaliana.

Apesar da boa aceitação de uma noção fundamentalmente epistêmica de escala entre os geógrafos de forma geral, no entanto não se pode dizer que isso resulta da decantação consciente de um conceito na maioria dos casos. O fator inercial tem peso na amplitude dessa aceitação. Contudo, algumas vertentes acabaram por se engajar voluntariamente na defesa aguerrida da natureza epistêmica da noção que circulava. Isso fica mais evidente se consideramos sobretudo o papel das vertentes de inclinação fenomenológica. A crítica à adoção de um sentido de realidade que se antepõe às formas de percepção e intelecção desse real ganha ainda mais força a partir dos anos 1970 em função desse engajamento.

Mostrando afinidade com essa forma de tratamento, para Iná Elias de Castro, no capítulo que se tornou amplamente conhecido a respeito do *problema da escala*, a escala é reduzida a "uma estratégia de apreensão da realidade, que define o campo empírico da pesquisa" (Castro, 2000: 120). A presença da orientação fenomenológica tem, normalmente, duas consequências importantes na extração de um conceito de escala. Em primeiro lugar, por atenuar a natureza objetiva e concreta da dimensão escalar, o conceito que se esboça conduz a noção de escala ao universo da intuição e das formas da percepção. Em segundo lugar, esvaziando a noção de seus conteúdos reais, ela passa a figurar no campo da epistemologia, assumindo um sentido puramente instrumental.

A restrição fenomenológica às imposições da realidade ao pensamento e o sentido exclusivamente epistêmico da noção de escala se reúnem na projeção da ilusão de um mundo moldado pelas ideias. Essa concepção ganhou força com o refluxo de inspiração kantiana que determinou, na formulação um tanto hiperbólica de Orain, "um consenso" entre os "novos geógrafos". Esse suposto pacto consensual partia da premissa de que "o real é incognoscível em si e que dispomos sempre de esquemas prévios para ordená-lo ou lhe dar sentido" (Orain, 2004: 14). Nesse momento, "a ideia de uma realidade *dada* começou a ser muito fortemente criticada" (Orain, 2004: 14), fazendo coro aos esforços empreendidos pelos mestres da renovação pragmática.

Partindo daí, a pesquisa corre o risco de perder parte de seu compromisso substancial com a objetividade. Sem responder aos desígnios do real (incognoscível para muitos que adotaram esse ponto de vista), ao invés disso, uma parte do conhecimento científico procurou moldá-lo ou se perdeu no labirinto das formas da intuição. O aprisionamento no universo do sensível é parte da construção de uma subjetividade hipertrofiada. Quando a escala se define pelas "escolhas" do pesquisador (ou do método) e é ela que orienta o resultado da pesquisa, esses resultados podem não ser outra coisa que um ajuste da representação. Chega-se, assim, à "proposição de que a escala de observação cria o fenômeno" (Castro, 2000: 131). Nesse sentido,

> [...] a seleção da escala pode prosseguir, em teoria, até o infinito dos pontos de vista possíveis sobre uma realidade percebida ou sobre uma realidade em projeto. Em todos os casos o resultado é aquele de um recorte da realidade percebida/concebida de acordo com o ponto de vista, com a escolha do nível de percepção/concepção. (Castro, 2000: 131)

Desse modo, não só é o império do sujeito que pesa sobre o real, mas aquele de um sujeito específico. Essa noção de escala que se remete ao emprego corrente e, aparentemente, inofensivo do "recorte" traz também o seu duplo. O traço coloquial e o esvaziamento de sentidos que acompanham o emprego da noção de "recorte" ajuda na sua fácil circulação entre as mais diferentes vertentes. Já o esvaziamento fundamental que acompanha o termo se refere à indiferença crucial admitida entre o procedimento e a realidade. O "recorte", como ação deliberada do sujeito do conhecimento, independente do rigor do metodológico, pressupõe a prioridade epistêmica do método sobre a realidade. Assim, a noção de recorte é empregada despretensiosamente e sem precisão ou ela carrega implicitamente uma concepção específica: a de que a escala "se aplica" ao objeto e pode moldá-lo. É nesse sentido que Iná E. de Castro recupera a definição de Claude Rafestain, Victor Ruffy e Jean-Bernard Racine (Racine et al., 1980: 90) segundo a qual a "escolha" da escala se remete a um "processo de esquecimento coerente".

A muito bem aceita perspectiva multiescalar, frequentemente celebrada nos círculos de valorização da diferença, padece também do mesmo pecado de origem. Ela não deixa de correr o risco de uma redução do problema posto pela realidade (de fundamento objetivo, portanto) ao ponto de vista (campo da subjetividade) – com a vantagem evidente de procurar evitar e de se constituir num instrumento contra o autoritarismo das perspectivas monocráticas. Apesar da sistematização elaborada por Olivier Dollfus em 1970, em *L'espace géographique*, e em 1971, em *L'analyse géographique*, a operação implícita no *transfert d'échelle* já vinha sendo ensaiada, como se vê no fragmento de David Stoddart recuperado anteriormente, o qual é datado, originalmente, de 1967. A mobilização das técnicas de observação a partir de diferentes escalas de projeção simultaneamente serão também objeto das considerações de Yves Lacoste em uma passagem bastante conhecida de seu *A geografia serve, antes de mais nada, para fazer a guerra*, de 1976. A ideia de que "um mesmo fenômeno, observado por instrumentos e escalas diferentes, mostrará aspectos diferenciados em cada uma" (Castro, 2000: 131) despertou o interesse de parte importante da comunidade de geógrafos e não deixa, evidentemente, de ser uma premissa verdadeira. O problema, contudo, é que, novamente, a questão escalar é tratada exclusivamente como algo pertinente ao campo metodológico, desprezando, assim, uma dimensão importante da realidade.

Desse modo, não é só a defesa de um conceito capaz de produzir "um conjunto de representações coerentes e lógicas que substituem o espaço observado" (Castro, 2000: 136) que se elabora como problema, mas a própria ocultação, por meio dessa trama conceitual, de um plano inteiro da realidade que tem sido objeto de ações coordenadas, campo de disputas, domínio da exploração, alvo de manipulações, esfera da dominação etc. O tratamento da questão da escala reduzido à "escolha de uma forma de dividir o espaço" (Castro, 2000: 136) encobriu a própria dimensão escalar como um dado constitutivo da existência efetiva dos objetos reais. Na expectativa de combater uma abordagem identificada a uma ontologia sem profundidade, boa parte do discurso geográfico flertou com um epistemologismo abstrato com propensão à desmaterialização da noção de escala.

NA LINHA DE CRISTA ENTRE A ONTOLOGIA E A EPISTEMOLOGIA

O desafio inverso posto a partir da necessidade da crítica ao relativismo subjetivista de uma perspectiva epistemológica que situa a noção de escala no âmbito exclusivo do método ou dos instrumentos metodológicos era não cair numa ontologia refratária à crítica e ao movimento que é próprio dos fatos e eventos sociais. Nesse sentido, alguns autores contribuíram sobremaneira para um movimento de desepistemologização do conceito de escala, carregando, ao mesmo tempo, o compromisso de não se enredar às voltas com uma retórica da ontologização. Isso significa dizer que o reconhecimento da dimensão escalar como um dado concreto e pertinente, portanto, ao próprio objeto não deve buscar classificar e atribuir escalões dimensionais rígidos a uma realidade socialmente dinâmica. A descoberta envolvida nesse esforço de desvio simultâneo das abordagens de cunho epistemológico e de perfil ontológico foi a de que a escala, como dimensão concreta da realidade, é socialmente produzida no processo de produção e reprodução do espaço. Essa descoberta só foi possível após a Geografia ter se deparado com o fato de que o espaço é, ele mesmo, produto social e não um dado *a priori* ou uma forma da intuição. Esse foi o ponto de partida para uma empreitada da definição conceitual de escala que anda na linha de crista entre uma noção puramente epistemológica de escala e uma ontologização da dimensão escalar.

O que se quer dizer com isso é que uma das dimensões da produção social é a escala objetiva que os fenômenos, as ações, os objetos e os eventos assumem. Para se ter uma imagem a esse respeito, basta observar novamente a trajetória e o debate em torno do conceito de região na história da Geografia. Do ponto de vista da chamada Geografia Crítica, a força de penetração da organização industrial oligopolizada, que se projeta numa escala bem mais ampla e foi um dos últimos pilares do arremate da construção da escala internacional, tendia a aniquilar uma das bases da realidade que havia sustentado o conceito de região até então: a autonomia regional. Para Milton Santos, "o fato de que não há autonomia regional é paralelo à falência da Geografia Regional considerada em termos tradicionais" (Castro, 2000: 136). A afirmação se apoia no fundamento vidaliano do conceito de *região*, que depende do gênero de vida, descaracterizado tanto do ponto de vista de suas particularidades, num mundo que se homogeneíza pelas forças de um mercado cada vez mais mundializado quanto pela perda de um universo de determinações definidas na escala regional tal como era entendida. Observando por esse viés, não "se pode, ainda hoje, admitir que as construções humanas, tal qual se apresentam na face do planeta, resultam de uma interação entre 'um' grupo humano e 'seu' meio geográfico" (Santos, 1996: 22). "A região não é mais uma realidade viva dotada de uma coerência interna; ela é principalmente definida do exterior [...]. Nestas condições, a região deixou de existir em si mesma" (1996: 23).

Contudo, mesmo a chamada escala internacional, que vinha de um processo relativamente recente de constituição, não seria permanente. Com o fortalecimento do poder das corporações, as potencialidades das tecnologias de comunicação instantânea cobrindo a quase totalidade do globo, as ampliadas capacidades e velocidades dos meios de transporte, as novas diretrizes de condução das políticas nacionais e municipais e a reestruturação produtiva que redefiniu os parâmetros de localização e relacionamento dentro e fora dos arranjos produtivos ao redor do planeta, entre outros, foi preciso considerar a emergência da escala global em substituição às acomodações elaboradas pela emergência do internacionalismo: o internacional dá lugar ao global. Esse processo ocorreria juntamente com a ascensão da escala urbano-metropolitana ao primeiro plano.

Desse modo, além da produção de novas e inéditas dimensões escalares que resultam de processos e fenômenos igualmente desconhecidos na história da humanidade, mas fortemente estimulado por ela, as próprias relações interescalares são frequentemente atingidas. Um exemplo de que a hierarquia aparentemente estável entre os domínios escalares pode se modificar vem, justamente, das transformações, suficientemente registradas na literatura, ocorridas em relação ao papel e às formas de articulação global dos espaços urbanizados. As teorias que apresentaram os conceitos de "cidade-região" (Scott et al., 2001), de "metápolis" (Ascher, 1995), de "economia em arquipélago" (Veltz, 2013) ou de "cidade global" (Sassen, 1993) reportam que o esquema hierárquico de tipo piramidal (Lencioni, 2006) foi corrompido pela "fusão" entre o urbano, que não mais se subordina direta e exclusivamente ao nacional, e o mundial. De acordo, ainda, com o pensamento lefebvriano (Lefebvre, 1991 e 1999), um corolário possível a partir desses novos arranjos não é que o urbano tenha se conectado diretamente ao global, transpassando escalas intermediárias (o nacional e o regional), mas que ele tenha constituído essencialmente o que se reconhece no âmbito planetário, projetando-se ao nível mundial e impondo aí, como seu conteúdo mais elementar, os seus próprios conteúdos. De certa forma, é esse movimento que Neil Brenner procura sintetizar em alguns de seus trabalhos de inspiração lefebvriana, tal como em *Planetary Urbanization* (2001). Assim, o modelo do tipo *matrioska*, no qual a ordem de grandeza estabelecia relações de subordinação nível a nível, com o mundial como invólucro mais externo, o nacional em seguida e o regional envolvendo o local, pode ser interpretado como resultado de uma forma específica de organização social que parece vacilar diante das modificações ocorridas na ordem social do fim do século XX.[1]

Posto dessa forma, a escala recupera, no âmbito do entendimento, a sua dimensão concreta e não aparece como um dado objetivo porque disfruta de um estatuto ontológico permanente, mas sim porque ela passa a ser reconhecida como um produto e um resultado da própria atividade social. É também por isso que o conceito de escala recupera a plasticidade que é intrínseca a sua dimensão material, sem que tenha, por isso, de abandonar sua natureza concreta em reduções conceituais abstratas que lhe recusam um estatuto de objetividade. Assim ela é simultaneamente plástica e objetiva, podendo ser produzida, moldada e manejada não só a partir de modelos matemáticos ou conceituais, mas na própria realidade a partir da interação das forças políticas, sociais e econômicas.

Um conjunto de autores e reflexões já constituem as bases para o avanço do debate sobre um conceito geográfico de escala que não esteja nem aprisionado exclusivamente no campo epistêmico e nem faça o papel de rígidos invólucros predefinidos, funcionando como uma camisa de força para o pensamento. Em 1984, Neil Smith já afirmava que "por mais fixas que as escalas se apresentem, elas estão sujeitas à mudança e é através da contínua determinação e diferenciação interna da escala espacial que o desenvolvimento capitalista do espaço é organizado" (Smith, 1988: 197). Desvela-se, assim, um dos planos ligados aos processos de produção social do espaço que John Agnew (1993 e 1995) pode se referir como sendo o das "geografias ocultas".

Como, no entanto, a plasticidade escalar guarda uma dimensão necessária e inalienavelmente relacional, as afinidades, contradições e conflitos interescalares sugerem um universo complexo e variado. Diferentes ritmos de decantação, adaptação e elaboração de regimes escalares sugerem o convívio de estruturas datadas de diferentes períodos da história. Ao mesmo tempo, diferentes lógicas, que reforçam diferentes registros escalares, se confrontam também e por meio do plano escalar. Esse é o caso, por exemplo, das soluções locais para o abastecimento de energia que recorrem aos geradores nucleares que, quando instalado perto dos oceanos, tem o potencial de produzir poluição térmica. A elevação da temperatura local pode prejudicar a reprodução de diversas espécies e atingir um impacto na escala hemisférica ou mesmo global, enquanto sua causa tem motivação local, regional ou nacional. No Brasil, recentemente, assistiu-se a uma importante manifestação de algumas comunidades tradicionais, que, na luta pela preservação de seus direitos, de suas terras, de suas tradições, mobilizou seu repertório de cunho local e afrontou o projeto de construção de uma usina hidrelétrica requerida e justificada pela retórica do desenvolvimento nacional. Também não é difícil notar o jogo interescalar do qual normalmente o capital corporativo se beneficia explorando as diferenças definidas entre espaços interfronteiriços. A tomada de empréstimos a juros baixos no Japão, por exemplo, permite ao investidor ganhar comprando títulos da dívida pública brasileira sem ter capital inicial próprio. Outro caso pode ser apresentado a partir do deslocamento das fábricas de países nos quais a mão de obra é mais cara sem que percam, numa economia mundializada boa parte do mercado a que teriam acesso e outras circunstâncias. Isso significa que o capital, que atua no espaço relativamente contínuo da escala global, se aproveita das diferenças que emergem no plano internacional ou a partir dos invólucros políticos, sociais e institucionais da escala regional e local.

Em *Espaços de esperança*, David Harvey recorre a um rico universo empírico para apresentar a plasticidade objetiva da escala. Ele recupera, por exemplo, a luta em Baltimore que colocou as demandas de uma organização local de moradores e trabalhadores, preocupados em perder seus empregos e suas fontes de rendimentos, frente ao movimento de desindustrialização de uma economia "vinculada a processos de globalização" (Harvey, 2004: 167). Não há, desse ponto de vista, uma dimensão escalar que se sobreponha incondicionalmente à outra, não há, portanto, superioridade escalar inabalável. Os "processos socioespaciais modificam a importância e o papel de certas escalas geográficas, reafirmam a importância de outras e, ocasionalmente, criam escalas inteiramente novas. Essas redefinições escalares, por sua vez, alteram a geometria do poder social fortalecendo o poder e o controle de alguns enquanto enfraquece outros".

> Essas escalas espaciais [...] são perpetuamente disputadas, redefinidas, reconstituídas e reestruturadas nos termos de sua extensão, conteúdo, importância relativa e de suas inter-relações. A contínua reorganização das escalas espaciais é parte integral das estratégias sociais de combate e defesa do controle sobre recursos limitados e/ou da luta por empoderamento. Existe uma constante luta social pelo comando sobre escalas particulares numa dada conjectura socioespacial e, enquanto algumas dessas lutas são de menor consequência, muitas podem ser de eminente importância. (Swyngedouw e Heynen, 2003: 913)

As formas de interação entre as circunscrições político-institucionais de determinados territórios situados em níveis similares ou diferentes na hierarquia de uma federação e entre estes e os fluxos que ultrapassam os limites nacionais, continentais e hemisféricos são múltiplas e mutáveis também no que diz respeito ao parâmetro hierárquico. Mas uma das considerações que atravessam o livro de Harvey diz respeito ao papel e à observação da "escala do corpo" frente ao universo escalar que lhe é confrontado. Evidentemente, Harvey não recua para uma ontologia do corpo e da escala corporal. Uma escala do corpo não existe nos termos de uma essência imutável e predefinida; o corpo e seus sentidos são socialmente produzidos e, desse modo, a chamada escala humana que alguns arquitetos procuraram no renascentismo e continuam a lançar mão para atestar a conformidade de seus desenhos é somente uma ficção de perfil essencialista e ontológico. Para Harvey, no que diz respeito a esse assunto, "o foco principal da crítica de Marx ao capitalismo é que ele viola, desfigura, subjuga, danifica e destrói a integridade do corpo que trabalha" (Harvey, 2004: 149).

> Antigas capacidades do corpo humano são reinventadas; novas capacidades são reveladas. O desenvolvimento da produção capitalista envolve uma radical transformação da própria natureza que trabalha. O projeto inacabado do corpo humano é impelido num conjunto particular de direções contraditórias. E para explorar essas possibilidades foi se estabelecendo toda uma gama de ciência para planejar e explorar os limites do corpo humano como máquina produtiva, como organismo fluido. (2004: 144)

Por isso, pode-se afirmar com relativa clareza que, seja na linha de produção da fábrica, nas salas de cirurgia ou nas academias de ginástica, o corpo é deformado em função de expectativas que não têm nada de natural e pertencem à natureza social do capitalismo. Essas considerações sobre o estatuto social do corpo abrem, no entanto, algumas portas para um importante debate na Geografia. Também no âmbito dos fenômenos entendidos como naturais, a plasticidade e a interpenetração dos níveis escalares são um dado objetivo e constituem, por isso, uma dimensão da realidade desses fenômenos. Além disso, "processos ecológicos e muitos processos físicos que regulam as condições da terra, da água, da atmosfera operam numa variedade de escalas" (Harvey, 2004: 108). É interessante observar, ademais, que mesmo os processos assim identificados foram afastados, por autores dessa vertente crítica, do risco maior que correm em relação aos tratamentos de inclinação ontologizante.

Neil Smith, por exemplo, enfatiza a dimensão social que a natureza assume. Desse ponto de vista, a noção de natureza não pode ser extraída da oposição ou como o antípoda da humanidade do homem e da sociedade. Não existe, nessa perspectiva, natureza que não seja duplamente, (1) no âmbito da ideia, uma criação da própria humanidade e, principalmente, da modernidade, e, (2) no mundo real, o resultado de ações coordenadas pelos próprios indivíduos ou coletividades humanas. Essa apreensão do sentido de natureza contraria a ideia que vincula frequentemente o fato natural àquilo que está alheio ao universo das determinações sociais.

> A natureza geralmente é vista como sendo precisamente aquilo que não pode ser produzido; é a antítese da atividade produtiva humana. Em sua aparência mais imediata, a paisagem natural apresenta-se a nós como o *substratum* material da vida diária, o domínio dos valores de uso [...]. Todavia, com o progresso da acumulação de capital e o desenvolvimento econômico, esse *substratum* material torna-se cada vez mais o produto social [...]. Em suma, quando essa aparência imediata da natureza é colocada no contexto histórico, o desenvolvimento da paisagem material apresenta-se como um processo de produção da natureza. (Smith, 1988: 67)

A imagem idílica de uma natureza intocada, não corrompida, como o depositário das verdades mais elementares e a figuração do paraíso na Terra faz parte de um "ideal da imaginação abstrata de natureza, uma noção que nunca conhecemos na realidade. O ser humano tem produzido tudo o que seja natural" (1988: 97). Nesses termos, não se pode falar de uma escala natural ou de uma escala da natureza.

As dimensões escalares dos fenômenos e dos desastres chamados naturais tem forte relação, portanto, com a produção da própria natureza e com o trabalho simultâneo de produção da escala. O impacto global da emissão de CO2 é um dado recente na história da humanidade e ele seguramente está ligado, dentre outras coisas, ao fato de que é no capitalismo que "pela primeira vez o ser humano produz a natureza em escala mundial" (1988: 93).

Observando desse ponto de vista, se não se parte, portanto, de uma clivagem irrecuperável entre o homem e a natureza, o que a história da humanidade nos conta, sobretudo em tempos mais recentes, é o deslocamento do centro de regulação do processo de produção da natureza. "Através do trabalho humano e da produção da natureza na escala global, a sociedade humana colocou-se no centro da natureza" (1988: 107). A clivagem deve ser interpretada, assim, mais entre as diferentes classes sociais (porque também socialmente produzidas) do que entre uma humanidade genérica supostamente amputada da natureza e a imensa matéria natural não humanizada. Desse modo, entram em choque na prática urbana, por exemplo, concepções que mobilizam um universo de identidades e de origem que traz suas marcas étnicas, de classe, de gênero e de cor, a respeito do que deve ser produzido e reproduzido como um espaço saudável. "Os atores sociais se empenham em defender e criar seus próprios ambientes num contexto de lutas", "essas mudanças socioambientais resultam na contínua produção de novas 'naturezas', de novas condições ambientais" (Swyngedouw e Heynen, 2003: 900). É por isso que Smith vai afirmar que a luta social não é pelo domínio da natureza, mas pela sua produção. "A meta do capital é a produção da natureza na escala global e não somente um crescente manejo habilidoso sobre a natureza" (Smith, 1988: 103). Mas, em contrapartida, ele também nos diz que "o controle social sobre a produção da natureza [...] é o sonho realizável do socialismo" (1988: 103).

Desse modo, a escala também dos processos chamados naturais, seja ela a do corpo ou a de um determinado bioma, não é desprovida das disputas e dos esforços que envolvem a produção da natureza. O reconhecimento da natureza nesses termos, nem como alteridade, nem como o paraíso perdido, implode barreiras à consideração da escala como uma dimensão social passível de ser inteiramente compreendida no escopo dos processos de produção do espaço, que se projeta com ainda maior força, nesses termos, como parâmetro de referência e unidade para o debate no âmbito da ciência geográfica.

De certa forma, um trabalho bem-sucedido de algumas vertentes da Geografia, mormente as de formação crítica, já havia conseguido lidar com os tensionamentos e resolver o problema formulado a partir da oposição muito simplificada, o que fez dela uma falsa questão entre uma abordagem de perfil ontológico e aquela de propensão epistemologizante. A descoberta da produção do espaço permitiu à Geografia saltar para fora de um dualismo empobrecido e tal empreitada tem avançado a partir do debate sobre a natureza da dimensão escalar, que caminha em direção a um conceito concreto de escala.

NOTA

1 "As escalas só podem ser apreendidas de modo relacional. As escalas não podem ser consideradas adequadamente como unidades fixas no interior de um sistema de recipientes encaixados definidos por seu tamanho geográfico absoluto (um modelo de escala do tipo 'bonecas russas')" (Brenner, 2013: 211).

BIBLIOGRAFIA

AGNEW, J. Representing Space: Space, Scale and Culture in Social Science". In: DUNCAN, J.; LEY, D. (eds.). *Place/Culture/Representation*. Routledge: London, 1993.

______. The Hidden Geographies of Social Science and the Myth of the "Geographical Turn". *Environment and Planning D: Society and Space*. 1995, 13, pp. 379-80.

ASCHER, F. *Métapolis ou l'avenir des villes*. Paris: Odile Jacob, 1995.

BENKO, g. *A ciência regional*. Oeiras: Celta, 1999.

BERTRAND, G. Paysage et géographie physique globale. Esquisse méthodologique. *Revue Géographique des Pyrénées et du Sud-Ouest*, tome 39, fascicule 3, 1968, pp. 249-72.

BRENNER, N. Reestruturação, reescalonamento e a questão urbana. *GEOUSP: Espaço e Tempo*. São Paulo, n. 33, 2013, pp. 198-220.

______. The Urban Question: Reflections on Henri Lefebvre, Urban Theory and the Politics of Scale. *International Journal of Urban and Regional Research*, v. 24, n. 2, 2000, pp. 361-378.

BRENNER, M.; SCHMID, C. Planetary urbanization. In: GANDY, M. (ed.). *Urban Constellations*. Berlin: Jovis, 2011, pp. 10-13.

BRUNET, R. Le quartier rural, structure régionale. *Revue Géographique des Pyrénées et du Sud-Ouest*, tome 40, fascicule 1, 1969. Quartiers ruraux du Midi Toulousain. pp. 81-100.

CARLOS, A. F. A. *A (re)produção do espaço urbano*. São Paulo: Edusp, 1994.

CARLOS, A. F. A.; LENCIONI, S. Alguns elementos para discussão do espaço geográfico como mercadoria. *Borrador* – Teoria e Método, v. 1, São Paulo, 1982.

CASTRO, I. E. O problema da escala. In: CASTRO, I. E.; GOMES, P. C. C.; CORREA, R. L. (orgs.). *Geografia:* conceitos e temas. Rio de Janeiro: Bertrand, 2000, pp. 117-40.

GOTTDINER, M. *A produção social do espaço urbano*. São Paulo: Edusp, 1997.

GRIGG, D. Regiões, modelos e classes. In: CHORLEY, R.; HAGGETT, P. (orgs.). *Modelos integrados em Geografia*. São Paulo: Edusp; Rio de Janeiro: LTC, 1974, pp. 23-66.

HARVEY, D. *Espaços de esperança*. São Paulo: Loyola, 2004.

LACOSTE, Y. *A geografia*: isso serve, em primeiro lugar para fazer a guerra. Campinas: Papirus, 1988.

LEFEBVRE, H. *O direito à cidade*. São Paulo: Moraes, 1991.

______. *A revolução urbana*. Belo Horizonte: Ed. UFMG, 1999.

LENCIONI, S. Da cidade e sua região à cidade-região. In: SILVA, J. B. da; LIMA, L. C.; ELIAS, D. (orgs.). *Panorama da geografia brasileira I*. São Paulo: Annablume, 2006, pp. 65-5.

ORAIN, O. La géographie française face à la notion d'échelle: une approche par les significations et les contenus épistémologiques. In: ROBIC, M-C. *Echelles et temporalités en géographie, seconde partie*. Vanves: cned, 2004, pp. 2-24.

RACINE, J-B.; RAFESTIN, C.; RUFFY, V. Echelle et action: contributions à une interprétation du mécanisme de l'échelle dans la pratique de la géographie. *Revue Geographica Helvetica*, v. 35, n. 5, 1980, pp. 87-94.

SANTOS, M. *Por uma geografia nova*. São Paulo: Hucitec, 1996

SASSEN, S. A cidade global. In: LAVINAS, L. et al. (orgs.). *Reestruturação do espaço urbano e regional no Brasil*. São Paulo: Hucitec, 1993, pp. 187-202.

SCOTT, A. J.; AGNEW, J.; SOJA, E.; STORPER, M. Cidades-regiões globais. *Espaço e Debates: revista de estudos regionais e urbanos*. São Paulo: Núcleo de Estudos Regionais e Urbanos, n. 41, 2001, p. 11-25.

SMITH, N. *Desenvolvimento desigual*. Rio de Janeiro: Bertrand Brasil, 1988.

SOJA, E. W. *Geografias pós-modernas:* a reafirmação do espaço na teoria social crítica. Rio de Janeiro: Zahar, 1993.

STODDART, D. R. Organismo e ecossistema como modelos geográficos. In: CHORLEY, R.; HAGGET, P. (orgs.). *Modelos integrados em Geografia*. São Paulo: EDUSP, 1974, pp. 67-100.

SWYNGEDOUW, E.; HEYNEN, N. C. Urban Political Ecology, Justice and the Politics of Scale. *Antipode*, v. 35, 2003, pp. 898-918.

TRICART, J. La géomorphologie et la notion d'échelle. *Revue de Géomorphologie Dynamique*, 1952, v, n. 5, pp. 213-18.

VELTZ, P. *Mondialisation, villes et territoires*: une économie d'archipel. Paris: puf, 2013.

O ESPAÇO COMO REPRESENTAÇÃO

Fernanda Padovesi Fonseca

Este capítulo pretende tratar a função do mapa e, de forma mais ampla, a imagem na Geografia, a partir da afirmação da existência de uma *virada cartográfica*. Para tanto, realizamos uma discussão a partir da proposição de novos desafios teóricos para o mapa hoje.

A importância da cartografia (da imagem e do mapa) na ciência geográfica, ao longo do século XX, conheceu oscilações de maior ou menor prestígio. O que predominou foi uma renitente presença das imagens e dos mapas, quase obrigatória, porém tendendo à condição de produto e prática complementar ou mesmo secundária em relação aos saberes da Geografia. Assim, a Cartografia reduzida à mera condição de representação tida como neutra de dados quantitativos e de informações obtidas no terreno e que se desenvolviam externamente a ela, pôde ser praticada dentro da Geografia, por muitos professores e profissionais, alheios aos conhecimentos geográficos e aos aportes teóricos dessa disciplina.

Já tivemos oportunidade de expor nossa interpretação sobre as razões do afastamento da denominada Geografia Crítica no Brasil[1] do mapa e das imagens em geral.[2] Retomando apenas o essencial, não se vislumbrou um lugar para a Cartografia no processo de renovação teórica e epistemológica da Geografia, porque a própria crítica que a alimentou enxergou na Cartografia um irredutível bastião da Geografia clássica (*tradicional*), pois marcada por uma rigidez formal e falta de teorização que não pareciam ter como dialogar com a renovação. O desencadear dos fatos e das práticas cartográficas mais recentes no Brasil não lograram mudar suficientemente esse panorama, cuja fisionomia mais evidente é a de uma Cartografia agora amparada por novos aportes tecnológicos nada desprezíveis (geoprocessamento, imagens de satélite, por exemplo), mas ainda bastante afastada das pesquisas em Geografia envolvidas com as diferentes escolas da renovação. Se tivermos em conta o panorama internacional, a situação já é outra, embora se constate que há muito a fazer, que ainda não se explorou e se irradiou o que já foi produzido. Como diz Guillian Rose (2013: 198),

> [...] o "visual" não tem sido analisado de maneira consistente em relação à Geografia como uma disciplina acadêmica. Há, certamente, obras importantes sobre as histórias da Cartografia, pinturas topográficas e fotografia colonial (vejam exemplos em Cosgrove, 1998; Harley, 1992; Pinney, 1997; Ryan, 1997; Schwartz, 1996; Stafford, 1984), mas a relevância dessas obras para a reflexão sobre geografias acadêmicas no século XX – quanto mais no século XXI – não está, até onde eu sei, sendo explorada. Nós simplesmente não sabemos de que maneira a Geografia é uma disciplina visual.

Contudo, há uma base de obras das quais se pode partir e enxergar no horizonte boas novidades, que tendem a envolver também a Geografia brasileira, embora estejamos num flagrante retardo que precisa ser superado. A custa de muitos esforços e de muita insistência de geógrafos e cartógrafos que vêm desde os anos 1980-1990 (como os citados por G. Rose), especialmente nas escolas anglo-saxã e francesa, a Cartografia no interior da Geografia e, mesmo fora, vem sendo um campo aberto à crítica e à reflexão renovadora.

Mesmo que o volume de obras ainda não seja muito grande e, para prejuízo nosso, também pouco traduzido para o português, não é exagero constatar que a qualidade da reflexão e das contribuições surgidas, tanto como a crítica do que se fazia, como, principalmente, sobre a potencialidade do que a Cartografia pode realizar, está promovendo uma virada radical nesse campo. Somos tentados a pensar como Jacques Lévy (2008; 2015), que aposta na existência de uma verdadeira *virada cartográfica* (*cartographic turn*), que expressa não só uma mudança interna na forma de se praticar a Cartografia, como também assinala o que a Cartografia pode oferecer aos saberes de um modo geral.

São vários os aspectos que devem ser perfilados para demonstrar a pertinência dessa virada e do potencial a ser explorado, que permitem respostas positivas e produtivas à questão de *por que a necessidade da Cartografia*? Vamos adotar uma narrativa que parta dos elementos básicos para chegarmos à explicitação mais ampla da virada cartográfica.

A IMAGEM E O MAPA NO CONTEXTO IMAGÉTICO DA GEOGRAFIA

Se no passado já não se podia reduzir a Cartografia ao campo de técnicas e práticas relacionado apenas ao mapa, pois as imagens das paisagens estavam relacionadas à sua produção, atualmente seria inconcebível isentar os geógrafos/cartógrafos dos esforços teóricos para se obter o máximo de inteligibilidade, o que não é fácil, sobre o mundo das imagens, mundo esse ao qual, sem dúvida, os mapas também pertencem. Não apenas por causa de sua profusão enorme em todas as mídias, mas também em razão de eles serem produzidos de maneira cada vez mais difusa tanto por autores "leigos" como até por técnicos altamente qualificados que articulam imagens de satélite, bancos de dados e mapas, por exemplo.

As imagens fizeram, historicamente, parte do repertório da Geografia. Para isso, basta lembrarmos o papel do olhar na constituição do conceito de paisagem, cuja centralidade foi, num período, muito grande. Tradicionalmente, o que não cabia na escala do olhar que produz uma paisagem era expresso no mapa, que era uma ampliação desse olhar – sendo, assim, igualmente uma imagem. Entretanto, nota-se que a teorização crítica desse mundo imagético na Geografia foi apenas marginal, mas o *status* dessa discussão está mudando e vale aqui um breve panorama dos seus avanços que passa pelo seu constituidor, que é o olhar.

O ato de ver precisa ser pensado desde o seu caráter orgânico até a sua dimensão social/cultural. Nosso olhar vai além de ser reflexo de um de nossos sentidos, pois, como diz Denis Cosgrove (2002), a vista humana não é passiva: é individualmente deliberada e culturalmente aprendida e condicionada. A seguir, alguns elementos que conformam o olhar, para além de sua dimensão física:[3]

a. A *experiência individual* – nosso olhar é constituído por imagens subjetivas que povoam nossa memória, além de imagens de espaços e de formas físicas marcantes. Para Cosgrove (2002), parte do olhar aprendido é uma recepção própria e complexa do indivíduo diante do contexto social orientado por convenções sobre o que se deve *ver*, quem deve *ver* e pelas associações e significados atribuídos a uma cena dada e sobre suas propriedades formais e compositivas. Assim, essa percepção visual é inseparável das funções psíquicas e da intelecção/cognição do sujeito.
b. *O olhar condicionado pelas técnicas/tecnologias* – uma paisagem pictórica revela as relações entre o olhar e as técnicas de um contexto social. Para *ver* uma paisagem pictórica são aceitas as convenções técnicas da representação sobre a tela plana, tais como a tridimensionalidade e a perspectiva. Na verdade, são normas técnicas que impregnam as imagens de paisagens. Cosgrove diz que as geografias do que se pode *ver* são mais reguladas por normas técnicas que as do que se pode escutar, tatear, cheirar ou saborear. E não somente normas, mas também aparatos técnicos, como lentes, câmeras, projetores de luz, retículas, telescópios, microscópios e outros, com isso tudo instalado em veículos diversos, chegando até aos satélites orbitais que nos oferecem perspectivas inéditas do planeta. No caso, não apenas a capacidade do olho foi muitíssimo ampliada, mas o olhar também se modifica, já que sua inscrição em novas materialidades não é neutra. As mudanças das tecnologias de percepção do espaço provocam transformações no olhar e nos modos de representação. Com toda a complexidade que surge com os desenvolvimentos tecnológicos, não se pode contornar que esses avanços aumentaram a importância da visão como meio principal de exploração do espaço geográfico.
c. *O olhar condicionado culturalmente pelo contexto social* – as imagens ativam convenções culturais, revelam pressupostos sociais (ideológicos, por exemplo). Jacques Aumont, em obra teórica sobre a questão da imagem, denomina o contexto

> social como o *dispositivo*. Diz ele que é claro que o espectador nunca tem, com as imagens que contempla, uma relação abstrata, "pura", afastada de qualquer realidade concreta. Pelo contrário, a visão efetiva das imagens tem lugar num contexto determinado multiplamente: contexto social, institucional, técnico, ideológico. É o conjunto desses fatores "situacionais" [...] "que regulam a relação do espectador com a imagem, que chamaremos *dispositivo*" (Aumont, 2005: 8).

Parece-nos produtivo uma aplicação ilustrativa desses elementos na interpretação de um retrato de paisagem, a imagem clássica da Geografia, mas deixando claro que se trata de uma apreensão teórica sobre a imagem que é aplicável metodologicamente a qualquer forma de imagem, uma imagem de satélite e mesmo um mapa. O uso da ideia de paisagem subordinou-se à ideia de uma área de terra apreensível pelo olhar humano desde uma posição estratégica que permita uma visão de conjunto de uma porção do espaço. O que significa uma relação de controle do espectador em relação ao objeto que está sendo visto, pois sua posição o destaca para selecionar, compor e estabelecer marcos do que se vê, quer dizer, de exercer um *poder imaginativo* (o que realiza plenamente todos os significados da expressão imaginação, que é a de criação de imagens) ao converter o espaço material em paisagem.

Um exemplo trazido também por Cosgrove e que, aliás, serve ao mesmo tempo para mostrar a indissociabilidade entre imagem e mapa, vai nos revelar a pertinência de todos os pontos tratados anteriormente. Desde 1500, em centros urbanos como Nuremberg, Veneza e Florença, comerciantes, eruditos e artesões criavam instrumentos, pinturas e mapas para celebrar e regular o poder e a beleza de suas cidades e regiões. A popularidade dessas cenas urbanas (da natureza também), a que seu deu o nome de paisagens, estendeu-se à Holanda, Inglaterra e Lombardia nos séculos XVI e XVII. Na paisagem, as técnicas do topógrafo, do cartógrafo e do planificador e do artista se sobrepunham. E isso mostra a inclusão necessária da Cartografia no mundo das imagens, afinal suas técnicas estão implicadas na construção das paisagens.[4] Porém, mostra cristalinamente o quanto essas paisagens estavam impregnadas por todos os elementos que estruturam o olhar socialmente: um contexto social e econômico que encomendava com interesses específicos, um contexto de técnicas e habilidades e uma subjetividade do artista, ou do cartógrafo, mas como toda subjetividade ela própria condicionada por esses contextos.

Ainda falta um ponto-chave para nos sintonizar às teorizações e discussões sobre as imagens: elas *operam* nas realidades e não apenas as representam. No exemplo anterior, as paisagens encomendadas eram expressões do poder econômico e de uma evolução cultural que queria se expressar, e certamente esses produtos impactavam na dinâmica social. Em outras situações, figuras icônicas da natureza (paisagens pictóricas) foram funcionais na formação de uma dada identidade nacional, desempenhando um papel muito importante na conformação territorial dos modernos Estados-nação, já que foram valorizadas como expressões visíveis de uma relação natural entre um povo e uma nação.

Esse fenômeno pôde ser observado até na ex-URSS, onde pintores, cineastas, poetas e romancistas celebraram as características geográficas exclusivas da paisagem russa como elementos que expressavam a identidade e o coletivismo russo.[5] E pode igualmente ser notado, de forma mais incisiva, nos territórios colonizados onde as paisagens pictóricas operavam no processo de dominação colonial. As paisagens pré-coloniais, obviamente, eram pouco valorizadas. A expressão visual da ação do colonizador foi intensa. As paisagens pictóricas produzidas no mundo colonizado registraram ou anteciparam as "conquistas civilizatórias", pois mimetizavam as paisagens típicas da Europa (Cosgrove, 2002). Mesmo os pintores nativos passam a incorporar as técnicas, os elementos das paisagens e os símbolos europeus em sua produção. Um exemplo significativo dessa ocorrência está bem retratado no trabalho de Serge Gruzinski sobre a colonização do México. Trata-se, para ele, mais que a colonização do território, e sim de uma colonização do imaginário (Gruzinski, 2003). Encerramos aqui os exemplos, mas não sem lembrar que essa verificação crítica do papel operante das imagens nas mais diversas relações sociais é um campo fértil de possibilidades e de revelações bastante surpreendentes sobre as dinâmicas sociais, elas mesmas, e que o baixo investimento teórico da Geografia nessa linha de pesquisa é um desperdício epistemológico que precisa ser contido.[6]

Como um gênero de imagem, mesmo que marcado por uma forte especificidade, o *mapa* e sua apreciação crítica, assim como toda a problematização necessária para sua confecção, são largamente beneficiados por essa nova apreensão teórica relacionada às imagens de um modo geral. Esses raciocínios podem ser estendidos aos mapas, tanto aos de outros momentos históricos quanto aos contemporâneos. Comecemos com uma constatação: a Cartografia, como saber produtor de mapas, possui *status* de ciência, e sabemos o quanto a ciência produz (e garante, por todo prestígio nas sociedades modernas) a *pretensão da verdade*. No mapa, a "verdade" sobrevive ocultando e tornando imunes à discussão os suportes da Cartografia que se relacionam com as realidades, que são muitas vezes artifícios que tentam superar impossibilidades de representação,[7] assim como também dissimula o aspecto criativo/imaginativo da ação do cartógrafo como se ele fosse um veículo indevassável da verdade objetiva. Esse é o caminho da naturalização do mapa, que o novo olhar crítico quer abalar.

Um resultado de suma importância desse novo contexto reflexivo da Cartografia afeta e revisa as interpretações que se tinha a respeito dos mapas pretéritos, e com isso tanto se modificam os significados atribuídos aos mapas já produzidos como a própria concepção de mapa vai se alterando. Isso é perceptível com as definições que abandonam a ingenuidade positivista que enxergam no mapa uma cópia neutra de uma dada realidade espacial.

De forma mais aguda, o tom de avaliação dos mapas existentes e a serem confeccionados agora é outro, e podemos exemplificar isso fartamente. Antes, vamos reiterar para que não reste dúvida: a mesma metodologia que aborda as imagens (a consideração dos contextos individuais, sociais e tecnológicos) e o modo como elas operam é pertinente quando falamos de mapas, o que não quer dizer que devido a sua especificidade não haja aspectos próprios a serem tratados. Uma linha aponta o mapa como produtor de novas realidades e mentalidades. O geógrafo/historiador britânico John Brian Harley define o mapa como "representação gráfica que facilita a compreensão espacial dos objetos, conceitos, condições, processos e fatos do mundo humano" (1991: 7). Harley coloca a participação na produção do mundo humano como produto central do mapa. O mapa é para moldar o mundo e domesticar o nosso olhar sobre este mundo. Os exemplos dessa forma de moldar o mundo são datados na Cartografia a partir dos portulanos (Crosby, 1999). Alfred Crosby aponta a construção do que chama de *mentalité*[8] na Europa, no que era a sociedade ocidental, no fim da Idade Média e do Renascimento, de um modelo quantitativo de apreensão da realidade, que veio em substituição a uma apreensão que era basicamente qualitativa. Assim, novamente, conforme essa abordagem, o mapa tanto representa quanto constrói o mundo. Tendo em vista o papel que os mapas passaram a ter, como novas formas de se pensar, faz sentido falar-se numa "razão cartográfica", como diz Franco Farinelli (2009). Sobre tal concepção de Farinelli, em que a "razão cartográfica" é um modo de se pensar o espaço vinculado aos instrumentos cognitivos particulares da Cartografia e à tradução gráfica das questões do espaço, Emanuela Casti (2015: 143) ainda esclarece que:

> Firme em sua convicção de que os mapas têm sido usados como modelos interpretativos para a Geografia, Farinelli examina insistentemente como os mapas afetam a epistemologia geográfica. Ele também explora sua função comunicativa para mostrar que 1) o que os mapas transmitem é invariavelmente sujeito à ideologia, 2) quando recebido de maneira acrítica, a mensagem de um mapa pode afetar profundamente a própria noção de território – uma noção inadvertidamente usada pelos geógrafos. Ele também argumenta que os mapas têm uma influência perigosa no próprio conceito de "espaço", e através de seus estudos de Cartografia Geométrica demonstra que a Geografia burguesa só surgiu quando a lógica espacial imposta pela Cartografia do período anterior foi abandonada. (tradução nossa)

Essa visão geral do mapa como algo que participa na produção de mundos pode ser concretizada para além de uma retórica construtivista, pois é possível mostrar exemplos dos mapas como criadores de territórios e de identidades, e que estão longe de ser apenas reflexos de territórios e identidades que existiriam antes e independentes dos mapas.

Christian Jacob, um dos autores cuja obra é inspiradora da *virada cartográfica*, aponta que "o mapa não é um objeto, mas uma função" (1992), ou, dito de outro modo, opera de alguma forma e isso é possível notar tanto com exemplos históricos – como o já clássico caso da Tailândia que Benedict Anderson traz no seu *Comunidades imaginadas*[9] – como com exemplos no desenvolvimento dos conhecimentos científicos (William Smith no caso da Geologia)[10] e principalmente em exemplos mais próximos da vida moderna cotidiana, como no caso do mapa de metrô de Londres. Esse mapa foi criado por Harry Beck em 1931. Antes da proposta de Beck, os mapas que retratavam a rede subterrânea de trens tinham como parâmetro as distâncias e as direções absolutas das linhas do metrô e não representavam no mapa as extremidades dessas linhas, logo parte do sistema pertencia ao imaginário da população. A partir da proposta de Beck, concebida visualmente como um diagrama elétrico, sem o apoio do fundo euclidiano, o mapa apresentou uma simplificação visual que permitiu a apreensão da lógica integral das conexões de toda a rede.[11] Jeremy Black (2000: 16-7) detalha mais ainda o impacto, o efeito operador, desse mapa na realidade espacial de Londres.

> O mapa também serviu a outro propósito. Alguns mapas anteriores tiveram que excluir as seções mais externas do sistema (do metrô) ou enfrentaram dificuldades em incluí-las, enquanto o *layout* de Beck incluiu todo o sistema. Ao fazê-lo, diminuiu a distância aparente entre os subúrbios e o centro da cidade, e isso gerou um resultado importante em uma época em que os assentamentos suburbanos, como o Edgware[12,13] estavam sendo desenvolvidos. Ao fazê-los parecer mais próximos, o mapa de Beck assegurou que o deslocamento não parecesse ser aquele de deixar Londres. Em vez disso, enfatizou-se a facilidade de viajar para o centro, um efeito visual que é estimulado pelo uso de linhas retas no mapa para todas as linhas de metrô. (tradução nossa)

O mapa foi capaz de incluir toda a rede de metrô, e daí também surgiu a constituição de uma cidade que incorporou todas as áreas conectadas e acessíveis como componentes legítimos.

NOVOS DESAFIOS TEÓRICOS PARA OS MAPAS

Como já havíamos dito, o mapa, no rol das imagens que a Cartografia deve tratar, tem especificidades importantes. Enquanto forma que se pretende científica, o mapa não pode ficar reduzido a uma técnica, dominado por técnicos e longe dos avanços teóricos que uma ciência como a Geografia vem obtendo para tornar cada vez mais inteligível a questão do espaço e das espacialidades no interior da dinâmica social. Portanto, os trabalhos com os mapas têm que estreitar as relações com a ciência geográfica e nessa aproximação se notarão grandes desafios, porém estimulantes e com potencial de desenvolvimento cognitivo nada desprezível. Indicaremos alguns desses desafios, que entendemos de grande importância. Ao mesmo tempo, encarar esses desafios é uma porta para se ingressar na discussão teórica sobre o mapa.

O mapa sobrevive desde o século XIX com seus componentes muito estabilizados, especialmente, o quase indiscutível espaço/extensão euclidiano que forma o seu fundo inquestionável, o que na verdade pode ser descrito como um processo de naturalização. (Era)é assim porque (era)é assim. Só que não é! Todavia, os espaços produzidos pelas sociedades humanas, e as espacialidades daí decorrentes, não correspondem necessariamente à extensão exaustiva do espaço natural, expresso pela Geometria euclidiana. O exemplo que trouxemos do mapa do metrô de Londres não destaca apenas por sua engenhosidade comunicativa, que cria uma rede que não coincide com o "espaço real". Acontece que nas relações sociais da cidade a população constrói suas espacialidades em rede, calcula as distâncias que deve percorrer para as práticas de sua vida, segundo a rede do metrô. A isso corresponde, portanto, um espaço reticular cuja extensão exaustiva que o envolve não é relevante. E esse é um *primeiro desafio* a ser enfrentado. Quantos outros espaços em rede, quantas outras espacialidades se organizam do mesmo modo, ainda mais nessa etapa do mundo contemporâneo, marcada por avanços tecnológicos no campo dos transportes, das comunicações, que aceleram os acontecimentos e as mudanças? A Cartografia deve pensar em mapas que revelem esse fenômeno e não o esconda ou o diminua no interior de espaços cartográficos inadequados. O desafio teórico pode ser assim enunciado (Chavinier et al., 2015: 103):

> Dado o mundo de hoje, devemos ignorar completamente a base para mapear o mundo como se fosse uma rede de metrô? Ou deve-se buscar uma grade mínima e flexível, para nos ligar a mapas preexistentes sem alterar as espacialidades específicas que queremos destacar? (tradução nossa)

Um *segundo desafio*, e que deriva do que as novas redes e espaços reticulares possibilitam em termos de relações sociais, refere-se à questão escalar que envolve o mapa (Grataloup, 1996: 7). Se o mapa foi um recurso para se representar espaços para além daqueles apreendidos pelo olhar, eles terminaram entronizando uma rigidez escalar, que é a de sempre possuir internamente uma *única escala*, pois a Geografia enfrenta hoje o desafio de considerar a complexidade das relações sociais que são cada vez mais multiescalares. É muito evidente que atores e grupos sociais situados numa metrópole estabelecem relações que transcendem facilmente as relações locais, passam por relações regionais e alcançam a esfera global. Mas esse caráter multiescalar, antes impossível para atores sociais em outra situação geográfica, com o advento e o acesso a redes digitais agora se difunde para limites que ainda não sabemos quais são. E como expressar esse trânsito de escalas nas relações sociais que, talvez, estejam produzindo mudanças essenciais nos espaços e nas espacialidades, em linguagem visual, num mapa? Um mapa estabiliza um espaço, uma escala, e parece que as relações sociais e as realidades espaciais que as impregnam atualmente transcendem essa realidade imagética que o mapa foi até então. Essa demanda de expressão nova pode ser observada de forma bastante evidente na discussão de qual mapa serviria ao fenômeno da globalização (Fonseca, 2014). No caso, a globalização demanda por um mapa que contribua em sua apreensão e interpretação, que busque novas opções visuais para uma dinâmica social que é interescalar.

Um *terceiro desafio* é o de conseguir dar mais relevo aos espaços produzidos pelo humano. Ora, não foi o humano que "produziu as extensões geográficas" preexistentes a ele, como é óbvio. Manter isso de forma indiscutível nos mapas é aderir a uma concepção de espaço que já vem pronta e automatizada. Os espaços sociais produzidos não coincidem com essa extensão, a começar pelo mundo urbano que tem na sua essência a diminuição das distâncias (ou se quisermos a eliminação da extensão) entre os grupos e atores sociais. Mais de 60% da população mundial habita centros urbanos e há um viés evidente de crescimento dessa proporção, e nesses centros condensa-se grande parte da obra humana de todos os tipos. Porém, sempre que se quer mostrar o conjunto dos espaços humanos (e aí a escala deve ser cada vez menor) no qual se destaca o urbano, eles ficam subestimados visualmente, reduzidos a pontos no interior da extensão do espaço cartográfico, moldado pelas métricas euclidianas. Poderia-se contra-argumentar que, então, se aumente a escala para representar uma cidade por inteiro. Mas essa solução também é um reducionismo, visto que assim os espaços sociais produzidos só podem ser representados aos pedaços, nunca em seu conjunto onde se pode realçar as relações em rede que eles estabelecem.

O modo acelerado como as novas tecnologias digitais inserem-se nas dinâmicas sociais, afetando desde o mundo das macroestruturas sociais até a vida dos pequenos atores sociais nos coloca diante de um *quarto desafio* a ser tratado no âmbito da Cartografia. Os mapas são cada vez mais produzidos com o apoio de *softwares* que não cessam de se aperfeiçoar, mas, não só, eles são também exibidos em plataformas digitais nas quais o usuário pode, em tese, escolher o grau escalar do seu interesse. Com o mapa convencional, o usuário tinha alguma possibilidade de trânsito escalar nos atlas ou num conjunto de mapas, mas, no geral, os mapas tinham suas escalas internas únicas e o usuário ficava restrito a elas. Não se pode negar o incrível potencial que se apresenta com esses recursos, mas eles nos colocam diante do desafio de evitar que se crie uma nova e mais grave naturalização dos aspectos construtivos desses mapas digitais disponíveis nas plataformas. Queremos ressaltar um problema, certamente imperceptível ao usuário, mas que é gerador de distorções. O trânsito escalar que dá ao usuário a possibilidade de escolher o nível de detalhamento do que quer observar levanta algumas questões. Que vantagens haveria em se ampliar (*dar zoom*) num mapa-múndi? Uma cidade representada por um ponto teria apenas esse ponto ampliado e o trânsito escalar deveria permitir que se visse o espaço interno dessa cidade. E isso ocorre nas novas plataformas digitais, de certa maneira. O trânsito é possível porque há uma sobreposição de mapas e imagens de diversas escalas, das menores para as maiores. Acontece que quando há o *zoom*, não se garante que se vá de um mapa de uma escala para outra. Pode ser que se caia num mapa de escala 1:250.000, apenas ampliado. E é sempre bom lembrar que, quando se introduz num mapa de uma dada escala objetos simbólicos e dados em geral, esses são escolhidos de acordo com a escala. Buscar mais detalhamento sem que a escala do mapa seja outra não faz sentido. A essa questão soma-se o fato de que os mapas digitais disponíveis nas plataformas interativas terminam por acentuar mais uma vez e de forma mais contundente o espaço euclidiano, produzindo o que Alain Milon[14] chama de excesso de euclidianismo. Novos recursos tecnológicos e formas questionáveis de representação não parecem uma boa combinação.

Nas práticas pedagógicas no ensino básico encontramos o *quinto desafio.* Que não se pense que se trata de algo de menor importância, pois se sabe o quanto é importante na formação intelectual e humana em geral dos indivíduos, e na sua relação com o mundo, a apreensão sensível e inteligente dos espaços de sua vida e da vida dos outros. O ensino da Geografia/Cartografia sempre se relacionou diretamente com esse aspecto da formação das crianças e adolescentes, e o fazia de uma forma consagrada que começava com proposições de exercícios de mapeamento das realidades imediatas dos alunos, do ambiente doméstico para os arredores, que incluía o percurso à escola e sua vizinhança. Desse modo, esperava-se uma contribuição na formação da percepção espacial no diálogo que esses exercícios travavam com as concepções que as crianças e os adolescentes já traziam. Isso nunca foi muito simples, e pode-se mesmo ser cético em relação aos bons resultados dessas práticas. Pois, atualmente, o desafio de contribuir nessa formação da percepção do espaço é maior para o ensino da Geografia/Cartografia, à medida que as prévias percepções espaciais dos alunos estão constituídas também pelo uso de diversos *dispositivos tecnológicos digitais* que trazem informações espaciais no formato digital. As vizinhanças da moradia e das escolas, o percurso e outros elementos não só podem ser dinamicamente traçados, como isso tudo já está imageado, com visões zenitais, com visões frontais e oblíquas que vão até o nível de uma fachada de uma casa. Ora, tudo isso está participando da formação da percepção espacial dos alunos. E como isso está se dando? Não nos parece que deva ser algo que se admite sem maiores questionamentos. Há diferenças notórias na percepção presencial dos espaços e naquela produzida por intermediários. A percepção formada por meio de imagens e mapas oferecidos pelos aplicativos acessíveis ficará impregnada pelas escolhas dos programadores, pelas bases cartográficas adotadas (vale notar nesses dispositivos a insistência também no uso do espaço euclidiano) e por várias outras questões que mostram como não é óbvia nossa relação com as imagens. A questão não é negar os dispositivos e os novos elementos envolvidos na formação da percepção espacial das crianças e adolescentes, e dos adultos também, mas considerá-los no seu poder de operar transformações, e esse é sempre um desafio para quem trabalha criticamente com mapas e imagens.

A VIRADA CARTOGRÁFICA

Para enfrentar os desafios destacados é importante uma atualização dos questionamentos que aparecem na literatura crescente da área e promover o diálogo com as questões concretas que vamos encontrando. É sempre bom manter a sensibilidade aguçada no campo da Cartografia, pois se trata de uma área que consagrou e respeita excessivamente seus pressupostos, a ponto de promover uma fusão entre o que foi criado com a realidade, e essa é a essência da naturalização a ser enfrentada.

Um dos textos mais conhecidos de Denis Cosgrove (2006: 148), "Carto-City", é introduzido dessa forma: "Espaço urbano e espaço cartográfico são inseparáveis. Historicamente, conceitualmente e na prática" (tradução nossa). O mapa é constitutivo não apenas de nossa apreensão do espaço urbano, mas de sua própria produção. Essa percepção – que é muito reveladora e, por si só, uma ruptura que abre novos horizontes de saber a serem explorados – se coaduna com o que se denominou na abertura do texto como a *virada cartográfica.* Alguns pontos que servem para ingressar no âmago dessa virada são sintetizados com muita clareza por Jacques Lévy em obra organizada por ele justamente denominada *A Cartographic Turn* (2015), cujo subtítulo anuncia o espírito da obra: *mapeamento e o desafio espacial em ciências sociais*, quer dizer, a virada cartográfica está se construindo sob o desafio de enfrentar e expressar novas dinâmicas espaciais presentes em nossa realidade contemporânea. Não é algo artificial, uma demanda interna acadêmica, e sim imposição de realidades pregnantes. Vamos aos pontos e veremos que eles dialogam ou mesmo se harmonizam com vários aspectos que viemos descrevendo ao longo do texto:

a. Todo mapa contém e pressupõe uma concepção de espaço mesmo que produzida ou utilizada de forma inconsciente pelo seu elaborador. E sempre se trata de uma concepção entre outras possíveis. Ora, esse entendimento é um grande avanço, pois nada mais rígido e paralisante na discussão sobre Cartografia do que a percepção cristalizada de que espaço é evidência natural, um axioma indiscutível. Esse entendimento entronizou uma dada versão do espaço da natureza sustentada na Geometria euclidiana. Hoje não faltam exemplos de mapas que flexibilizaram ou eliminaram com vantagens esse fundo euclidiano. Por isso, as questões do mapeamento contemporâneo devem ser interpretadas às recentes inovações da teoria dos espaços das sociedades, especialmente as teorizações que questionam a prevalência do espaço absoluto em detrimento da concepção de espaço relativo.[15]
b. Não se concebe mais o mapa como portador de uma verdade cartográfica. Essa verdade estaria contida no mapa que localizasse de forma mais precisa os objetos sobre a superfície terrestre e nos apresentasse a concretude do espaço a partir de uma métrica euclidiana. Essa visão perdurou por muito tempo e foi o mantra a ser perseguido pelos elaboradores do mapa. Hoje se pensa além e se sabe que mapas transmitem, consciente ou inconscientemente, mensagens racionais, estéticas, éticas (políticas, sociais) e "subjetivas" (de atores, de classes), por vezes separadamente, em geral reunidas, o que os torna um campo fértil para o estudo das realidades sociais complexas. É essa condição que lhe permite ser um objeto cultural que tanto representa quanto constrói mundos (Crampton e Krygier, 2008), como nos permite dialogar com esses mundos. Hoje se entende que o papel das imagens no mundo contemporâneo é crescente no que diz respeito à produção de conhecimentos. Jean-Marc Besse (2017) argumenta que essa força das imagens e do mapa está relacionada à chamada virada espacial, que introduz o espaço como um novo "paradigma" epistemológico das humanidades.
c. É cada vez mais evidente que os mapas são eles próprios elementos operacionais da própria produção do(de) espaço(s). O mapa é outra presença, é outra realidade que dialoga com a realidade que o inspirou. Como os mapas são igualmente espaços, é justo que ele seja percebido como um acréscimo de espaço social, como mais um espaço social produzido. Quer dizer, todo mapa

tem essa dupla condição e isso inspira esforços para se ir além da tradicional reflexão teórica, e faz o mapa ser um objeto do mundo material, do mundo imaterial e do mundo psicológico.

d. A análise histórica ou antropológica dos mapas como objetos semânticos deve ser conectada também à produção de novos mapas. Tem que se ter sempre o olhar astuto e crítico sobre essas novas produções, em especial com aqueles que incorporaram as poderosas ferramentas vindas da tecnologia digital, pois esses dispositivos digitais não são materialidades neutras, ao contrário, eles compõem as mensagens que emitem, lembrando o velho, agora novo de novo, adágio Marshall McLuhan, de que o "o meio é a mensagem".

NOTAS

1 Em artigo anterior ("Uma avaliação da cartografia geográfica brasileira: a ausência de reflexão teórica", no livro resultante do "I Seminário Internacional de Geografia da Ciência e dos Saberes e História da Geografia", 2019), nos embasamos na constatação de Ruy Moreira de que a Geografia brasileira no seu movimento de renovação teria negligenciado no seu processo de crítica a questão das linguagens e da Cartografia. Esse autor é categórico ao afirmar em um artigo que faz o balanço de 10 anos da renovação da Geografia, num texto originalmente escrito em 1988: "O fato é que a renovação da linguagem da representação cartográfica fica inexplicavelmente fora do debate do conceito de espaço" (2000: 42); e ainda "[...] como falar do empírico em novo molde na Geografia, sem a linguagem de representação cartográfica correspondente ao novo conceito de espaço?" (2000: 41).

2 Argumentação desenvolvida em especial na tese de doutoramento: Fernanda Padovesi Fonseca, *A inflexibilidade do espaço cartográfico, uma questão para a geografia: análise das discussões sobre o papel da cartografia*, São Paulo, tese de doutorado em Geografia Física, Faculdade de Filosofia, Letras e Ciências Humanas, Universidade de São Paulo, 2004.

3 Parte desta argumentação foi desenvolvida em: Fernanda Padovesi Fonseca e Jaime Tadeu Oliva, "Espaço e cartografia: teoria do espaço e avaliações da cartografia e das paisagens pictóricas", em *Territorium Terram*, v. 1, pp. 24-45, 2012.

4 Para maior discussão sobre este tema, consultar Svetlana Alpers, "O impulso cartográfico na arte holandesa", em *A arte de descrever: a arte holandesa no século xvii*, São Paulo, Edusp, 1999, pp. 241-317.

5 Exemplo utilizado por Denis Cosgrove (2002) a partir de M. Bassin et al., em "Landscape and Identity in Russian and Soviet Art", *Ecumene* 7, pp. 249-336, 2000.

6 Para reforçar esta ideia nos remetemos também ao texto de Edoardo Boria, "Geographers and Maps: A Relationship in Crisis", em *L'Espace Politique* [En ligne], 21, dez. 2013. Disponível em: <http://journals.openedition.org/espacepolitique/2802>. Acesso em: fev. 2019. "Embora, como vimos, os cientistas sociais estejam envolvidos em debates acalorados e discussões teóricas sobre o visual, os geógrafos, cujo campo sempre teve um forte componente visual, não parecem muito interessados em participar, barrando alguns princípios promissores (Tuan, 1979) e algumas exceções recentes recomendáveis" (tradução nossa). Boria, nesta passagem, se refere ao texto de Yi-Fu Tuan, "Sight and pictures", em *The Geographical Review*, 69, pp. 413-22.

7 Aqui consultar Mark Monmonier, *Comment faire mentir les cartes: du mauvais usage de la Géographie*, Paris, Flammarion, 1993.

8 Que pode ser traduzido como "hábitos de pensamento".

9 "Em um trabalho do historiador Benedict Anderson há uma referência a outro historiador, o tailandês Thongchai Winichakul, que rastreou os processos de surgimento de um Sião (atual Tailândia) com fronteiras próprias entre 1850 e 1910. Ele concluiu que o mapeamento feito na época teve um papel construtivo desse território e ajudou a conceber a modalidade espacial do território contíguo" (Fonseca e Oliva, 2013: 39).

10 Em Simon Winchester, *O mapa que mudou o mundo*: William Smith e o nascimento da geologia moderna (Rio de Janeiro, Record, 2004), o mapa é assim apresentado: "É o mapa que anunciou o começo de toda uma nova ciência. É um documento que estabeleceu a base para o estabelecimento de grandes fortunas – em petróleo, ferro, carvão e, em outros países, em diamantes, estanho, platina e prata. É o mapa que estabeleceu os alicerces de um campo de estudos que culminou no trabalho de Charles Darwin" (p. 16)

11 "É um mapa topológico, que abre mão do fundo euclidiano, e dá destaque às linhas e nós (estações e entroncamentos). Num primeiro momento não foi aceito pela direção do metrô, mas em um teste com os usuários a aderência foi enorme. A população que se perdia na lógica da rede representada pelo mapa com a localização absoluta das

estações de metrô se reoperou de forma produtiva a partir da nova representação. Ela fazia muito mais sentido para as práticas cotidianas dos passageiros do que um mapa com as 'medidas certas'" (Fonseca e Oliva, 2013: 75-6).

12 É um distrito situado a noroeste da Grande Londres, aproximadamente a 15 km do centro de Londres.

13 "[...] o filósofo Alain Milon (2009) chama a atenção para a necessidade de outras cartografias. Isso é necessário para afastar o risco de uma 'alienação de analogia' que seria a transformação de todas as relações espaciais, noções que se relacionam e se conversam no espaço, em espaço somente de localização e de distâncias medidas em metros" (Fonseca e Oliva, 2013: 77).

14 Para apresentação do tema ver em Jaime Oliva, "Desnaturalizar o espaço e a natureza: caminho para alternativas cartográficas", em Lígia M. Brochado Aguiar e Carla J. de Oliveira Souza (orgs.), *Conversações com a cartografia escolar*, São João Del-Rei, UFSJ, 2018, pp. 17-40.

15 A preocupação ética de Monmonier era de como não mentir com os mapas. Mas essa preocupação ética tem que ir além. Harley também faz esta discussão no texto "Puede existir una ética cartográfica?" (2005).

BIBLIOGRAFIA

Anderson, B. *Comunidades imaginadas*: reflexões sobre a origem e a difusão do nacionalismo. São Paulo: Companhia das Letras, 2008.

Aumont, J. *A imagem*. Lisboa: Edições Textos & Grafia, 2005.

Besse, J. M. Cartes sur places. In: Besse, Jean-Marc; Tiberghein, Gilles. *Opérations cartographiques*. Paris: Actes Sud, 2017, pp. 39-51.

Black J. *Maps and Politics*. Chicago: University of Chicago Press, 2000.

Casti, E. Cartographic Semiosis: Reality as Representation. In: Lévy, Jacques (ed.). *A Cartographic Turn*. Lausanne: epfl Press, 2015, pp. 135-65.

Chavinier, E. et al. What the Atlas Does to the Map. In: Levy, Jacques (ed.) *A Cartographic Turn*. Lausanne: EPFL Press, 2015, pp. 79-104.

Cosgrove, D. Observando la naturaleza: el paisaje y el sentido europeo de la vista. *Boletin de la A.G.E.*, n. 34: pp. 63-89, 2002. Disponível em: <https://dialnet.unirioja.es/servlet/articulo?codigo=660033>. Acesso em: fev. 2019.

______. Carto-City. In: Abrams, Janet; Hall, Peter (ed.). *Else/Where:* Mapping New Cartographies of Networks and Territories. Minneapolis: University of Minnesota Press, 2006, pp. 148-157.

Crampton, J. W.; Krygier, J. Uma introdução à cartografia crítica. In: Acserald, Henri (org.). *Cartografias sociais e território*. Rio de Janeiro: UFRJ/IPPUR, 2008, pp. 85-112.

Crosby, A. *A mensuração da realidade:* a quantificação e a sociedade ocidental 1250-1600. São Paulo: Editora Unesp, 1999.

Farinelli, F. *De la raison cartographique*. Paris: CTHS, 2009. (Collection Orientations et Méthodes n. 13)

Fonseca, F. P. A cartografia no ensino: os desafios do mapa da globalização. *Revista do Departamento de Geografia*, pp. 141-54, ago. 2014. Disponível em: <http://www.revistas.USP.br/rdg/article/view/85551>. Acesso em: fev. 2019.

Fonseca, F. P.; Oliva, J. *Cartografia*. São Paulo: Melhoramentos, 2013. (Coleção Como eu Ensino).

Grataloup, C. Rhétorique graphique et pensée iconique. *Espaces Temps*, 62-3, Penser/figurer. L'espace comme langage dans les sciences sociales, 1996, pp. 6-18. Disponível em: <www.persee.fr/doc/espat_0339-3267_1996_num_62_1_3984>. Acesso em: fev. 2019.

Gruzinski, S. *A colonização do imaginário*: sociedades indígenas e ocidentalização no México espanhol. Séculos XVI-XVIII. São Paulo: Companhia das Letras, 2003.

Harley, J. B. A nova história da cartografia. *O Correio da Unesco* (mapas e cartógrafos), Brasil, ano 19, n. 8, ago. 1991, pp. 4-9.

______. Puede existir una ética cartográfica? In: ______. *La nueva naturaleza de los mapas:* Ensayos sobre la historia de la cartografía. México: Fondo de Cultura Económica, 2005, pp. 239-50.

Jacob, C. *L'empire des cartes*: Approche théorique de la cartographie à travers l'histoire. Paris: Albin Michel, 1992.

Levy, J. Uma virada cartográfica? In: Acserald, Henri (org.). *Cartografias sociais e território*. Rio de Janeiro: UFRJ/IPPUR, 2008, pp. 153-67.

______. (ed.) *A Cartographic Turn*. Lausanne: EPFL Press, 2015.

Moreira, R. Assim se passaram dez anos: a renovação da geografia no Brasil no período 1978-1988. *Geographia*, ano. II, n. 3, 2000, pp. 27-49. Disponível em: <http://periodicos.uff.br/geographia/article/view/13373/8573>. Acesso em: 17 fev. 2018.

Rose, G. Sobre a necessidade de se perguntar de que forma, exatamente, a geografia é visual? *Espaço e Cultura*, pp. 197-206, dez. 2013. Disponível em: <https://www.e-publicacoes.uerj.br/index.php/espacoecultura/article/view/8473/6283>. Acesso em: 04 fev. 2019.

O ESPAÇO DA POLÍTICA

Wanderley Messias da Costa

Este texto retoma o debate sobre a relação sociedade-espaço com o foco em sua dimensão política, examinando-a enquanto um dos destacados temas da Geografia em particular e das ciências sociais em geral. O objetivo principal é o de examinar criticamente as trajetórias principais desse campo de estudos que se sistematizou no ambiente acadêmico sob o rótulo de Geografia Política e que tem sido amplamente revalorizado na atualidade. De início, lança um olhar crítico sobre sua evolução teórica, desde as concepções clássicas até as principais vertentes atuais. Em seguida, examina o modo pelo qual essas concepções – e o conhecimento aí acumulado – têm inspirado aplicações ou instrumentalizações pelo Estado nacional, nesse caso ilustradas pelas atuais políticas territoriais brasileiras no âmbito do seu *Entorno Regional* (Amazônia, América do Sul e Atlântico Sul).

Os geógrafos inventaram a Geografia Política e deram consistência teórica e empírica à Geopolítica há um século e meio. Com elas demarcaram no universo acadêmico e intelectual seu particular e abrangente olhar sobre a relação espaço-política (par categorial universal) e território-poder (par categorial particular), expresso em concepções filosóficas e elaboração teórica, métodos de pesquisa e análise e formulação de estratégias e políticas públicas. Em suma, desvendar e pôr em relevo a dimensão especificamente territorial da política enquanto universalidade ideacional e material das sociedades ao longo da história.

O pressuposto geral dessa relação é que "toda sociedade que delimita um espaço de vivência e produção delimita ao mesmo tempo um espaço politico" (Costa, 1992: 27). Nos primórdios desse processo, os espaços geográficos constituíram o suporte ecológico fundamental para grupos primitivos que dele dependiam para prover a sua reprodução material e cultural. A fixação desses grupos e a perenização dos usos desses espaços ecológicos constituem as formas pioneiras de apropriação, domínio e delimitação desses espaços.

Apropriação e domínio do território são processos que se amalgamam com as relações de poder e a política interna e externa das sociedades, de modo que "quando, primitivamente, um clã, ou uma tribo, se apoderavam de um território de caça e o protegiam, estavam, ainda que inconscientemente, praticando geopolítica" (Martin, 2018: 22). Daí por que a passagem da dimensão especificamente ecológica para aquela mais complexa e propriamente política desses espaços, isto é, sua transformação em espaço político e deste em território, constitui *processo singular* que não deve ser diluído nas considerações de ordem geral da Geografia e das ciências humanas em geral.

A natureza primordial do território em sua dimensão política decorre, antes de tudo, do fato de que ele permanece o indispensável suporte material do Estado, da nação e dos grupos sociais em suas diversas formas de organização política e territorialidades. Decorre também da sua original característica de inscrever a experiência humana e exprimi-la no âmbito das dimensões imateriais que lhe são intrínsecas e o revalorizam, sendo uma endógena com a cultura (identidade e valores nacionais) e outra com o político-estratégico, isto é, a luta política e o poder e suas projeções nas escalas local, regional, nacional e internacional.

A Geopolítica – atualmente mais estudada, utilizada e difundida que a Geografia Política – é uma notável área do saber que floresceu da intersecção da Geografia com a História, a ciência política, a estratégia e a segurança e defesa nacional, e sua longa e tumultuada trajetória tem sido a seu modo a expressão de importantes transformações do Estado moderno e das relações internacionais.

Sua ascensão e consolidação deu-se, sobretudo, no período de consolidação do capitalismo industrial e da forte expansão dos impérios coloniais. Ilustram-nas as concepções teóricas clássicas em seu nascedouro e que se difundiram pelo mundo desde a chamada Escola Alemã que surgiu no último quartel do século XIX, cuja inspiração foi fortemente impregnada pelas ideias de um Estado dotado de racionalidade política e técnica e com suficientes reservas de poder que lhe permitissem atuar, nas esferas *político-territoriais*, enquanto uma superestrutura política nacional, centralizadora e primordialmente responsável pelas imprescindíveis tarefas de prover a defesa da soberania e de promover a coesão territorial.

O exame das ideias e das práticas dos geopolíticos enquanto intelectuais, *policy makers* ou dirigentes governamentais que de forma independente ou engajada – nas instituições de pesquisa e nos aparelhos dos Estados – dedicaram-se a ela, revela-nos a natureza e a influência desse campo de reflexão e de ação política na condução dos negócios territoriais internos e externos dos Estados e nas relações de poder entre eles nas diversas ordens mundiais desde, pelo menos, o Tratado de Westfalia de 1648.

Demonizando os riscos, as ameaças e as tentativas de fragmentação, ao mesmo tempo em que reifica a escala, os valores, a identidade e as aspirações nacionais e suas projeções externas de poder (incluindo as de natureza especificamente territoriais), o Estado que denominamos *ratzeliano* paira de forma absoluta e imperial sobre indivíduos, grupos e a sociedade em geral, dissolvendo nesse domínio onipotente sua diversidade sociocultural e política, segmentos, organizações e seus interesses particulares e espacialmente localizados, projetos e conflitos entre eles, bem como disputas que se processam entre autonomias políticas historicamente construídas e sucessivos governos centrais.

Essa concepção realista clássica marcou profundamente as teorias sobre as relações que se estabelecem entre espaço e política (o par categorial da Geografia) ou território e poder (o par categorial da Geopolítica) ao longo do século XX, fomentando o surgimento de escolas e instituições civis e militares abrangendo mais de três dezenas de países, desenvolvidos e periféricos e com regimes democráticos e autoritários.

Adequadamente ajustada ao pragmatismo político dos Estados, ela foi levada às últimas consequências nesses países, já que estes obtinham a legitimação política mediante a sua sempre presumida maior eficiência diante das ameaças à integridade territorial e aos superiores interesses soberanos nacionais. Contavam para isso com o relativo distanciamento, o beneplácito ou a expectativa geralmente passiva das sociedades nacionais em relação a essas questões que, de modo geral, tendiam a atribuir ao poder central o virtual monopólio sobre a política externa, além de se envolverem pouco com os problemas políticos-territoriais *rotineiros* dos seus respectivos Estados-nações, salvo quando abaladas pelas situações-limite dos conflitos potenciais ou das guerras.

Inversamente ao que supõem muitos dos seus críticos do meio acadêmico, esse tipo de concepção (e de exercício de poder político) *tradicional* dos Estados modernos, apesar da sua derrocada moral pela sua explícita e turbulenta aplicação ao nazismo alemão e às diversas modalidades de fascismo e autoritarismo nos países periféricos nas décadas seguintes, tem-se mostrado capaz de perenizar-se em diversas modalidades de arranjos institucionais dentro e fora da órbita estatal.

Esse modo de operar as políticas de Estado ainda está muito presente, por exemplo, nas estratégicas posições de inteligência, planejamento e comando de aparatos civis e militares com matrizes culturais, ideológicas e políticas variadas. Daí por que é comum que procurem escoimar ou dissimular o seu conteúdo originalmente centralizador e autoritário e preferirem, no mais das vezes, destacar a sua natureza puramente instrumental, isto é, enquanto um aparato técnico, em condições de ser operado com eficácia nos assuntos especificamente territoriais no âmbito das políticas públicas em geral.

É nesse contexto intelectual e político que examinaremos de forma não exaustiva a evolução do pensamento geopolítico brasileiro e a trajetória da sua influência direta ou indireta em assuntos que podemos chamar de estratégicos, isto é, o desenvolvimento brasileiro desde as primeiras décadas do século passado, e que podem ser resumidas em três das suas características principais.

Primeiro, conforme apontado no estudo de Costa (1992), a Geopolítica no Brasil durante sessenta anos – 1930 a 1980 – foi uma atividade praticamente exclusiva dos aparatos estatais e especialmente dos meios militares. Refletiu, assim, em grande medida, a hegemonia de pensamento que se instalou no país no início da década de 1930, marcadamente direcionado para o fortalecimento da centralidade do papel do Estado nacional nos projetos de desenvolvimento em geral. Daí por que o pensamento geopolítico que se estruturou nesse contexto e se desdobrou nas décadas seguintes foi capaz de inspirar as políticas do Estado para a estruturação interna e, sobretudo, a projeção externa nacional nos campos da política, político-estratégica, econômica, cultural e nacional.

Segundo, como também destaca o referido estudo, assim como ocorreu na Alemanha e particularmente em países sul-americanos como Brasil, Argentina e Chile, essa hegemonia institucional e intelectual dos meios militares sobre a geopolítica foi um processo amplamente beneficiado pelo fato de que se tratou ali de formular um pensamento e definir os modos pelos quais ele seria aplicado às políticas de Estado em contextos nos quais diversos de seus protagonistas eram no mais das vezes, ao mesmo tempo, pensadores, formuladores e executores dessas políticas. Tratava-se de Geopolítica com raízes no pensamento acadêmico como sabemos, mas que se materializou enfatizando ao máximo sua vertente pragmática e instrumental e que foi sistematicamente aplicada, seja pela forte influência da órbita militar nos governos civis, seja como resultado dos regimes militares que se instalaram e dominaram diversos países da região no período pós-1960.

Terceiro, a aplicação continua desse pensamento geopolítico pragmático em um país periférico e de dimensões continentais como o Brasil esteve entre os pilares do planejamento estratégico nacional no aparelho estatal ao longo desses sessenta anos, inspirando e não raramente comandando as *políticas territoriais*, isto é, ordenamento do território e o planejamento regional, urbano e ambiental. Em outros termos, a ocupação e proteção das fronteiras, as políticas de integração nacional, a construção de Brasília, as políticas de defesa e ocupação para a Amazônia e o Atlântico Sul, a alocação dos investimentos na infraestrutura de transportes e de energia e os programas de colonização. Enfim, a predominância de concepções e práticas que constituem os principais vetores da Geopolítica clássica inspirada em Ratzel e Mackinder (Costa, 1992) e que podem ser resumidas no que seria uma forma de radicalização dos princípios da *coesão territorial*, do fortalecimento do poder nacional e da correspondente estratégia visando à sua projeção externa.

Os analistas que examinaram a evolução da geopolítica brasileira reconhecem que o autor que melhor reflete a combinação entre pensamento e prática no que poderíamos denominar de fase da hegemonia intelectual de inspiração militar é Travassos (1931), oficial do exército que publicou o trabalho que se tornaria a síntese e a principal referência desse pensamento clássico, *Projeção continental do Brasil*. Com ele e seus mais destacados seguidores como os generais Golbery e Meira Mattos, desenha-se a estratégia nacional e as políticas territoriais que seriam adotadas pelo país no âmbito da América do Sul.

No Brasil, como de modo geral nos países periféricos, o desenvolvimento da Geopolítica se processou à margem do ambiente intelectual acadêmico e é preciso reconhecer que esse processo de alienação da Geografia e das demais ciências humanas não se deveu exclusivamente à ação deliberada dos círculos militares. Afinal, a comunidade de geógrafos brasileiros, a exemplo de muitos dos seus colegas europeus e norte-americanos, preferiu manter *prudente distanciamento* da Geopolítica face ao que consideravam como desvios éticos, morais e científicos dessa disciplina, principalmente pelas suas aventuras e desventuras durante a Segunda Guerra Mundial e, posteriormente, à sua forte imbricação com as políticas públicas de regimes ditatoriais militares em diversos países periféricos, aí destacados os sul-americanos.

Tratou-se, na realidade, de deliberado comportamento de mútua exclusão. No Brasil, a ruptura desse paradigma vai ocorrer somente no início dos anos 1980 e refletirá mudanças profundas em várias esferas da vida nacional. Em primeiro lugar, o acelerado processo de transformação do país que se expressou, especialmente, nos processos de industrialização, urbanização e modernização em geral, e que tiveram o seu maior dinamismo durante as décadas de 1960 e 1970 com fortes impactos na dinâmica populacional e na estrutura social. Ao mesmo tempo e, sobretudo, as notáveis mudanças políticas com a redemocratização do país que se intensificou com a Lei da Anistia para presos políticos, exilados e cassados em 1969; o direito à livre organização partidária; a eleição direta para governadores em 1982; o Congresso Constituinte em 1988 e a primeira eleição direta para presidente da República ocorrida em 1989.

É nesse novo contexto nacional que surgem os primeiros grupos de intelectuais do meio acadêmico dedicados aos estudos da Geopolítica como um pensamento explicitamente civil, não instrumental e relativamente autônomo em relação ao Estado. Podem ser considerados como ilustrativos desse período de transição os trabalhos de Miyamoto (1981), Becker (1982), Vesentini (1986), Mello (1987) e Costa (1988). O mais emblemático dos estudos desse intenso período de produção acadêmica em que floresce essa nova Geopolítica é o texto de Becker (1988), no qual a autora explicita a ruptura entre o velho e o novo pensamento na área e aponta os caminhos para uma reflexão teórica que implique não apenas o alargamento e a diversificação do objeto e dos temas de estudo, mas, principalmente, das abordagens teóricas que na prática reconciliam em outros termos a Geopolítica com a Geografia humana e a ciência política contemporânea.

Ao mesmo tempo, é preciso reconhecer o forte impacto dos eventos intelectuais franceses associados à efervescência provocada pelas ideias de Yves Lacoste e seu grupo da Universidade de Vincennes no meio acadêmico brasileiro e especialmente entre aqueles interessados nas relações entre Geografia, ideologia e política. A publicação do seu pequeno e incendiário livro *La géographie, ça sert d'abord a faire la guerre* e do primeiro número da revista *Hérodote*, em 1976, representaram de fato um marco histórico não só para a evolução da Geopolítica contemporânea, mas para os rumos da própria Geografia brasileira.

A influência francesa nessa renovação da Geopolítica brasileira também pode ser creditada aos trabalhos de Raffestin (1980), que aplicando as ideias de Foucault nos oferece a primeira análise crítica abrangente da Geopolítica clássica com raízes em Ratzel e aponta ainda que o poder político e sua *territorialização* não são movimentos exclusivos da órbita estatal. Essa inovação teórica e metodológica também pode ser verificada nas contribuições de Giblin (1986) quando chama a atenção para a natureza política e geopolítica das regiões.

Nos anos 1990, acentuou-se esse esforço de renovação crítica e nesse movimento destacam-se os geógrafos J. Agnew e G. Tuathail. O primeiro possui extensa lista de publicações e seu livro em parceria com J. Corbridge teve forte impacto, sobretudo, pela abordagem ancorada na Economia Política. Ali se encontra detalhada revisão crítica da evolução do pensamento geopolítico e, em especial, das teorias que se dedicam a interpretar a atual política mundial, com base na configuração do poder dos Estados nacionais ou territoriais. Crítico dessa tendência, o autor defende concepção de geopolítica que ultrapasse o que identifica como "armadilha territorial" da soberania e que possa dedicar-se ao exame das novas formas de hegemonia (das grandes potências) ancoradas na economia global, na diplomacia e no domínio de toda a gama de políticas internacionais não simplesmente coercitivas (Agnew e Corbridge, 1995). O segundo propõe-se a elaborar uma "geopolítica crítica" e também rejeita os postulados dos clássicos, em especial por seus notórios envolvimentos com os Estados nacionais, o nazismo, as guerras e o imperialismo. Como alternativa, desenvolve uma abordagem inspirada no pós-modernismo e voltada para as diversas modalidades e escalas territoriais de resistência e emancipação política (Tuathail, 1996).

No Brasil, o novo ambiente político propiciado pela conjunção de modernização e democratização do país como um todo e em particular de instituições como os partidos e sindicatos favoreceu o surgimento de centros de pesquisas e de debates sobre temas direta ou indiretamente geopolíticos e estratégicos. Esses centros – nos Estados Unidos chamados de *think tanks* – são basicamente núcleos híbridos ou semiautônomos de pensamento estratégico que em geral congregam tanto *policy makers* da órbita estatal (civis e militares) quanto intelectuais, acadêmicos e representantes da sociedade civil em geral.

Ao mesmo tempo, multiplicaram-se no país cursos de pós-graduação em Geografia, Ciência Política e Relações Internacionais e também nas universidades foram criados núcleos de pesquisa nessa área. Como consequência, passou-se a atuar no campo da pesquisa e da reflexão em Geopolítica e pensamento estratégico em praticamente todas as áreas que direta ou indiretamente se interessam pelos temas da segurança e defesa e política internacional. Nesse novo ambiente intelectual e acadêmico, a Geopolítica tem sido a ponte que aproxima os campos da Geografia e das Relações Internacionais, com óbvios resultados positivos para ambas. Ressalve-se, entretanto, que na Geopolítica praticada por geógrafos estes mantêm seu *approach* próprio, posto que as relações internacionais devem ser observadas e examinadas, sobretudo, enquanto processos e fenômenos necessariamente referenciados ao território e à região.

Por isso, seu foco prioritário são as relações (internas) dos Estados com as regiões e lugares dos seus territórios nacionais soberanos; as relações (externas) que mantêm entre si e com as instituições multilaterais, organizações e empresas internacionais; a distribuição e a configuração espacial do poder político e político-estratégico no mundo; as fronteiras, as relações de vizinhança e as experiências de integração nacional; a exploração dos recursos naturais; as disputas e rivalidades entre nações e de regiões no interior delas; os eventos e zonas de tensões, fricções, conflitos e guerra; a defesa nacional e o papel das forças armadas; a segurança internacional, a cooperação e os esforços pela paz.

Dentre as mudanças de natureza institucional do país no período, a mais destacada foi a que ocorreu no núcleo duro do pensamento e da gestão política e estratégica do Estado. Trata-se da extinção dos ministérios militares no início dos anos 2000 com a criação do Ministério da Defesa, processo de grande impacto no balanço do poder político nacional e que foi examinado exaustivamente pelo excelente estudo de Oliveira (2005).

Como os eventos posteriores demonstraram cabalmente, essa mudança na configuração institucional dos assuntos de segurança e defesa nacional não pode ser reduzida a um novo arranjo meramente burocrático. Ela expressa de fato um novo modo de conceber, formular e aplicar a estratégia nacional nessa área, e por isso influenciará profundamente os rumos da Geopolítica. Além disso, o que ocorria no Brasil refletia uma tendência geral na América do Sul relacionada à passagem do poder político dos regimes militares para governos democráticos. Em meados dos anos 2000, todos os países sul-americanos haviam criado os seus respectivos Ministérios da Defesa e, com isso, subordinando integralmente ao poder civil os assuntos de segurança e defesa nacional.

No Brasil, esse novo ambiente político promoveu uma vigorosa abertura desses temas para o meio acadêmico e em particular para os cada vez mais atuantes *think tanks* a que nos referimos. Com isso, o chamado planejamento estratégico nacional passa a incorporar cada vez mais intelectuais de diversas origens e orientações ideológicas e políticas, antigos representantes dos estamentos militares e os diplomatas, sendo que estes últimos com papel cada vez mais destacado na formulação das políticas relativas à defesa nacional, além das estratégias de projeção externa.

Outra novidade nesse cenário é a tendência de interação entre os núcleos de pensamento militar e aqueles tipicamente acadêmicos que se expressa no crescente número de oficiais das forças armadas inscritos em cursos de pós-graduação nas universidades, ao lado do crescente interesse dos universitários por esses temas. Talvez a melhor ilustração dessa tendência seja a criação e o rápido sucesso da Abed (Associação Brasileira de Estudos de Defesa), entidade representativa desses *novos tempos* em que os temas de segurança e defesa despertam cada vez mais o interesse da sociedade civil.

Uma das iniciativas nessa área que ilustram o novo ambiente político e intelectual no qual é pensado o país do ponto de vista do que chamamos de *interesse nacional* foi a elaboração dos documentos que firmam os princípios, diretrizes, prioridades e objetivos em questões de defesa nacional. Ainda que de escasso conhecimento público (e mesmo acadêmico), a Política Nacional de Defesa e a Estratégia Nacional de Defesa em vigor são referências importantes sobre a situação, a posição e a projeção do país e, particularmente, pelo destaque que é dado ao chamado Entorno Regional brasileiro e as prioridades nos enlaces de circunvizinhança.

A primeira é a América do Sul e o papel do Brasil no seu processo de integração regional. A segunda é a Amazônia, região que ali é considerada a maior vulnerabilidade estratégica do Brasil. A terceira é o Atlântico Sul, ao qual estamos profundamente ligados e que hoje está revalorizado como importante ativo territorial e geopolítico do país.

Para os pensadores militares do período clássico, a América do Sul sempre foi considerada a região destinada a um natural extravasamento do poder e da influência do *Brasil potência*. A partir dos anos 1980, entretanto, e principalmente nos últimos 15 anos, as concepções e políticas brasileiras com relação à América do Sul transitaram de um quadro político estratégico claramente centrado em exercícios de hegemonia e na competição com países vizinhos (especialmente a Argentina) para outro que tende a expressar cada vez mais concepções e práticas tendentes à cooperação regional. Em suma, mudanças de peso que expressam a passagem de quadros dominados por rivalidades e potenciais conflitos em busca de hegemonia regional, para situação atual na qual predomina franco e acelerado processo de integração nos campos da economia, política, infraestrutura e até segurança e defesa.

Essa tendência de aprofundamento da integração sul-americana foi iniciada nos anos 1980 pelos tratados de cooperação bilateral com a Argentina que resultaram na criação do Mercosul na década seguinte. No governo Fernando Henrique Cardoso, esse Bloco Regional se consolidou impulsionado que foi pelo crescimento das trocas comerciais, pela rejeição à proposta norte-americana de criação da Alca e, sobretudo, pelo significado geopolítico e territorial, com a criação da IIRSA – Iniciativa para a Integração da Infraestrutura Sul-Americana –, em 2000.

No governo Lula, esse processo se acelerou como consequência, principalmente, do empenho do Brasil e da Argentina para institucionalizar e alargar o processo de integração, cujo evento mais destacado foi o ingresso da Venezuela (o Mercosul articula pela primeira vez os países do Prata aos países da *Gran Amazonía*) e as criações da Unasul (2008) e do Conselho de Defesa Sul-Americano (2008). Além disso, no seu governo o país investiu fortemente no processo de integração econômica baseada nos estímulos aos investimentos diretos produtivos das empresas em diversos setores industriais e de infraestrutura e em serviços especializados. Com isso, a integração sul-americana extrapolou em muito os objetivos originais que inspiraram a criação de um bloco regional de comércio convencional e essa sua característica também foi objeto de inúmeros estudos nos últimos anos.

Um dos mais importantes trabalhos que tratam desse processo de mudanças na região e que expressa a crescente simbiose entre os círculos militares e civis em torno dos temas estratégicos e geopolíticos é a coletânea organizada por Oliveira (2008). Alguns trabalhos procuram expressar também o tema da integração regional de uma perspectiva explicitamente geopolítica, como o de Costa (2009). Também merece destaque a coletânea organizada por Girault (2009), elaborada a partir de seminário organizado por ele em parceria com o Programme Arcus e o Instituto de Estudos Avançados da USP, na qual se encontram artigos dedicados especificamente a essa temática.

Dentre os textos da coletânea de Girault, o artigo de Costa e Théry (2009) examina o processo recente de integração regional e identificam o que para eles representaria a atuação de vetores ou forças de *convergências* e *divergências* nesse cenário. No primeiro caso, tratam-se das políticas bem-sucedidas de integração econômica, política e estratégica, já mencionadas, e que se expressam empiricamente no aprofundamento da cooperação bilateral e multilateral em todas as esferas das relações de vizinhança. Exemplos delas é a multiplicação de experiências de cooperação fronteiriça, incluindo articulações envolvendo a gestão compartilhada de áreas urbanas e recursos naturais comuns. Além disso, são emblemáticos os projetos de infraestrutura voltados para implantação e modernização de rodovias, ferrovias, oleodutos e gasodutos.

Outros trabalhos têm examinado essas mudanças recentes em seus aspectos mais afetos às relações internacionais, como o de Saint-Pierre (2009), nos quais se sobressaem os processos decorrentes do aprofundamento dos arranjos institucionais multilaterais e o modo pelo qual a região procura se organizar para fazer frente aos novos desafios do sistema internacional. A esse respeito tem merecido destaque a atuação bem-sucedida da Unasul, que atuou logo de início como importante fórum voltado para a concertação política de natureza genuinamente regional envolvendo todos os seus 13 governos nacionais. E isso foi demonstrado, especialmente, na sua eficácia enquanto fórum voltado para a solução de conflitos entre os pares, como aquele entre a Colômbia e o Equador envolvendo o bombardeiro colombiano a uma base das Farc em território equatoriano.

Apesar dessa tendência para a concertação e a cooperação que dominou por mais de duas décadas desde a criação do Mercosul em 1992, nos últimos anos a integração regional tem perdido vigor e há diversos fatores que têm contribuído para isso. Alguns deles são estruturais ou inerentes às fragilidades institucionais da cooperação regional e outros, mais recentes, estão relacionados às aceleradas mudanças em curso na região como um todo. Por exemplo, se no início desse processo era evidente a desproporção entre as economias do Brasil e Paraguai e Uruguai, com o acelerado crescimento do PIB brasileiro na década de 2000, aprofundaram-se as assimetrias e, com isso, o Mercosul tenderá a se tornar insustentável caso não sejam adotadas políticas específicas voltadas para a promoção de uma maior equidade no desenvolvimento regional.

Ainda no campo do cenário de riscos da integração, cabe mencionar a persistência dos fatores de tensão ou fricção de natureza especificamente estratégico-militar. Salvo casos de baixo nível de riscos como, por exemplo, o recorrente quadro de antigos litígios fronteiriços entre Peru e Equador, Venezuela e Guiana, Peru e Chile, ou ainda a tragédia boliviana envolvendo sua saída para o mar, o que de fato deve ser considerado como de alto risco é a presença e a ampliação recente de aparatos militares norte-americanos em território colombiano (já mencionado), no início a pretexto de apoiar este país no combate ao narcotráfico (Plano Colômbia), mas de fato representando uma "cabeça de ponte" da superpotência na região.

Atualmente, a América do Sul vive tempos de crise e as tendências de futuro apontam mais para fragmentação que integração, como mostra o recém-publicado livro com textos de grupo de geógrafos da USP (Costa e Vasconcellos, 2018). Ali são examinados os processos que têm sido marcados por vetores de desencontros, dispersão e conflitos desencadeados pela persistente crise econômica e profundas mudanças de rumos políticos nos governos dos países, em especial naqueles que têm sido os protagonistas da cooperação regional (Brasil e Argentina). Como resultado dessa brusca desaceleração e, sob certo sentido, reversão na prática, o Mercosul visivelmente perdeu dinamismo, a IIRSA aguarda dias melhores para retomar seus projetos e, o mais grave, a Unasul perdeu relevância e encontra-se de fato inativa e sob ameaça de colapso.

O estudo também chama a atenção para a profunda crise econômica e política da Venezuela, com a migração forçada de milhões de venezuelanos para países vizinhos e a forte ingerência de grandes potências no conflito, quadro que expõe cabalmente a impotência dos mecanismos regionais de concertação para propor e liderar alternativas de solução que sejam, ao mesmo tempo, pacíficas e alinhadas ao princípio de não ingerência.

A segunda prioridade dos referidos documentos é a Amazônia, ali qualificada especialmente em sua vulnerabilidade do ponto de vista da defesa nacional. Observe-se que essa região é um dos mais caros objetos de preocupações e estudos ao longo dos oitenta anos de pensamento geopolítico brasileiro. De fato, com seus mais de cinco milhões de quilômetros quadrados, a mais importante bacia hidrográfica do mundo e a maior biodiversidade tropical do planeta, além dos seus mais de oito mil quilômetros de fronteiras, por si só mereceria o qualitativo de estratégica por qualquer um dos Estados da comunidade internacional. No auge no regime militar, conforme já mencionado, a geopolítica para essa região se materializou principalmente através do que foi denominado de Plano de Integração Nacional (1971).

Esse Plano voltava-se, sobretudo, para investimentos de infraestrutura de circulação e energéticos, além de telecomunicações e de criação de "polos de desenvolvimento", com base em atividades industriais, agroindustriais e programas de colonização dirigida. Essa estratégia de ocupação, voltada principalmente para a defesa da soberania nacional, se de um lado cristalizava na prática ideias expressas pela velha geopolítica militar, como foi dito, de outro, inspirou diversos estudos críticos da nova Geopolítica que se desenvolveu no país a partir no início dos anos 1980.

Nesse cenário de incertezas sobre o futuro da Amazônia, o trabalho de Becker (1982), expõe com clareza as linhas de tensão entre, de um lado, os imperativos de defesa da soberania com a ocupação e a integração a todo custo e, de outro, as consequências desse modelo autoritário e centralizado de aplicação de políticas territoriais, dentre as quais conflitos fundiários com a expansão da fronteira agrícola, expropriação e violência em populações tradicionais (especialmente comunidades indígenas) e agressões ao meio ambiente, ilustradas, sobretudo, pelo acelerado processo de desflorestamento.

O que se poderia chamar de uma segunda fase dos estudos de Amazônia sob perspectiva geopolítica foi em grande parte inspirado pela formidável influência do debate internacional sobre o futuro da região do ponto de vista da sustentabilidade ambiental durante a Conferência Rio 92 e seus diversos impactos sobre a produção acadêmica e políticas ambientais. Merece destaque o Programa de Zoneamento Ecológico-Econômico da Amazônia, que gerou inúmeras pesquisas sobre aspectos físico-bióticos e socioeconômicos da região, além de ter subsidiado estratégias voltadas para o planejamento regional e ambiental no âmbito dos nove estados amazônicos.

A partir dessa Conferência, especialmente, o país se defrontou com a aguda contradição que tem marcado profundamente o presente e os cenários futuros da Amazônia. De um lado, porque se robustece em todo o mundo mescla de percepções diversas e de resultados de pesquisas científicas que põem em destaque os impactos desse ecossistema no funcionamento do ambiente planetário. De outro, porque está em curso a revalorização dos recursos naturais (minerais, hídricos, bioprodutos etc.) e das *commodities* em geral no comércio internacional, fator que impõe complexa e incontornável agenda ao país – governos e empreendedores privados em geral –, que se encontram compelidos não apenas a reagir técnica e politicamente às pressões externas sobre a região como também a atuar com rapidez e eficiência no que se refere ao seu quadro e tendências atuais e ao planejamento do seu desenvolvimento em novas bases políticas, sociais, tecnológicas, econômicas e ambientais.

Estudos de síntese procuraram explorar a transversalidade da questão ambiental nas políticas territoriais para a Amazônia, demonstrando que esse caminho é complexo, porém o mais adequado para abordar tal região numa perspectiva de contemporaneidade que inspira a nova Geopolítica brasileira. Sob esse aspecto, o trabalho que melhor expressa essa tendência é o de Mello-Théry (2006).

Ainda nessa perspectiva, pode-se mencionar a iniciativa do Centro de Gestão de Estudos Estratégicos (um dos *think tanks* da órbita governamental), que aprofundou os estudos que haviam sido esboçados no Plano Amazônia Sustentável, resultando na coletânea intitulada "Um Projeto para a Amazônia do século XXI", de 2009, que procura sintetizar o que seria uma política de desenvolvimento sustentável para a região pautada em princípios de proteção e valorização da diversidade social, cultural e ambiental. Consiste ainda em um esforço conceitual e analítico que procura resgatar o imperativo da soberania brasileira sobre esse território ao mesmo tempo em que incorpora os desafios da sua gestão descentralizada e participativa ancorada na cooperação internacional.

A terceira prioridade no Entorno Regional é o Atlântico Sul ou o que tem sido denominado *Amazônia Azul*, o mais novo território jurisdicional brasileiro (4,5 milhões de km^2) resultante da bem-sucedida aplicação pelo país dos dispositivos da Conferência do Direito do Mar da ONU. Trata-se de cenário estratégico que vem se desenhando desde meados dos anos 1990 e que permitiu ao país delimitar sua Zona Econômica Exclusiva de 200 milhas e a Plataforma Continental. Espaço que tem sido revalorizado, principalmente, pelas descobertas e o acelerado crescimento da exploração de petróleo e gás nas imensas jazidas *offshore* dos campos do *pré-sal* e que reposicionaram o país à condição de autossuficiência e com potencial para tornar-se exportador desses recursos.

Além disso, essa ampliada projeção em direção ao mar redefine o olhar estratégico do país sobre o Atlântico Sul como um todo, e nele os vizinhos ao sul e, no outro lado, a África e os países da sua Costa Ocidental, os lusófonos em especial, a África do Sul (parceira nos Brics) e aqueles para os quais estendemos recentemente nossos laços de cooperação.

Os estudos mais recentes sobre o tema têm apontado que a nova posição do país requer políticas públicas consistentes no campo especificamente estratégico-militar, visando aumentar sua capacidade de dissuasão (*hard power*) a fim de assegurar a defesa da soberania desse território nacional agora ampliado e seus recursos naturais. Em outros termos, realizar investimentos de curto e médio prazo na modernização das Forças Armadas e, em particular, nos programas voltados para o monitoramento das fronteiras terrestres, aviação militar de transporte e de caça e o urgente reequipamento da Marinha de Guerra.

De outro lado, a ampliação da influência pacífica do país (*soft power*) mediante o aprofundamento dos laços de cooperação internacional nessas regiões impõe o requisito de que o país deve preparar-se para fortalecer seu ativismo diplomático nos enlaces bilaterais e multilaterais a fim de consolidar suas bem-sucedidas iniciativas recentes no campo da cooperação regional e internacional em geral.

Em nosso estudo sobre esse tema (Costa, 2014: 31), chamamos a atenção para a complexidade e os desafios do alargamento do entorno regional brasileiro em direção ao Atlântico Sul:

> Aspecto destacável nesse novo quadro é que o vulto dos negócios relacionados à exploração de petróleo e gás na região tem sido um poderoso vetor de mudanças que afetam as posições regionais relativas, os objetivos e as opções dos atores nacionais – sejam eles pequenos e pobres, ou potências médias e grandes potências – nas suas estratégias políticas de alinhamentos preferenciais ou circunstanciais e mesmo de confrontações. Enfim, o principal a reter na análise desse processo é que hoje a economia e a política do Atlântico Sul têm nova escala, movimentam-se de outro modo e é por isso que este se converteu num dos espaços relevantes da geopolítica mundial.

Por último, faremos breves considerações sobre a dupla face da relação território-poder, ilustradas pela natureza e o significado das políticas territoriais e dos enlaces do Brasil nessas três áreas prioritárias do seu Entorno Regional. Primeiro, acentuamos que para a geopolítica e as relações internacionais não há mútua exclusão entre cooperação e competição (ou dissuasão). Está demonstrado ao longo da história que os Estados nacionais desenham e operam suas políticas externas inspirados, preferencialmente, por valores, princípios, interesses e objetivos maiores de desenvolvimento econômico e social, conjunto de fatores que os motivam a integrar os esforços da comunidade internacional por uma ordem mundial ancorada na paz, no direito internacional, no multilateralismo e na cooperação.

Mas, como frisado, essa relação tem dupla face, e está explicitado na teoria e comprovado na prática que o poder é dimensão indissociável da política e, portanto, as relações internacionais também são pautadas pela irrefreável tendência dos Estados a sobrevalorizar a soberania e o interesse nacional e a buscar por todos os meios preservar ou fortalecer sua posição na configuração geopolítica mundial, tendência geral que estrutura um campo de forças de múltiplos vetores e escalas e que os impulsiona para a competição e, não raro, antagonismos, fricções, conflitos e guerras.

BIBLIOGRAFIA

Agnew, J.; Corbridge, S. *Mastering Space*. New York: Routledge, 1995.

Costa, W. M. *O estado e as políticas territoriais no Brasil*. São Paulo: Contexto, 1988.

______. *Geografia política e geopolítica*: discursos sobre o território e o poder. São Paulo: Edusp, 1992.

______. O Brasil e a América do Sul: cenários geopolíticos e os desafios da integração. *Revista Confins*, n. 7, 2009.

______. Projeção do Brasil no Atlântico Sul: geopolítica e estratégia. *Revista Confins*, n. 22, 2014.

Costa, W. M.; Vasconcellos, D. (orgs.). *Geografia e geopolítica da América do Sul*: integração e conflitos. São Paulo: Humanitas, 2018.

Becker, B. *Geopolítica da Amazônia*. Rio de Janeiro: Zahar, 1982.

______. A geografia e o resgate da geopolítica. *Revista Brasileira de Geografia*, ano 50, número especial, IBGE, t. 2, pp. 117-50, 1988.

______; Costa, W. C.; Assis, F. *Um projeto para a Amazônia no século xxi*: desafios e contribuições. Brasília: Centro de Gestão de Estudos Estratégicos/Ministério da Ciência e Tecnologia, 2009.

Gheller, G. F.; Gonzales, S. L.; Melo, L. P. *Amazônia e Atlântico Sul*: desafios e perspectivas para a defesa no Brasil. Brasília: Ipea, 2015.

Giblin, B. "Géopolitique des régions françaises". *Hérodote*. Paris, La Découverte, n. 40, 1986.

Girault, C. (org.). *Intégrations en Amérique du Sud*. Paris: Presses Sorbonne Nouvelle, 2009.

Martin, A. R. *Brasil, geopolítica e poder mundial*: o anti-Golbery. São Paulo: Hucitec, 2018.

Mello, L. I. *A Geopolítica do Brasil e a Bacia do Prata*. São Paulo, 1987. Tese (Doutorado) – FFLCH, Universidade de São Paulo.

Mello, N. A. *Políticas territoriais na Amazônia*. São Paulo: Annablume, 2011.

Miyamoto, S. "Os estudos geopolíticos no Brasil: uma contribuição para sua avaliação". *Revista de Ciências Sociais*. São Paulo, Unesp, v. 4, 1981, pp. 75-92.

Oliveira, E. R. *Democracia e defesa nacional*. São Paulo: Manole, 2005.

Oliveira, E. R. (org.). *Segurança e defesa nacional:* da competição à cooperação regional. São Paulo: Fundação Memorial da América Latina/CBEAL, 2008.

Raffestin, C. *Por uma Geografia do Poder*. São Paulo: Ática, 1980.

Saint-Pierre, H. *La Defensa en la Política Exterior del Brasil*: el Consejo Suramericano y la Estrategia Nacional de Defensa. Real Instituto Elcano, Estudios Internacionales y Estratégicos, Documento de Trabajo n. 50, Madrid, 2009.

Théry, H.; Mello, N. A. *Atlas do Brasil*: disparidades e dinâmicas do território. São Paulo: Edusp, 2006.

Travassos, M. *Projeção continental do Brasil*. 4. ed. São Paulo: Cia. Editora Nacional, 1947.

Tuathail, G. *Critical Geopolitics*. Mineapolis: University of Minnesota Press, 1996.

Vesentini, J. W. *A capital da geopolítica*. São Paulo: Ática, 1986.

PLANEJAMENTO E PRODUÇÃO DO ESPAÇO

Isabel Pinto Alvarez

Este capítulo parte da ideia de que o planejamento é o modo de ser do Estado sobre o espaço. E, portanto, não consideramos o planejamento um conceito e uma prática trans-históricos. Ele envolve um Estado que se estrutura como planejador numa sociedade determinada, visando à sua reprodução, o que supõe não apenas a elaboração de planos (de diferentes tipos), mas a criação de uma tecnocracia e de uma miríade de políticas expressas em normas, leis, instituições, órgãos, que se articulam na execução parcial ou total desses planos. Nesse sentido, o capítulo apresenta uma reflexão sobre a relação entre planejamento e produção do espaço, à luz de uma perspectiva teórico-metodológica crítica, a partir da Geografia. Busca-se apresentar os fundamentos da produção do espaço capitalista, ressaltando-se a produção de desigualdades e da segregação como fundamento desse processo, para questionar a fé no planejamento como possibilidade de ruptura e transformação social e espacial. A discussão contempla a análise de algumas concepções e práticas de planejamento regional e urbano que se efetivaram ao longo do século XX, como parte da totalidade da reprodução socioespacial capitalista.

É possível reconhecer em todas as sociedades mais complexas, com poder centralizado sobre um território, a criação de diferentes mecanismos de arrecadação, de distribuição de recursos, de tomadas de decisões, que dizem respeito aos princípios de organização (gestão) deste poder sobre a sociedade e seu território. No entanto, o planejamento como parte constitutiva do Estado é uma condição da reprodução capitalista.

Desse modo, a extensão da planificação ao longo do século XX, embora guarde conteúdos e experiências bem distintas, apresenta como traços fundamentais, a nosso ver: a) a legitimação social da ideologia do produtivismo, do crescimento, como necessidade impiedosa para garantir a reprodução social; b) a crença de que através da transformação das formas é possível gerar a transformação da sociedade; c) a conformação de que as desigualdades (apresentadas na maior parte das vezes como desequilíbrios) sociais, espaciais, são passíveis de serem corrigidas pelo Estado via planejamento; d) a legitimação do conhecimento aplicado como aquele socialmente útil, uma vez que o Estado respalda a sua inserção no tecido social.

O desenvolvimento do capitalismo, sobretudo pós-Revolução Industrial, deu-se pela expansão da forma mercadoria e do trabalho abstrato, e pela necessidade contínua de reprodução das formas de expropriação e exploração. A ampliação da divisão social do trabalho e a integração diferenciada e desigual de grupos sociais e lugares a essa forma hegemônica de reprodução social desdobraram-se na divisão espacial do trabalho, no contexto da formação econômica social capitalista. Nesse processo, o Estado foi se constituindo como o poder capaz de intervir nos rumos da própria expansão econômica, mesmo nos momentos nos quais a intervenção estatal era renegada. Segundo Polanyi (2000: 165-170), por exemplo, o Estado foi o grande artífice do forte liberalismo predominante entre os anos 1820 a 1870 na Europa, com a abertura das trocas, a expansão do trabalho assalariado e o padrão ouro. Conforme o autor (2000: 170):

> Não havia nada natural em relação ao *laissez-faire*; os mercados livres jamais poderiam funcionar deixando apenas que as coisas seguissem o seu curso. Assim como as manufaturas de algodão – a indústria mais importante do livre comércio – foram criadas com a ação de tarifas protetoras, de exportações subvencionadas e de subsídios indiretos dos salários, o próprio *laissez-faire* foi imposto pelo Estado.

É no século XX, no entanto, que o planejamento emerge como parte intrínseca do poder estatal, relacionando-se diretamente à expansão do crescimento e ao compromisso (não natural, mas relacionado aos interesses das classes economicamente hegemônicas) com o processo de acumulação. As contradições postas por este desenvolvimento exigiram a criação de aparatos institucionais que tiveram um papel central na reprodução social, seja abonando a efetivação dos contratos (relativos às relações de trabalho, às responsabilidades comerciais, às trocas de bens e serviços internacionais, aos ganhos e garantias da propriedade, por exemplo), interferindo nos conflitos entre classes sociais, seja por meio de normas legais e das instituições e/ou da utilização do aparato repressor e punitivo. David Harvey apresenta uma discussão crítica sobre a relação entre Estado e acumulação em várias de suas obras (1990; 2004; 2011) destacando a importância do nexo Estado-finanças no processo de reprodução do capital e das crises, no momento atual (2011). Cardoso Jr. (2014) indica que quanto mais a ideologia de superioridade do mercado se propagava, maior a necessidade do planejamento e que ao longo do século XX, independentemente do perfil ou regime político, a planificação centralizada, que tinha por diretriz a modernização através do estímulo à industrialização, tornou-se um traço indelével do Estado.

No Brasil, a estrutura estatal tal como se apresenta hoje deriva, em grande parte, do governo Vargas e relaciona-se diretamente com o momento no qual o processo de acumulação, para dar o salto através da expansão da industrialização, necessitou da formação de um aparato político que estabelecesse as políticas de investimento industrial, regulamentasse a relação capital-trabalho (o que ocorreu através da CLT e do reconhecimento dos sindicatos patronais e de trabalhadores) e fomentasse a produção de dados estatísticos e de conhecimento sobre o território brasileiro, por meio da criação do Instituto Brasileiro de Geografia e Estatística (IBGE), a partir do Instituto Nacional de Estatística, vinculando-o diretamente ao Gabinete da Presidência da República. Num primeiro momento, a produção de dados e diagnósticos sobre o Brasil tomou a tônica do instituto, sendo as chamadas excursões o procedimento metodológico-chave para esse processo. Mais tarde, sobretudo nos anos 1960 e 1970, as equipes técnicas do IBGE passaram a produzir pesquisas, no caso das conduzidas por geógrafos, embasadas na chamada Geografia Quantitativa. A *Revista Brasileira de Geografia*, publicada pelo órgão, é uma fonte primordial dos registros desta trajetória.

Parece-nos que uma dimensão do planejamento diz respeito às condições de reprodução econômica e social, sendo pautado pela criação de normas, políticas e instituições voltadas, principalmente, a garantir a fluidez de mercadorias (inclusive da força de trabalho), a expansão do mercado interno, o fortalecimento de certos setores em detrimento de outros, a abertura de novas frentes de absorção dos excedentes e, neste sentido, é chamado de planejamento econômico. No entanto, as intervenções urbanas no século XIX, especialmente a de Paris, antecipam, a nosso ver, a dimensão planejadora do Estado diretamente sobre o espaço, que se generalizará no século XX, constituindo-se num setor ao mesmo tempo de absorção e de produção de capitais e capaz de estabelecer-se sobre o cotidiano, sendo fundamental à reprodução das relações sociais de produção, como apontou Lefebvre (2016).

As considerações anteriores revelam a importância da análise do planejamento (sobretudo aquele que diretamente se vincula a intervenções espaciais) para a compreensão do modo como o espaço é (re)produzido no momento atual, uma vez que, através do planejamento, é possível apreender as articulações mais diretas entre os planos do econômico e do político, sobrepondo-se ao plano da sociedade, nesta (re)produção. Nesse sentido, é mister considerar o espaço como uma produção social e histórica, o que aponta para o fato de que os seus conteúdos são aqueles das determinações da reprodução social. Na sociedade capitalista, essa reprodução se orienta para a reposição dos elementos e operações que almejam garantir o processo de acumulação de capital, em escala crescente. Assim, a expropriação e expansão do trabalho abstrato e sua mutação em capital na forma mercadoria são o cerne da reprodução social, muito embora, nas últimas décadas, os ganhos rentistas – derivados fundamentalmente do patrimônio, da propriedade, seja da terra, de títulos, de dividendos, de moedas – têm sido centrais na dinâmica da reprodução capitalista, conforme apontam vários autores, como Chesnais (2003) e Paulani (2009). Essa centralidade do rentismo na acumulação tem implicações no planejamento e na reprodução do espaço, como assinalaremos.

Conforme assevera Carlos (2011), a noção de produção do espaço envolve, de um lado, o alargamento da noção de produção para além de bens e produtos gerados. Alicerçada no papel do trabalho como atividade criadora, a produção do espaço é entendida no campo da produção do homem, das condições da sua existência, dos valores, o que envolve considerar as necessidades da reprodução social. Nesse sentido, ao mesmo tempo que no plano do real e da análise a produção do espaço se dá como mercadoria e, portanto, como parte do processo geral de valorização, a compreensão da totalidade requer a consideração da apropriação do espaço pelo uso, pelas práticas sociais, revelando as contradições e as lutas por ele.

Essa concepção, nos parece, ilumina a possibilidade de ruptura com a noção de espaço como determinado por um conjunto de variáveis, ou como um fator cujos atributos possam ser quantificados, planejados e controlados através de modelos matemáticos que indicariam as potencialidades diferenciadas de transformação, uma vez que tem nas práticas sociais uma dimensão central de análise. É também uma perspectiva que supera a noção de organização do espaço que, mesmo evocando a história como elemento-chave para seu entendimento, metodologicamente não avança no discernimento dos processos e contradições, remetendo a análise, fundamentalmente, para a distribuição de atividades, objetos, pessoas, fluxos, e para as correlações entre estes elementos. Isso não quer dizer que não há, nessas concepções, o reconhecimento de diferenças espaciais, das precariedades e das distorções produzidas pelas atividades econômicas; mas essas são tratadas, muitas vezes, como desequilíbrios e/ou como condição de uma etapa histórica a ser superada (no caso do subdesenvolvimento, por exemplo). No campo destas formulações, o planejamento do espaço conduziria a uma organização espacial mais simétrica, equitativa, tendo como questões centrais a localização, a quantidade (expressa na densidade e concentração-dispersão), a estrutura e a fluidez.

Porém, segundo Smith (1988), se, num certo período da história, as diferenciações espaciais tinham por base a conjunção de elementos da natureza e/ou o modo próprio como certos grupos sociais criavam possibilidades de existência, o avanço do capitalismo coloca essas diferenciações num outro patamar, uma vez que a lógica que subjaz à produção do espaço é a da acumulação de capital que produz, contraditoriamente, por um lado, o nivelamento e equalização dos lugares e, de outro, inevitavelmente, desigualdades. O autor afirma não ser mais possível tratar as desigualdades espaciais como um conteúdo da história passada ou como derivadas da natureza. Tal assertiva nos permite refletir sobre a relação entre a reprodução do capital e o processo de produção do espaço e o sentido e os limites do planejamento na eliminação das desigualdades.

A expansão do capital já no final do século XIX foi observada de vários ângulos: o crescimento da produção e venda de mercadorias, o alargamento da proletarização, a extensão da divisão social e espacial do trabalho, inclusive internacionalmente, os excedentes de capitais deslocando-se para novos setores, integrando-os à produção capitalista, ou mesmo deslocando-se espacialmente, o aumento do poder de arrecadação dos Estados. Mas esses elementos apontados, muitas vezes, como positivos não foram capazes de eliminar as contradições e as negatividades do processo, fundamentado na expropriação e na exploração do trabalho.

A produção das desigualdades sociais e espaciais constitui-se no mecanismo-chave da reprodução capitalista. Harvey (1990) apresenta uma leitura do processo geral de produção e circulação do capital, destacando suas contradições e limites internos. A contribuição do autor que interessa destacar neste momento foi entender o papel da produção da materialidade (chamada por ele de ambiente construído) no processo geral de produção e circulação do capital. Ele identificou que essa pode ser entendida como capital fixo ou fundo de consumo, e que isso implica entender o modo diferenciado como se dá sua inserção neste processo mais geral, permitindo discutir, de um lado, o processo de obsolescência, uma vez que o consumo produtivo do espaço geraria a necessidade de sua reposição e/ou o abandono momentâneo pelo capital destas estruturas materiais criadas, e de outro lado, o processo de valorização-desvalorização. Essa via é um caminho possível para entender o deslocamento de capitais e, portanto, a inserção de frações do espaço, de maneira simultânea mas diferenciada no processo geral de sua produção e circulação. Podemos dizer que a produção do espaço comportaria, assim, as tensões entre a necessidade de produção da fixidez e, igualmente, da sua transformação e/ou destruição, uma vez que o capital imobilizado se consome e se desvaloriza, num movimento que confere a essa materialidade uma condição diferenciada ao longo do processo. O elemento-chave a ser considerado, portanto, é o de que as desigualdades espaciais não são produzidas naturalmente, mas são intrínsecas aos movimentos e fluxos do capital. Se, num dado momento, há uma concentração de capitais num determinado lugar, visando garantir os ganhos de produtividade gerados pela profunda especialização, aumentando os lucros, é importante lembrar que essa especialização diz respeito, de fato, a frações do capital que possuem magnitude variável e cuja velocidade e rotação do consumo do capital fixo são também variáveis. Do mesmo modo, a infraestrutura e o conjunto de edificações que não são diretamente capital fixo também são produzidos como mercadorias, possuem valor, valor de uso e de troca e se inserem no movimento de valorização-desvalorização do capital. Nesse sentido, ainda que, por exemplo, grandes áreas industriais e urbanas aparentem uma estabilidade positiva e crescente, é a instabilidade e impermanência dos processos que, de fato, as caracteriza. Um exemplo paradigmático é a cidade de Detroit nos EUA, cujo afluxo de capitais, especialmente os do setor metalúrgico vinculado à produção de automóveis (abriga a sede da General Motors e da Ford Motor Company, por exemplo), foi intenso na primeira metade do século XX, induzindo a produção de um espaço urbano marcado pela concentração de grandes unidades fabris e expansão urbana extensiva, tornando-se a cidade símbolo da economia americana do pós-guerra nos EUA. Já na década de 1970, o esgotamento das possibilidades de acumulação no setor começou a produzir o deslocamento e fechamento de fábricas e a saída dos habitantes, em especial os brancos, de maior renda. O processo culminou nos anos 2000, quando os empregos se tornaram escassos e precários, a migração se acentuou, e a arrecadação municipal já não conseguia manter sequer os serviços públicos básicos. Formalmente, a cidade pediu falência em 2013. Essa situação, guardadas as especificidades, atingiu outras tantas cidades do estado de Michigan, principalmente as vinculadas ao setor automobilístico.

Como sinaliza Harvey (2004: 82-83):

> Assim a atividade capitalista produz o desenvolvimento geográfico desigual, mesmo na ausência de diferenciação geográfica em termos de dotação de recursos e de possibilidades, fatores que acrescentam seu peso à lógica das diferenciações e espacializações espaciais e regionais.

No plano intraurbano, as contradições revelam-se com maior amplitude. Já no final do século XIX, as metrópoles e grandes cidades da Europa mostravam a imensa produção de riqueza, as potencialidades que se abriam à produção em escala, o domínio sobre o campo e, ao mesmo tempo, a intensa exploração de trabalho, a miserabilidade, a propagação de doenças, a morte. Essa condição foi registrada e analisada por Friederich Engels (1988) e Elisèe Réclus (1985), entre outros. A generalização da produção de mercadorias, associada à concentração de capitais e população, induziu a urbanização e a formação de um mercado imobiliário, uma vez que a propriedade privada da terra é capitalizada, definindo o acesso de cada um à cidade pela capacidade de solvabilidade.

De tal sorte, a população expropriada vivia ou nas edificações antigas e precárias do período medieval, ou além das muralhas medievais, como o bairro de East End, que ao longo do século XIX concentrou a população pobre e migrante de Londres. Os fundamentos da segregação socioespacial na cidade capitalista estavam postos e se generalizaram com a urbanização, aprofundando a hierarquização e a fragmentação do espaço, bem como os conflitos. A desigualdade fundante do processo, que é a da distribuição dos meios de produção, capital e propriedade, é continuamente reposta e estabelece uma paleta variada do modo como cada grupo se insere na divisão social e, portanto, se apropria da riqueza produzida. A desigualdade – por princípio, social – se desdobra na desigualdade socioespacial, uma vez que o espaço, tornado mercadoria, entra no sistema de trocas e torna-se cada vez mais condição e produto da reprodução social e do capital. O acesso ao espaço se dá pela mediação da propriedade privada, definindo-se, assim, o lugar possível a cada um na cidade. Como a cidade capitalista é produzida também sob as determinações da valorização e da especulação, ela não é coesa nem equitativa do ponto de vista da presença de infraestrutura, parques, instituições públicas. De tal sorte, àquela parcela da população que se insere nas mais precárias fileiras da divisão social do trabalho, resta a possibilidade de acesso aos piores lugares da cidade, as periferias longínquas, desprovidas dos elementos da centralidade. A desigualdade socioespacial implica, portanto, as possibilidades de realização da vida, diz respeito às práticas sociais possíveis, à imposição de limitações ao uso e, contraditoriamente, às transgressões e resistências a esse processo.

Essa condição, já assinalada no século XIX, provocou a formulação de um conjunto variado de proposições que, assentadas na discussão sobre as transformações sociais a partir das formas urbanas, visavam ordenar e regular o espaço e as relações sociais.[1]

A mais emblemática destas proposições naquele período foi, sem dúvida, a ocorrida em Paris, sob a liderança do barão de Haussmann. A escala de intervenção, a capacidade de absorção de capitais excedentes, a reestruturação alcançada no que tange à distribuição das atividades produtivas e a circulação, e a expulsão dos mais pobres do centro da cidade, conforme mostram Harvey (2008) e Benevolo (2003), revelam que as intervenções de Paris foram uma experiência significativa do poder do Estado na reestruturação do espaço naquele momento. Ela se colocou como um marco na formulação da ideia central que subjaz à legitimação do planejamento: a de que através dele seria possível a regulação, o controle, sobre a economia, ou o espaço, sobretudo sobre o uso, as práticas socioespaciais, sobre o presente e o futuro. O planejamento do espaço emerge, portanto, das contradições postas pela reprodução capitalista, na perspectiva de conter as lutas, conflitos e contradições. Nesse sentido, é a expressão do espaço instrumental, como afirma Lefebvre (2016: 108):

> O *espaço instrumental* (é assim que os especialistas o denominam) é produzido e manipulado como tal pelos tecnocratas no âmbito global, do Estado, das estratégias. Ele tem o nome burocrático de "ordenamento do território". O que é apenas uma abstração. (grifo nosso)

Os sucessivos momentos de crise no início do século XX conduziram à configuração do Estado planejador, formulando e implementando planos seja na escala regional, seja na escala urbana, em ambos os casos, conduzindo o deslocamento de capitais públicos e privados, abrindo novas fronteiras ou setores de investimentos, absorvendo capitais excedentes, reinserindo frações do espaço no processo geral de valorização. Cabe considerar que esse movimento se realizou, muitas vezes, a partir de programas e planos de caráter social, como ocorreu com a produção de moradias e equipamentos públicos nos países centrais, no período pós-guerra.

A possibilidade de superação das crises capitalistas da primeira metade do século XX assentou-se na consolidação de um novo momento da reprodução social, o da urbanização generalizada, que envolveu a massificação da produção e do consumo, a generalização da forma mercadoria, a criação de novos setores econômicos, como os lazeres, o turismo, a cultura, e a redefinição dos termos da divisão internacional do trabalho. A produção do espaço urbano, sob a lógica da racionalidade técnica e da funcionalidade que orientavam os planos, revela a importância do planejamento como mediação necessária para garantir a continuidade da produção e realização das mercadorias. De outro lado, revela que a sobrevivência e expansão do capitalismo no pós-guerra assentou-se na dominação dos espaços-tempos da vida, fragmentando-os, hierarquizando-os, introduzindo cada vez mais a lógica da mercadoria, das abstrações, no plano do cotidiano. Importa considerar diferenças nesse processo, entre os países centrais e os periféricos, pois apesar da tendência à homogeneização, o lugar do trabalho na reprodução social teve contornos diferenciados nos dois grupos de países. Os frutos da modernização induzida e planejada nunca estiveram postos para todos. Invertem-se, portanto, os termos tanto no plano do real quanto no da análise: do planejamento corretor das desigualdades ao planejamento produtor das desigualdades. Como afirma Lefebvre (2016: 45):

> Enquanto mediação, um tal espaço instrumental permite tanto impor uma certa coesão (pela violência) quanto dissimular as contradições da realidade (sob uma aparente coerência racional e objetiva). Aqui os termos "coesão" e "coerência", significam *regulação* buscada, pretendida, projetada, o que não quer dizer obtida. (grifo nosso)

Na busca pela coesão, a ideologia do crescimento substanciou a formulação de teorias e metodologias que consideravam o espaço ora como atributo, ora como variável, ora como banal, dando relevância a definição de padrões e modelos de localização de atividades, sobretudo a industrial, e de populações que pudessem orientar sua expansão pelo planeta, com vistas à "eficácia e eficiência" do processo econômico. A chamada ciência regional foi fundada com essa finalidade, e Santos (2003: 21), questionando o papel do planejamento, questiona a fé cega na necessidade de crescimento e o papel da ciência:

> A ciência regional e o planejamento eventualmente se fundiram. Hoje é praticamente impossível encontrar em periódicos especializados um artigo teórico ou mesmo uma análise do espaço social visto como um todo. Qualquer consideração de natureza social é rejeitada em nome do pragmatismo, e só se tem tolerância com o próprio processo de planejamento.

Observando-se a produção enunciada pela *Revista Brasileira de Geografia*, do IBGE, também se reconhece, em meio a uma vasta e rica produção, a preocupação com a produção de um conhecimento utilitário e pragmático, especialmente nos anos 1970, voltado ao processo de planejamento das atividades industriais, ao controle do crescimento urbano, à criação dos chamados polos de desenvolvimento. Essa formulação coaduna-se com o projeto industrializante que caracterizou o planejamento econômico brasileiro entre a década de 1930 e 1970, de caráter mais ou menos nacionalista, conforme bem destaca Ianni (2009).

No plano da produção do espaço, esse foi o período caracterizado pelas políticas regionais levadas a termo pelas superintendências de desenvolvimento, o que, segundo Oliveira (1981), resultou, de fato, na subsunção das economias regionais à economia nacional comandada a partir de São Paulo, onde se concentra e se centraliza o capital. O projeto estatal induziu e incluiu a urbanização do território. Todas essas políticas, no entanto, não resultaram numa coesão harmônica do processo de modernização. Ao contrário, os resultados expressam bastante bem a tese do desenvolvimento geográfico desigual de Smith (1988). Curiosamente, o próprio Estado admite essa condição ao lançar em 2011 a II Política de Nacional de Desenvolvimento Regional (PNDR),[2] que tem por objetivo maior reverter as desigualdades regionais brasileiras. No documento oficial, as desigualdades regionais são reconhecidas como um problema nacional e, por isso, exigiriam uma ação do Estado, via planejamento, para dirimi-las. A escala de ação não seria mais a escala macrorregional, e sim teria um caráter multiescalar, numa tentativa de potencializar os recursos (econômicos, sociais, naturais) locais e de permitir maior controle local sobre estas políticas. Em balanço produzido por técnicos e dirigentes do Ipea (Instituto de Pesquisa Econômica Aplicada),[3] em 2015, sobre os avanços da PNDR, coloca-se como elemento impeditivo para seu avanço a não criação do Fundo Nacional de Desenvolvimento Regional (FNDR), que permitiria a dotação de recursos, necessária ao andamento da política.

Embora esse seja um elemento importante da implementação de uma política territorial, nos parece, no entanto, que há uma outra ordem de impedimentos a uma possível política reguladora do Estado sobre o processo de desenvolvimento regional, que se relaciona às transformações estruturais do capitalismo e do Estado nas últimas décadas. Essas transformações sinalizam para uma crise do capital e, portanto, para a necessidade de transformação da ação do Estado, no caso do planejamento.

A crise das últimas décadas colocou em xeque, novamente, as possibilidades da reprodução ampliada, intensificando os momentos de desvalorização e destruição de capital e a necessidade de aprofundar a expropriação e a exploração como estratégia para garantir a continuidade do processo a taxas crescentes. A ofensiva neoliberal que marca o período pós-1980 expressa-se também na dimensão do Estado planejador. Se, no período anterior, o controle, a regulação, era projetado como expressão da modernização civilizadora que carregava uma promessa de crescimento, no momento atual, esse projeto não está no horizonte. Nas últimas décadas, as necessidades apontadas pela crise de sobreacumulação e desdobramentos dela decorrentes, como a reestruturação produtiva em escala global, o neoliberalismo, a ascensão do capital portador de juros e a mundialização, têm produzido cada vez maior centralização e concentração do capital, *pari passu* a uma autonomização cada vez mais extensiva das finanças como forma sistêmica de acumulação (Paulani, 2009). De tal sorte, a promessa do crescimento se esvaiu, desmistificando de vez a suposta missão civilizatória do capitalismo e do Estado. A racionalidade instrumental do espaço encontra-se, neste momento, na sua articulação direta com o capital financeiro, para o qual o espaço nacional constitui-se apenas na possibilidade de converter-se em ativo. Santos (2000), refletindo sobre o poder do dinheiro, apontou a fragilidade dos Estados na definição de políticas regulatórias sobre o uso do território, uma vez que as grandes corporações ganham fluidez, para hegemonizá-lo segundo suas necessidades. Desse modo, trata-se de desregulamentar, de abrir fronteiras à acumulação por espoliação, como aventa Harvey (2004).

No plano da ação planejadora do Estado sobre o urbano no Brasil também se observa a situação contraditória de criação de normas (como o estatuto da cidade e os planos diretores municipais) que são utilizadas fundamentalmente para flexibilizar a regulação e possibilitar a criação de espaços financeirizados a partir de projetos urbanísticos, como as operações urbanas, as concessões urbanísticas e, mais recentemente, os projetos de intervenção urbana, no caso da metrópole de São Paulo. As políticas de planejamento urbano no momento atual visam à mobilização do espaço (nos termos de Lefebvre, 2016), como estratégia de acumulação, aprofundando a segregação socioespacial. É notório o abandono dos chamados grandes planos urbanos, orientados e/ou produzidos pela tecnocracia estatal como instrumentos de racionalização e domínio do espaço, tanto em países centrais como nos periféricos. Na era do domínio das finanças, essa totalidade dissipa-se e o sentido das intervenções e projetos urbanos passa a ser exclusivamente o de colocar capitais em movimento e realizá-los na escala das finanças.

Tal condição evidencia a centralidade das lutas pelo espaço como negação desse processo; como luta pela apropriação contra o domínio e a razão instrumental que pesam sobre o espaço. Ao mesmo tempo, aparecem como possibilidade de construção de uma utopia verdadeiramente transformadora.

Sob o amparo ideológico do chamado crescimento econômico, da correção das desigualdades e do atendimento às necessidades sociais, as contradições foram muitas vezes atenuadas, os processos de resistência e luta foram cooptados. Tornou-se hegemônica a perspectiva de que a transformação da sociedade e do espaço se dariam via planejamento do Estado, sem rupturas sociais e políticas, uma vez que o controle/regulação estaria assentado em razões técnicas, derivadas da aplicação de conhecimentos produzidos em diferentes áreas, tanto na elaboração dos planos quanto na sua implementação. De tal sorte, a crítica ao Estado foi subsumida e residual, fortalecendo-se a crítica aos planos ou à sua gestão. A utopia da transformação radical da sociedade, que significaria de fato o fim da produção das desigualdades, se esfumaçou em relação à disputa pela distribuição da mais-valia, via planejamento do Estado.

A construção de um outro futuro requer a produção de um conhecimento crítico sobre o presente. No caso deste capítulo, apresenta-se um caminho possível de interpretação da relação entre planejamento e produção do espaço, com vistas a contribuir para esta reflexão crítica que seja um impulso à superação das condições atuais de reprodução social.

NOTAS

1 Entre estas propostas, pode-se citar o Falanstério, de Charles Fourier; o Plano para Barcelona, de Idelfonso Cerdà; a Cidade Linear, de Arturo Sorya e Mata; a Cidade Jardim, de Ebenezer Howard; e a Cidade Industrial, de Tony Garnier, mas cujas análises fogem ao escopo deste capítulo.

2 A partir de 2003, é possível verificar a retomada, pelo Estado brasileiro, das chamadas políticas de desenvolvimento regional. Em 2004, foi lançada a I PNDR (Política Nacional de Desenvolvimento Regional); em 2007, foi criado o Ministério da Integração Nacional e em 2011, a II PNDR.

3 Documento intitulado "Brasil: dez anos da Política Nacional de Desenvolvimento Regional", Ipea, 2015.

BIBLIOGRAFIA

ANDRADE, M. C. de. *Espaço, polarização e desenvolvimento*: a teoria dos polos de desenvolvimento e a região nordestina. 2. ed. São Paulo: Brasiliense, 1970.

BENEVOLO, L. *História da cidade*. São Paulo: Perspectiva, 2003.

CARLOS, A. F. A. *A condição espacial*. São Paulo: Contexto, 2011.

______; LENCIONI, S. Alguns elementos para discussão do espaço geográfico como mercadoria. *Borrador – Teoria e Método em Geografia*, São Paulo, v. 1, 1982, pp. 1-9.

CARDOSO JR., J. C. C. *Política e planejamento no Brasil. Balanço histórico e propostas ao Plano Plurianual 2016-2020*. Brasília; Rio de Janeiro: Ipea, 2014.

CHESNAIS, F. A "nova economia": uma conjuntura própria à potência econômica estadunidense. In: CHESNAIS, F. et al (orgs.) *Uma nova fase do capitalismo?* São Paulo: Xamã, 2003.

ENGELS, F. *A situação da classe trabalhadora na Inglaterra*. 2. ed. São Paulo: Global, 1988.

GEIGER, P. P. Geografia e planejamento. *Revista Brasileira de Geografia*. Rio de Janeiro, v. 29, n. 3, IBGE, 1967, pp. 111-8.

______. Renovação na geografia. *Revista Brasileira de Geografia*. Rio de Janeiro, v. 32, n. 1, IBGE, 1970, pp. 67-72.

GEORGE, P. et al. *A geografia ativa*. Trad. Gil Toledo et al. 5. ed. São Paulo: Difel, 1980.

HARVEY, D. *Los limites del capitalismo y la teoria marxista*. México: Fondo de Cultura Econômica, 1990.

______. *O novo imperialismo*. São Paulo: Edições Loyola, 2004.

______. *A produção capitalista do espaço*. São Paulo: Annablume, 2006.

______. *París:* Capital de la Modernidad. Madrid: Akal, 2008.

______. *O enigma do capital e as crises do capitalismo*. São Paulo: Boitempo, 2011.

IANNI, O. *Estado e planejamento econômico no Brasil*. Rio de Janeiro: Editora UFRJ, 2009.

LEFEBVRE, H. *O direito à cidade*. São Paulo: Centauro, 2001.

______. *A revolução urbana*. Belo Horizonte: Editora UFMG, 2004.

______. *Espaço e política*. 2. ed. Belo Horizonte: Editora UFMG, 2016

OLIVEIRA, F. de. *Elegia para uma re(li)gião*. São Paulo: Paz e Terra, 1981.

PAULANI, L. M. A crise do regime de acumulação com dominância da valorização financeira e a situação do Brasil. *Estud. av.* [online]. v. 23, n. 66, 2009, pp. 25-39.

PERROUX, F.; FRIEDMANN, J.; TINBERGEN, J. A planificação e os polos de desenvolvimento. *Cadernos Teoria e Conhecimento*. Trad. M. Lago Barbosa. Porto: Rés, 1975.

POLANYI, K. *A grande transformação:* as origens de nossa época. Trad. Fani Wrabel. 2. ed. Rio de Janeiro: Compus, 2000.

RECLUS, É. Migrações, êxodo rural e a problemática do crescimento urbano. In: Moraes, Antônio Carlos Robert (org.). *Élisée Reclus*. São Paulo: Ática, 1985.

RESENDE, G. M. et al. Brasil: dez anos de Política Nacional de Desenvolvimento Territorial. *Boletim Regional, Urbano, Ambiental*, n. 11, jan.-jun. 2015, Ipea, Governo Federal.

SANTOS, M. *Economia espacial:* críticas e alternativas. 2. ed. São Paulo: Edusp, 2003.

______. *Por uma outra globalização*. Rio de Janeiro: Record. 2000.

SMITH, Neil. *Desenvolvimento desigual*. Natureza, capital e produção do espaço. Rio de Janeiro: Bertrand Brasil, 1988.

SUGRUE, T. J. *The Origins of the Urban Crisis*. Race and Inequality in Postwar Detroit. Revised edition. Princeton: Princeton University Press, 2005.

A FRONTEIRA DA TERRITORIALIZAÇÃO DO CAPITAL

Carlos de Almeida Toledo

Este capítulo pretende problematizar o conceito de fronteira em debate com uma das principais referências da Geografia Econômica, Von Thünen. Este debate permite tematizar o processo de formação da contradição entre a perspectiva política e a econômica sobre o tema da fronteira. Depois de apresentar a questão central da primeira edição de *O Estado Isolado* e a autocrítica de Von Thünen na segunda edição, o texto passa elaborar o conceito de fronteira à luz da formação dos Estados nacionais de origem colonial, em particular do Brasil. Resulta da apresentação a problematização do movimento de fronteira como territorialização do capital, entendido como processo de autonomização entre violência econômica e extraeconômica, cujo pressuposto é a transformação da terra, do trabalho e do dinheiro em mercadoria.

O que é fronteira? Considerar que fronteira é a demarcação de limites entre territórios de Estados nacionais é a resposta mais imediata na atualidade. No entanto, devemos perguntar o que são os tais territórios dos Estados nacionais e por que reproduzem relações de fronteira. Será que o Estado nacional pode ser entendido em si mesmo?

NATURALIZAÇÃO DA FRONTEIRA DO ESTADO NACIONAL NA RIQUEZA DAS NAÇÕES

A tensão de poder entre Estado nacional e mercado é um tema que vem sendo problematizado há muito, partindo de uma formulação dos fins do século XVIII. Este é o momento em que os Estados nacionais da Europa Ocidental formavam-se, sendo a Revolução Francesa uma forma de manifestação bem explícita da superação do Estado absolutista. Ao mesmo tempo, as colônias passavam a adquirir um vir a ser de Estados nacionais com a independência das Treze Colônias na América do Norte. Tais fenômenos são parte do mesmo processo em que o conceito de território passa a ser naturalizado como nacional, naturalizando a fronteira como fronteira entre Estados nacionais.

Desse mesmo momento é o surgimento da Economia Política, uma explicação da riqueza pelo trabalho, marcada pela publicação de *A riqueza das nações* (1996). A forma como a Economia Política sustenta suas teses deixa marcas em muitas ciências humanas e tratamos neste capítulo de tematizar a relação com a Geografia Econômica, visando aprofundar o debate sobre fronteira. Trata-se de um procedimento conhecido como individualismo metodológico, segundo o qual o indivíduo é a forma elementar da sociedade, nem sempre distinguida do Estado-nação. No entanto, essa forma de compreender a modernização não existe separada da própria reprodução da sociedade, desdobrando-se em teoria, mas também nas práticas do Estado.

A mediação jurídica, sem a qual desaparece a igualdade formal entre os homens, opera na prática no território do Estado nacional. As migrações clandestinas que marcam nossa atualidade manifestam as contradições entre cidadãos e não cidadãos, comprometendo a cidadania como direito da humanidade em geral. Afinal, do ponto de vista da lei, só o Estado está autorizado a praticar a violência, em um processo de trabalho juridificado e executado de forma prescrita como neutra e imparcial, por trabalhadores contratados pelo Estado.[1] A prática da violência estatal é um trabalho concreto, mas, como trabalho, é remunerado em dinheiro, impondo ao trabalhador condições de reprodução mediadas pelo mercado. Ao cruzar a fronteira, o migrante não deixa de se relacionar com o mercado, mas, ao mudar sua relação com a lei, altera sua relação com o mercado.

Na Economia Política, a neutralidade pressuposta pela lei das personificações da lei não é diretamente problematizada. A abstração da violência é justificada por Smith, diferenciando seu ponto de vista em relação a Hobbes, pela diferenciação entre poder e riqueza, vale dizer, poder político não necessariamente pode ser comprado e sendo o poder econômico, ou poder de compra (Smith, 1996: cap. 5). Assim, a violência direta é tomada como não econômica, um elemento que muitas vezes é tratado como externo, sem relações com o poder de compra.

A construção abstrai a violência que é mobilizada por poder de compra como parte da divisão do trabalho. Assim a sociedade é explicada pela consideração exclusiva à evolução da divisão do trabalho, que seria um desdobramento da característica que diferencia os homens dos animais, a propensão à troca ou capacidade de fazer contratos (Smith, 1996: cap. 2). A abstração do poder de violência direta comprada por dinheiro supõe o que devia explicar, os contratos são naturalizados como inerentes ao ser humano e a necessidade da violência do Estado que vigia a justiça nos contratos é abstraída, problematizando a fronteira sem profundidade, como desenvolvemos a seguir.

Smith, ao apresentar a forma como uma nação primitiva torna-se evoluída, simplesmente abstrai a existência de outras nações no processo. Dessa forma, ou a fronteira é abstraída, ou aparece naturalizada como separação entre territórios diferenciados. Na passagem a seguir (Smith, 1996: 78), dedicada ao problema dos transportes, percebe-se uma distinção entre civilização e barbárie:

> Que mercadorias poderiam, por exemplo, comportar o preço do transporte terrestre entre Londres e Calcutá? Ou, se houvesse alguma mercadoria tão preciosa que pudesse comportar um transporte tão dispendioso, com que segurança se efetuaria tal transporte, passando por territórios habitados por tantas nações ainda em estado de barbárie? E no entanto, existe atualmente, entre Londres e Calcutá, um comércio considerável; intercambiando seus mercados, Londres e Calcutá estimulam muito o trabalho e a produção entre si.

Não deixa de ser estranho dizer que "Londres e Calcutá estimulam muito o trabalho e a produção entre si". Ao menos para quem está informado de que a relação colonial entre Inglaterra e Índia começa a formar-se ainda no século XVI. Caio Prado Júnior (1965: 14), em procedimento que se opõe à forma abstrata de Smith, enfatiza que são:

> [...] três séculos de atividade colonizadora que caracterizam a história dos países europeus a partir do século XV; atividade que integrou um novo continente na sua órbita, paralelamente aliás ao que se realizava, embora em moldes diversos, em outros continentes: a África e a Ásia. Processo que acabaria por integrar o Universo todo em uma nova ordem, que é a do mundo moderno, em que a Europa, ou, antes, a sua civilização, se estenderia dominadora por toda parte.

Ainda problematizando a passagem da sociedade primitiva à sociedade evoluída, o autor (Smith, 1996: 80) argumenta que esta evolução, limitada pelo trabalho necessário ao transporte dos produtos entre regiões distantes e pouco povoadas, mas também por fronteiras:

> Além disso, nunca pode ser muito considerável o comércio que uma nação pode manter através de um rio que não se ramifique em muitos afluentes ou canais, e que percorre território estrangeiro antes de desembocar no mar; isso porque a nação estrangeira pela qual passa a parte do rio que desemboca no mar pode, a qualquer momento, obstruir a comunicação entre o país vizinho e o mar. A navegação do Danúbio é de muito pouca utilidade para os Estados da Baviera, a Áustria e a Hungria, em comparação com o que seria se algum desses países possuísse todo o percurso do Danúbio, até ele desembocar no mar Negro.

Assim, a leitura crítica de *A riqueza das nações* (1996) permite pensar duas formas de conflito na formação das fronteiras da modernização: as relações com as colônias e as tensões entre Estados nacionais em formação na Europa Ocidental.

UM CLÁSSICO DA GEOGRAFIA ECONÔMICA E A FRONTEIRA DO ESTADO ISOLADO

Von Thünen é um clássico do ponto de vista da Geografia Econômica, mesmo não havendo em seu momento histórico sequer o campo (Bourdieu) da Geografia já formado. No entanto, um campo do conhecimento também se constrói pelas referências escolhidas em sua formação. Leo Waibel (1955: 273)[2] sustenta a importância da contribuição do autor de *O Estado Isolado* para a Geografia Econômica.[3] O autor sustenta a importância de seu método marcado pela abstração de natureza espacial, natural e econômica:

> A abstração espacial consiste em que este Estado tem forma circular e que esteja completamente isolado do restante do mundo por uma floresta impenetrável. Daí o nome "Estado Isolado". A abstração natural consiste em que este Estado esteja localizado em uma planície de solo absolutamente uniforme em condições climáticas invariáveis e que não apresente águas navegáveis. A abstração econômica finalmente é a seguinte: a população deste Estado pratica a agricultura e a silvicultura segundo os métodos da Europa Central; o seu nível cultural é igual em toda a parte e tão desenvolvido que se pode passar sem dificuldades de um sistema de atividades a outro. Todas as propriedades agrícolas são do mesmo tamanho, sendo inteiramente exploradas com o intuito de conseguir um rendimento líquido o mais alto possível.

Vale refletir sobre o que é abstraído[4] e o que é considerado na formulação. Na referência de Waibel à abstração espacial a forma circular já aparece pressuposta, em lugar da imensa variedade de formas dos territórios dos Estados empíricos, delimitando, em processo, suas fronteiras. Sobre a condição de isolamento, ela implica, como muitas vezes acontece nas formulações de Smith, a abstração das relações com os outros Estados, desconsiderando a importância deles na formação territorial e, portanto, de suas fronteiras. Quanto à abstração natural, cabe observar que a uniformidade pressuposta tanto da fertilidade do solo quanto do clima, além dos rios navegáveis, confere centralidade à distância. Não havendo diversidade nas formas do transporte, esta é reduzida à consideração dos custos de produção e transporte das matérias-primas. A abstração econômica trata de uniformizar os sujeitos como simples reprodutores de uma lógica, alocando perfeitamente os seus recursos, o que inclui seus corpos instrumentalizados em função dos ganhos individuais.[5]

Para Leo Waibel, a estratégia de recorrer a tal nível de abstração seria um princípio, uma hipótese de trabalho, que deveria contribuir para o esclarecimento da verdade (Waibel, 1955: 277). O autor considera que mesmo que não tenha existido um *Estado Isolado*, ainda assim o princípio "se demonstra, como toda verdadeira teoria, excelente para analisar a verdade dos fatos para impor ordem a uma imensidade de minúcias na proposição dos problemas" (Waibel, 1955: 294).

Enfatizamos que na formulação de Waibel[6] a *imposição da ordem* se faz pela abstração das minúcias. A hipótese de trabalho, para Waibel, seria apresentar a forma concreta da produção de cada anel ao redor da cidade determinada pelos custos de transporte e perecibilidade em uma agricultura orientada segundo as exigências do mercado (Waibel, 1955: 277). O argumento supõe, portanto, que o movimento do mercado levaria a um uso racional do território do *Estado Isolado*.

Círculos concêntricos também podem ser obtidos a partir da formulação de David Ricardo em *Princípios de economia política e tributação* (1982: cap. 2), sobre a renda da terra de localização, associados a custos de transporte, o que é comum aos dois modelos.[7]

No argumento de Ricardo, interessa formular uma explicação que ao mesmo tempo é uma justificativa da renda da terra.[8] Esta seria um desdobramento da necessidade de utilizar terras mais distantes em função do aumento de riqueza e, portanto, de consumo de matérias-primas pela cidade. A tese de Ricardo implica uma dinâmica de ocupação de terras em função do aumento da riqueza movido pelo aumento da força produtiva do trabalho. Com a substituição de trabalho por máquinas, a cidade seria capaz de processar cada vez mais matérias-primas, ocupando terras cujos custos de transporte precisariam ser cobertos para que se reproduzissem, aumentando os preços das matérias-primas. Os produtores cujas terras tivessem custos de transportes menores seriam beneficiados, apropriando-se de um sobrelucro. A concorrência para usar essas terras beneficiadas reduz-se à disputa pela apropriação desse sobrelucro, que acabaria sendo transferido ao proprietário de terra como renda da terra. É dessa forma que, para Ricardo, a terra vira propriedade privada e mercadoria. Por isso, o preço da terra seria explicado pela comparação da renda da terra com a taxa natural de lucros, tornando-se um bem de capital com características particulares no mercado.

Trata-se de uma resposta diferente da de Smith, para quem a renda da terra é um desdobramento da transformação de todas as terras de um país em propriedade privada (Smith, 1996: cap 6). Ao contrário dessa relação de conexão mais direta com um monopólio de classe, a resposta de Ricardo resolve logicamente um problema complicado para a teoria do valor trabalho: explicar e justificar o preço da terra, que não pode ser reproduzida pelo trabalho (1982: caps. 1 e 2).

Essa dinâmica, associada ao aumento da produtividade da força de trabalho promovido pela substituição de trabalho por máquinas, implica a redução dos preços das mercadorias, o que possibilitaria o aumento do salário, não apenas em dinheiro, mas o consumo de produtos pelos trabalhadores, mesmo com o aumento dos lucros. No entanto, há no argumento a possibilidade do efeito inverso, pois os custos de transporte, ao apropriar terras mais distantes, também levam ao aumento dos salários[9] pelo encarecimento dos produtos consumidos pelos trabalhadores e, por isso, à redução dos lucros, da capacidade de investir e, em consequência, à redução de uso de terras.

Note-se que a proposição de Ricardo possibilita a formulação de um conceito de fronteira que não coincide com a do território do Estado nacional, trata-se da fronteira da propriedade privada da terra que responderia a estímulos de mercado no interior de um Estado nacional.

Assim, o tamanho do território do Estado Isolado depende, como em Von Thünen, das condições técnicas, em especial dos custos dos transportes. Esse aspecto pode ser percebido na teoria de Von Thünen pela redefinição do diâmetro do Estado Isolado proporcionada pela introdução da ferrovia, de 100 para 308 milhas (Waibel, 1955: 274). Mas isso não aconteceria com os outros territórios dos Estados? Sem a problematização da relação entre os Estados, as contradições podem ser simplesmente abstraídas, afinal o cientista decide o que impõe ordem e o que deve ser problematizado. Para nós, mais importante do que buscar as contradições para negar a validade dos modelos como pretende o positivismo é perguntar sobre o sentido da contradição entre uma Economia Política inglesa e a fundação de um raciocínio caro à Geografia Econômica no Estado nacional alemão em formação.

Vale destacar que o contraditório individualismo metodológico de Smith se desdobra de uma suposição humanista segundo a qual todas as nações seriam potencialmente ricas, ampliando e aprofundando a divisão do trabalho. O autor afirma que a manufatura é o que distingue as nações ricas, pois permite realizar a ampliação da divisão do trabalho vetada pela agricultura por sua dependência do tempo natural, impedindo a simultaneidade das atividades agrícolas e a especialização do trabalhador.

Nesses termos, cada nação teria de se industrializar para realizar seu potencial de riqueza, mais que isso, teria de vencer o isolamento regional articulando seu território em uma divisão do trabalho.

Assim, o isolamento do Estado oculta a contradição inerente ao individualismo metodológico smithiano. Essa contradição reaparece se lembrarmos que Ricardo sugere a importação de matérias-primas com preços sejam inferiores aos das piores terras do território do Estado nacional, desativando as terras menos produtivas. Trata-se da possibilidade de resolver a crise que levaria ao aumento dos salários que reduz lucros sem aumentar o consumo dos trabalhadores, que é desdobramento da ampliação da força produtiva do trabalho aplicada a um território submetido à assim chamada Lei dos Rendimentos Decrescentes.[10]

Como já foi dito, os problemas formulados pelos debates da Economia Política costumam apresentar-se invertidos[11] na realidade. Isolar o Estado metodologicamente é pensar que este pode ser entendido sem os outros Estados, uma abstração da realidade talvez nem tão irrelevante. Para a Alemanha de Von Thünen (assim como para os países da América Latina de origem colonial), o liberalismo no comércio exterior parecia inviabilizar o avanço da divisão do trabalho nos termos smithianos.

Nesse sentido, a contradição entre a riqueza que aparece como um potencial de aumento do consumo para o ser humano em geral e a riqueza que é um poder sobre os outros formulada por Smith pôde ser evitada metodologicamente por Von Thünen em sua primeira elaboração do Estado isolado. Mas esse procedimento abstrai de uma parte relevante das relações territoriais que *impõe ordem* à apresentação científica da realidade. Seus desdobramentos escondem-se na floresta intransponível uma fronteira que pretende ser parte de uma totalidade concreta, abstraindo ao menos em parte as relações territoriais concretas.

A AUTOCRÍTICA DE VON THÜNEN

Harvey destaca que a reelaboração de *O Estado Isolado* parte do incômodo de seu autor em perceber-se herdeiro de concepções das classes proprietárias. Assim, Von Thünen elabora as razões morais e econômicas da determinação dos salários definidos pela Economia Política como naturais (Harvey, 2005: 100). No entanto, ao disputar com Smith o que é natural e moral, não rompe com a suposição de existência de uma ordem espontânea autoequilibradora e positiva que deveria ser defendida dos abusos do Estado e dos proprietários de terra. Na prática, a crítica se refere à inegável pauperização dos trabalhadores de seu tempo. Por isso, reivindica um verdadeiro salário natural que só ocorreria em contextos territoriais em que a fronteira de propriedade privada da terra é aberta.

Von Thünen preocupa-se em formular a crítica ao bloqueio da mobilidade do trabalho e do capital que a propriedade privada da terra e a regulamentação estatal promoveriam. Para ele, sem tais restrições, a queda dos salários estaria limitada pela possibilidade do trabalhador migrar para um país menos fértil com terras sem donos, o contexto de fronteira, e ali cultivar o solo com o capital livremente adquirido e importado (Harvey, 2005: 104).

A concepção de capital na passagem anterior é, como destaca Harvey, a de meio de produção material, próxima a de Ricardo. Adquirir livremente as ferramentas, as máquinas e os edifícios como ocorreria no contexto de fronteira significa reproduzi-los com trabalho próprio, ou trocá-los pelo produto do trabalho próprio. A formulação é liberal,[12] reivindica livre mobilidade do trabalho e do capital como forma de determinação espontânea do salário natural e justo. A resposta deixa entrever uma dinâmica de expansão em uma reprodução eticamente defensável para civilização europeia, que abstrai relações coloniais, retomando os termos anteriormente mencionados de Caio Prado Júnior.

Para Von Thünen, o capital não pressupõe relações estáticas de classe no contexto de fronteira implicando o trânsito entre as classes. Essa visão idealizada inventa uma dinâmica de evolução do capital em que na condição original todos trabalham produzindo ferramentas e subsistência. Os produtores mais eficientes produziriam excedentes de trabalho sob a forma de ferramentas, seus excedentes seriam ampliados pelo uso de tais ferramentas. O empréstimo desses excedentes a outros trabalhadores pode torná-los mais eficientes, mas devem ser remunerados por parte dos excedentes obtidos, como juros, cuja determinação é dada pelo aumento de eficiência proporcionado pelo uso da última ferramenta disponível. Assim, o mercado acabaria sendo equilibrado pela redução da remuneração extra proporcionada pelo ganho de produtividade ao trabalho dedicado à produção de ferramentas pelo aumento da oferta de trabalho no setor de ferramentas, até o equilíbrio com o mercado de subsistência. A dinâmica progressiva seria transformada pelo bloqueio da mobilidade do trabalho e do capital anteriormente referida, imposta pelo crescimento da densidade populacional, vale dizer o fechamento da fronteira (Harvey, 2005: 104).

Para Von Thünen, a superação do pauperismo na classe trabalhadora nos territórios do Estados nacionais em que a fronteira da propriedade da terra atinge a fronteira desse território exigiria que a ciência cumprisse sua tarefa sublime e principal. Esse papel seria o de descobrir o valor do verdadeiro salário natural, o da fronteira, e convencer os privilegiados a desistirem do que possuem injustamente (Harvey, 2005: 101).

A arbitragem política do salário mínimo já foi há muito politicamente imposta e não parece ter sido por uma ação consciente dos privilegiados. É verdade que o salário mínimo permanece sendo contestado pelos neoliberais como danoso para o equilíbrio natural, mas o que esperar desta perspectiva que se esqueceu confortavelmente da crítica do monopólio de Smith, em um momento em que quase tudo foi monopolizado por trás da floresta de fluxos financeiros globalizado? Além disso, o que dizer do silêncio dos neoliberais sobre o bloqueio às migrações criticado desde Von Thünen, que neste momento resulta em tantas mortes em fronteiras?

A RESPOSTA PUERIL DE VON THÜNEN

Se Marx[13] reconhece que "Von Thünen formulou a 'questão correta': 'Como o trabalhador foi capaz de passar de dono do capital – como seu criador – a seu escravo?'", é importante lembrar que ele considerou "a resposta de Von Thünen muito pueril" (Harvey, 2005: 95). Para Harvey, a *puerilidade* da resposta diz respeito à interpretação da "diferenciação original entre capital e trabalho como sendo dependente apenas da frugalidade e eficiência de alguns trabalhadores em relação aos outros" (Harvey, 2005: 106).

Como já comentamos antes, a forma como Von Thünen separa o que é abstraído, a *imensidade de minúcias*, do que deve ser considerado, pois *impõe a ordem*, segue o individualismo metodológico da Economia Política. A perspectiva de Smith apresenta o processo sugerindo uma forma de evolução das sociedades primitivas com seu potencial de evolução para a sociedade rica do presente. Observemos que a interpretação apresentada por Harvey sobre a *puerilidade* da resposta de Von Thünen é remetida ao processo de formação do capitalismo, que segundo Marx não é o desdobramento de uma lógica natural de evolução pacífica, mas da separação violenta dos homens de seus meios de produção. Nas palavras de Marx (1996: 342):

> A expropriação da base fundiária do produtor rural, do camponês, forma a base de todo o processo. Sua história assume coloridos diferentes nos diferentes países e percorre as várias fases em sequência diversa e em diferentes épocas históricas. Apenas na Inglaterra, que, por isso, tomamos como exemplo, mostra-se em sua forma clássica.

A interpretação desta passagem conduz à questão polêmica sobre haver ou não uma acumulação primitiva para cada Estado nacional, cada uma com seu *colorido*, o que parece conduzir ao conjunto de abstrações pertinentes ao *Estado Isolado*.[14] Ao mesmo tempo, transpondo a floresta *intransponível* da fronteira idealizada de Von Thünen, encontramos a dinâmica da territorialização colonial abrindo e movendo fronteiras fora da Europa, ao mesmo tempo em que as fechava nos territórios dos Estados absolutistas europeus. Segundo o historiador Fernando Novais (1995: 70):

> [...] a colonização do Novo Mundo na época moderna apresenta-se como peça de *um* sistema, *instrumento da acumulação primitiva* da época do capitalismo mercantil. [...] consoante com [o] processo histórico concreto de constituição do capitalismo e da sociedade burguesa. Completa-se, entrementes, a conotação do sentido profundo da colonização: *comercial e capitalista*, isto é, elemento constitutivo no processo de formação do capitalismo moderno. (grifos nossos)

Novais defende um conceito historicamente determinado de colonização e acumulação primitiva como um processo cujo sentido profundo não se restringe às transformações nos territórios coloniais nem aos objetivos do Estado absolutista manifestados na doutrina mercantilista, sendo peça de um sistema mais amplo que envolve metrópole e colônia e foi superado pelo Estado de direito viabilizado pelo assalariamento como forma de mobilização do trabalho.

Assim, na metrópole, a fronteira interna expropriação avança com a imposição da propriedade privada da terra, fazendo-a coincidir com a fronteira do Estado nacional, e a fronteira externa vai sendo movida na colonização, despejando um imenso contingente de migrantes europeus expropriados pelo avanço da fronteira interna. Esses colonizadores, por sua vez, passam a impor o poder dos Estados absolutistas sobre populações escravizadas da África e América, Ásia e Oceania, cujo limite aparente será a independência das colônias. Ambos os movimentos de fronteira territorializam a totalidade capitalista transformando as relações na metrópole e na colônia contraditoriamente.

Para Novais, encerra-se o período da acumulação primitiva em 1808, assumindo o *colorido* etnicizado de uma colônia escravista que viria a tornar-se o Estado nacional brasileiro. O argumento baseia-se na abertura dos portos, fim do exclusivo metropolitano, da política mercantilista para colônias. Trate-se de uma transformação da gestão da territorialidade da colônia, e a metrópole perde de fato um de seus instrumentos privilegiados de controle. Marx (1996: 288) interpreta a transformação que estava em curso nos seguintes termos:

> Hoje em dia, a supremacia industrial traz consigo a supremacia comercial. No período manufatureiro propriamente dito, é, ao contrário, a supremacia comercial que dá o predomínio industrial. Daí o papel preponderante que o sistema colonial desempenhava então. Era o "deus estranho" que se colocava sobre o altar ao lado dos velhos ídolos da Europa e que, um belo dia, com um empurrão e um chute, jogou-os todos por terra. Proclamou a extração de mais-valia como objetivo último e único da humanidade.

É preciso observar que a passagem se faz do ponto de vista da metrópole, na qual a síntese das fronteiras garante a expropriação dos trabalhadores, e a igualdade jurídica se impõe. Nas colônias e ex-colônias, muitas relações ainda apareciam como *peças* da acumulação primitiva. Em especial o *colorido* escravista que explicitava a contradição das relações de trabalho desses Estados nacionais pós-coloniais e sua ideologia de desenvolvimento. As formas violentas de submeter o trabalhador na acumulação primitiva já aparecia aos olhos dos sujeitos modernos assalariados do Estado nacional como inaceitáveis, a ponto da imposição do fim do tráfico de escravos ter sido sustentada pela Inglaterra, que passa a interessar-se crescentemente nos mercados consumidores.

Note-se que entre 1808 e nossa atualidade, o duplo aspecto da fronteira aqui tematizado viria a sofrer transformações relevantes. Até 1888 o escravismo colonial é suficiente para considerar a justiça fronteiriça uma daquelas abstrações pertinentes às classes proprietárias. Tais classes, naquele momento, são proprietárias não só das terras, mas dos sujeitos trabalhadores etnicizados para serem escravizados, sendo este seu *colorido*.[15] O fim da acumulação primitiva em sentido histórico, relativo à síntese do duplo aspecto da fronteira (do território juridificado do Estado nacional e da propriedade privada deste território) nas metrópoles europeias, corroeu a legitimidade do escravismo na colônia sem impor o fim do contexto de fronteira da propriedade privada da terra aberta. Ao mesmo tempo em que a expropriação se complete nesta síntese, alimenta um significativo processo de migrações para as colônias em busca dos contextos de fronteira. A resposta da Economia Política de Wakefield foi, segundo Marx (1996: 391), a colonização sistemática, nem tão natural como a passagem revela:

> O preço da terra imposto pelo Estado deve naturalmente ser "suficiente" (*sufficient price*), isto é, tão alto que impeça os trabalhadores de se tornarem camponeses independentes até chegarem outros para tomar seu lugar no mercado de trabalho assalariado.

A colonização sistemática trata, portanto, de buscar neutralizar o que fundamentaria a justiça fronteiriça. Não se trata aqui de simplesmente reafirmar a *puerilidade* da justiça fronteiriça de Von Thünen por abstrair a violência do Estado, mas ao mesmo tempo de refletir sobre o contexto territorial da fronteira. Concordamos que a questão é correta.

A Lei de Terras de 1850, ainda no período escravista, é uma resposta que expõe não só a *puerilidade* de Von Thünen, mas também a de Wakefild. Como comentado por Marx, a relevância das elaborações da Economia Política sobre a colônia não se deve ao sucesso de suas propostas de colonização sistemática, mas do que elas revelam. A formação do proletariado industrial pauperizando a vida social das metrópoles, criticada por Von Thünen, não impediu, mas, antes, intensificou o fluxo migratório de europeus para as colônias, o que foi percebido sem críticas pelo autor, um *ajuste espacial* (Harvey, 2004: 93-124) para usar o conceito de Harvey, exportação de excedentes de capital e força de trabalho superacumulados na metrópole.

Olhada pela perspectiva do Estado nacional de origem colonial, o problema se apresenta na perspectiva oposta percebida pela polêmica que opõe o contexto paradisíaco de Von Thünen e o inferno do assalariamento de Wakefield. A definição de região econômica e política em *Elegia para um re(li)gião* (1977), de Francisco de Oliveira, estuda os desdobramentos concretos da reprodução capital nos territórios pós-escravistas. Nesses contextos, as fronteiras da propriedade da terra e do assalariamento passam a revelar seu estranho *colorido*. Esse colorido revela o que é pueril no debate sobre o capitalismo e suas fronteiras de expansão: abstrair as formas particulares da mobilização do trabalho pelo uso da violência direta. A região econômica e política, como a síntese de uma formação socioeconômica, seria para Oliveira (1977: 28) parte de uma totalidade territorial.

> o espaço onde se imbricam dialeticamente uma forma especial de reprodução do capital, e por consequência uma forma especial da luta de classes, onde o econômico e o político se fusionam e assumem uma forma especial de aparecer no produto social e nos pressupostos da reposição.

Interessa ressaltar que a fusão do político e econômico não significa que político e econômico estavam separados na colônia escravista, mas que a violência direta como forma de mobilização do trabalho não foi superada com a abolição. Essa fusão significa evidentemente a impossibilidade de existência do Estado de direito, manifestado na escala do Estado nacional na continuidade do coronelismo da Primeira República, que foi nesses termos um Estado das regiões,[16] ao menos até 1930. Nesse momento, as migrações mudam de caráter passando a dirigir-se às metrópoles industriais e em processo tornando-se mais relevantes do que o avanço da fronteira cada vez mais restrito a migrantes nacionais. A extinção da Guarda Nacional e a retórica da defesa do trabalhador nacional manifestam esta passagem. No entanto, a realização da síntese do duplo aspecto da fronteira não havia se efetivado, assim o Estado regional é superado pelo Estado nacional, que toma a colonização das regiões como objeto.

Essa passagem permite retomar a crítica de Novais a um conceito genérico de colonização, parte da apresentação do argumento de Max Sorre sobre a mobilidade do ecúmeno. No argumento de *Les Migration des peuples*, a colonização seria uma modalidade de migração humana, uma forma evoluída de elaboração do ecúmeno, inscrita na humanização da paisagem terrestre que envolve sempre povoamento e valorização de novas regiões não se restringindo a um período (Novais, 1995: 35). Esse processo se cristalizaria em habitat, sendo a imobilidade perfeita (usada como recurso teórico de análise), a representação da adequação ótima do grupo ao espaço, equilíbrio absoluto entre técnicas e crescimento demográfico e a mobilidade total; no polo oposto, a situação em que o próprio habitat é móvel como entre os pastores nômades. No argumento as relações de trabalho são sistematicamente abstraídas e a mobilidade do trabalho explicada pelas relações com a natureza.

A formação do Estado nacional pós-colonial reproduz esse quadro e seu sentido. Pasquale Petrone, comentando o *Simpósio – perspectivas da colonização no Brasil da* AGB de 1973, nota a contradição, afirmando que o país resulta de uma soma de colonizações. Assim, se o sentido da colonização da fase anterior à independência parecia superado naquele momento (1973: 53), o conceito de colonização voltava à acepção genérica de Sorre.

Esta crítica não leva Petrone a desprezar o duplo sentido de colonização, como conceito historicamente determinado e o sentido genérico que remetemos a Sorre. Ao mesmo tempo, ambos se diferenciariam, pois a colonização do século XX teria sua origem em uma zona velha no interior do território do Estado nacional. A *área core* industrializada seria beneficiada pela colonização e não mais em uma metrópole europeia (Petrone, 1973: 53-7). A zona velha, metrópole internalizada, agindo sobre outra área, no interior do país a ser territorializada, move a fronteira. A própria acumulação de capital, enquanto criação das condições necessárias para sua naturalização, foi internalizada ao território do Estado nacional. Assim sendo, esta mudança reforça a aparência de isolamento do Estado e instaura-se, forma-se a ciência deste Estado nacional com seu *colorido pueril* que projeta a riqueza nacional futura, justificando o movimento da fronteira da expropriação, movida por expropriados.

O FIM DA REGIÃO? A METROPOLIZAÇÃO DA FRONTEIRA, A PUERILIDADE REAL

Ainda restam fronteiras abertas, a grilagem violenta segue sendo uma marca que ainda merece ser chamada de colonial no pior sentido. A sua qualificação mais recente é Land Grabbing[17] e diz respeito a uma mudança quantitativa na escala do fenômeno da financeirização mundializada, mas também sugere mudanças que temos buscado aprofundar. Ressaltamos que nos parece importante interpretar o fenômeno na escala da totalidade sem deixar de perceber outras escalas.

Se não nos atemos ao *colorido* particular dos Estados pós-coloniais, parece que a expropriação vai homogeneizando o território do Estado nacional, tornado propriedade privada, restringindo a reprodução dos sujeitos ao consumo de mercadorias. Além disso, a riqueza das classes proprietárias consolida-se lembrando o incômodo de Von Thünen sobre a desigualdade. Não basta, por isso, restringir a análise à distribuição da renda e da riqueza mesmo que se use o termo Acumulação Primitiva, pois ao isolar o Estado naturaliza-se o movimento da fronteira que parece sempre o mesmo.

Sem abstrair a escala da totalidade na qual a propriedade riqueza apresenta-se transformada sob as instituições financeiras globalizadas, a riqueza mostra-se cada vez menos nacional. A gestão do Estado nacional amparada pela ciência positiva ainda segue o caminho de Von Thünen, fazendo planos para superar a miséria escancarada nas metrópoles que se espalham pelo território do Estado nacional, apesar do inegável aumento do consumo material.

Criticar as abstrações da ciência positiva, reconhecendo que Von Thünen buscou enfrentar esta questão, envolve de fato problematizar a relação entre mobilidade do trabalho e monopólio de classe dos meios de produção. Mas não basta denunciá-la como não sendo nem natural, nem ética. O estudo do processo de transformação das fronteiras em relação à mobilidade do trabalho, exigindo que esta seja exercida sem restrições, mantém sua idealização metódica, como solução para os excedentes populacionais expropriados conquistando novas terras livres da propriedade privada. Na colônia, a Economia Política de Wakefield percebe a dificuldade de gerar mais-valia, exige que o Estado bloqueie as terras que não são propriedade privada, dissimulando a violência destes contextos. A *puerilidade* está nas duas respostas, afinal trata-se da abstração da violência fundadora da mobilidade do trabalho. Tal violência foi praticada tanto na expropriação na Europa quanto sobre a população das colônias ora racializadas pela ciência para autorizar seu genocídio e escravização, ora simplesmente abstraídas pela análise científica que evita denunciar o genocídio e escravização, preferindo pensar migrações como humanização do ecúmeno.

As migrações atuais expressam o fenômeno. A expropriação provocada pelo avanço da fronteira nas ex-colônias não se atém às metrópoles nacionais e inverte o fluxo em direção aos países ricos, percebidas pelos migrantes como ilhas de prosperidade.[18] Aos olhos das populações europeias, o bem-estar social dos trinta anos dourados do capitalismo (Hobsbawm) já são uma memória nostálgica, os migrantes parecem ser os culpados. Desemprego, desolação, encarceramento em massa, inflação, violência contra minorias étnicas e de gênero não resultam da má gestão dos Estados; revelam-se tendência geral. Visto da fronteira o processo pode até seguir parecendo ser Acumulação Primitiva, no entanto, a metropolização das fronteiras em curso já não pode absorver os excedentes populacionais das metrópoles. Se as barreiras das abstrações da ciência positiva não forem criticadas, a ciência será cada vez menos capaz de diferenciar-se da dogmática religiosa. O processo está em curso e nenhum muro pode represar a tendência global da superacumulação na sociedade mundializada. É sociedade mais rica que já existiu, que não pode deixar de humilhar uma multidão de expropriados. Esse excedente de trabalhadores já não parece natural e eticamente participante da totalidade da sociedade produtora de mercadorias. Parece cada vez mais claro que essa totalidade precisou mover fronteiras para existir, mas as que ainda existem já não bastam.

NOTAS

1 Não havendo espaço para esta reflexão neste capítulo, é interessante refletir sobre as contradições entre o emprego privado e estatal, diferenciando salário de ordenado. Na análise aqui apresentada destacamos apenas a relação entre juridificação e violência estatal, referida ao trabalho concreto, sem desenvolver a questão.

2 Em que pese todo o respeito que Ariovaldo U. de Oliveira revela em sua tese a Leo Waibel, critica o autor nos seguintes termos: "É evidente que essa postura assumida conscientemente por Waibel, L., define sua 'produção científica' dentro de todo o contexto histórico mundial, onde o etnocentrismo, a europeização do mundo e a 'supremacia da civilização da Europa Ocidental' tinha que ser imposta, todos esses argumentos tinham o objetivo explícito de dar fundamentação 'teórica e científica' à política imperialista dos países capitalistas europeus" (Oliveira, 2016: 407-8).

3 A ênfase do autor refere-se à Geografia Agrária, mas os argumentos são pertinentes à Geografia Econômica. Não sendo possível desenvolver no espaço deste capítulo, ressaltamos que existem fronteiras conflituosas entre os campos de conhecimento (Bourdieu). Tendo o conhecimento tornado-se uma parte da divisão do trabalho, problematizando ou não as relações de poder associadas a ele, é certo que elas estão presentes. Ao validar um discurso, incorporando-o ao campo ou ao excluí-lo, empurrando-o para fora de suas fronteiras, o campo participa das relações mais amplas, da totalidade social em processo de modernização. Tal questão está também relacionada ao fato de que a mobilização do trabalho no conhecimento, mesmo não sendo mediada necessariamente pela venda direta, dificilmente pode deixar de ser trocado em algum sentido por dinheiro.

4 Ariovaldo U. de Oliveira ajuda a entender o problema ao posicionar-se sobre o: "[...] processo de abstração inerente ao uso do esquema teórico de Von Thünen. Aqui devemos lembrar que no processo de abstração proposto na obra de Thünen e muito mais na obra de Waibel, existe um '*a priori*', ou seja, de que se deve buscar esta 'regularidade' e não a discutir" (Oliveira, 2016: 433).

5 Este tema é tratado por Jean Paul de Gaudemar em *Mobilidade do trabalho e acumulação do capital* (1976), de forma não só a denunciar esta operação como ideológica teórica, mas como imposição de uma forma de prática em que os sujeitos são forçados na prática a tal instrumentalização.

6 Comentando esta mesma passagem, Ariovaldo U. de Oliveira conclui: "Dessa forma chegamos a um ponto importante, pois o trabalho de Waibel, L., 'A lei de Thünen e a sua significação para a geografia agrária', deve ser compreendido dentro desse universo teórico; qual seja, a matriz teórica e baseada e edificada sob a luz da escola histórica alemã de economia e sob o método de idealização construído na sociologia compreensiva de Weber, M., tudo isto tendo por base material a crise da economia capitalista desde a Primeira Grande Guerra até pratica-

mente o início da Segunda. Esta última citação que fizemos de Waibel, L., ou seja, a conclusão desse seu trabalho de incorporação da 'Lei de Thünen' demonstra claramente o que estamos afirmando" (Oliveira, 2016: 422-3).

7 Ao escolher Von Thünen e não Ricardo ou Smith, a Geografia Econômica diferencia-se da Economia. O interesse da Geografia Econômica pelo concreto parece ser central para diferenciar-se da Economia, ainda que se possa afirmar que esta fronteira não se estabelece sem disputas, o que é revelado pelo interesse dos economistas pela teoria da localização.

8 Ariovaldo U. de Oliveira apresenta a formulação de renda da terra de Von Thünen nos seguintes termos: "Compreendida desta forma a renda da terra, podemos verificar que o que Thünen procurou caracterizar como renda da terra é na realidade uma confusão entre renda da terra e renda diferencial. Como dissemos anteriormente, Thünen representa erroneamente a natureza da renda da terra, misturando a renda diferencial (produto das desigualdades quer quanto a fertilidade do solo – natural –, quer quanta a 1ocalização, ou mesmo quanto à fertilidade aduzida ao solo, através da maior aplicação de capital, por exemplo, em fertilizantes) com a renda da terra. Devemos lembrar que a renda diferencial resulta do caráter capitalista da produção, enquanto a renda da terra ou, como prefere Kautsky, renda territorial absoluta, resulta da posse privada do solo em oposição existente entre o interesse do proprietário fundiário e o interesse da coletividade" (Oliveira, 2016: 219).

9 Ricardo critica Smith por fixar os salários em horas sem perceber que estes seriam definidos pelo valor de troca da reprodução da classe trabalhadora como os de qualquer produto. Desta forma, o aumento dos valores de troca dos valores de uso que reproduzem os trabalhadores aumentam os salários reduzindo os lucros, assim como o barateamento dos preços destes produtos reduziriam os salários aumentando os lucros. A inversão crítica deste raciocínio leva Marx a formular a ampliação relativa da mais-valia como característica do modo de produção capitalista, cujos desdobramentos implicam a teoria da crise pelo aumento da composição orgânica do capital e a tendência de queda da taxa de lucro. Sobre isso ver *Dinheiro sem valor*, de Robert Kurz (2013).

10 Ariovaldo U. de Oliveira (2016) oferece uma crítica pertinente à formulação de Ricardo, conferir item 2.1, em especial, página 227 e seguintes.

11 Ver "O método da economia política", em *Contribuição à crítica da economia política* (2008: 257-67).

12 Ariovaldo U. de Oliveira cita List sempre lembrado como crítico do liberalismo, que argumenta que o protecionismo "só é justificável enquanto o poder manufatureiro não estiver suficientemente forte para que não mais tenha qualquer razão para temer a concorrência estrangeira" (Oliveira, 2016: 410). Por isso, é necessário ter cuidado quando se pensa nos conteúdos diferenciados da crítica do liberalismo.

13 Trata-se da nota de rodapé 508, na página 253 da edição dos Economistas (1996).

14 Temos debatido esta questão desde nossa dissertação de mestrado, *A mobilização do trabalho nas lavras baianas* (2001), em especial no item "Acumulação primitiva e a transição do trabalho escravo para o trabalho livre".

15 Devo esta observação a Cássio Arruda Boechat, que em uma banca lembrou que não podemos perder de vista a relação necessária entre o colorido das acumulações primitivas e o sentido histórico da cor etnicizada das colônias.

16 Em outro texto qualificamos este Estado regional como um padrão de territorialidade. Ver "O trabalho no Brasil: traçado interpretativo de sua história de formação e de sua crítica", publicado na revista *Estudos Avançados 81*, 2014.

17 Temos refletido sobre a questão da fronteira no momento atual. Sobre isso, ver publicações: "Archéologie de la question agraire au Brésil: du labor grabbing au land grabbing", em *EchoGéo*, Paris, n. 41, 2017; "Land Grabbing e crise do Capital: possíveis intersecções dos debates", em *Geographia*, uff, n. 19(40), 2017; "Pioneiros do Matopiba: a corrida por terras e a corrida por teses sobre a fronteira agrícola", em *Revista Nera*, n. 47(22), 2019.

18 A formulação é de Robert Kurz em seu texto "Barbárie, migração e guerras de ordenamento mundial: Para uma caracterização da situação contemporânea da sociedade mundial", que pode ser acessado em <http://www.obeco-online.org/rkurz281.htm>.

BIBLIOGRAFIA

GAUDEMAR, J.-P. de. *Mobilité du travail et accumulation du capital.* Paris: Librairie François Maspero, 1976.

HARVEY, D. *A produção capitalista do espaço.* São Paulo: Annablume, 2005.

MARX, K. *O capital.* São Paulo: Nova Cultural, 1996.

NOVAIS, F. A. *Portugal e Brasil na crise do antigo sistema colonial (1777-1808).* São Paulo: Hucitec, 1995.

OLIVEIRA, A. U. de. *Crítica ao "Estado isolado" de Von Thünen*: contribuição para os estudos de Geografia Agrária. São Paulo: Iandé Editorial, 2016.

OLIVEIRA, F. de. *Elegia para uma re(li)gião*: Sudene, Nordeste. Planejamento e conflito de classes. Rio de Janeiro: Paz e Terra, 1977.

PETRONE, P. Simpósio Perspectivas da colonização no Brasil. São Paulo: Anais da Associação dos Geógrafos Brasileiros, v. 18, 1973, pp. 49-59.

PRADO Jr., C. *Formação do Brasil contemporâneo.* São Paulo: Editora Brasiliense, 1965.

RICARDO, D. *Princípios de economia política e tributação.* São Paulo: Nova Cultural, 1982.

SMITH, A. *A riqueza das nações.* São Paulo: Nova Cultural, 1996.

WAIBEL, L. "A lei de Von Thünen e sua significação para a Geografia Agrária". *Boletim Geográfico.* Rio de Janeiro, IBGE, n. 126, 1955, pp. 273-366.

CAMPESINATO, MODO DE VIDA E TERRITÓRIO

Valeria de Marcos

O presente capítulo[1] tem por objetivo caracterizar o campesinato como uma classe no seio do capitalismo, com um modo de produção da vida singular, que faz com que a agricultura por ele praticada seja não só radicalmente oposta àquela do agronegócio como também um modo de resistir, às vezes consciente, às vezes não, ao avanço do capital e da mercantilização da vida por ele imposta. Para tal, iniciamos apresentando a questão agrária presente no campo na atualidade, de modo a permitir ao leitor a compreensão do referencial do qual partimos para identificar tais diferenças. Em seguida, analisamos os elementos constitutivos da produção camponesa, dando especial atenção à natureza e lógica que a orientam para, então, tratarmos de alguns exemplos de resistência camponesa presentes no campo brasileiro, como os bancos de sementes crioulas, a produção agroecológica e a comercialização da produção feita também em outras lógicas reguladoras, como as feiras agroecológicas, as experiências das Comunidades que Sustentam a Agricultura (CSA) e os grupos de compra solidários, finalizando com uma reflexão acerca da importância da Geografia para a compreensão da questão agrária no campo brasileiro que o embate produção capitalista/produção camponesa evidencia. Espera-se que, ao término da leitura do capítulo, seja possível compreender que identificar esses sujeitos, tão diversos entre si, com a mesma denominação – de *agricultores (familiares)* – não apenas limita e reduz a análise como é uma forma de eliminar a existência do diverso, de uma outra forma de *ser* e *estar* no campo e das possibilidades de pensar um outro futuro que ele contém.

O "AGRO" E A QUESTÃO AGRÁRIA NA ATUALIDADE

O fim da Segunda Guerra Mundial deixou aos países que por ela passaram dois importantes desafios: reconstruir suas economias e resolver o problema da fome que os assolava. A resposta ao segundo desafio gerou mudanças radicais no modo de produzir na agricultura até então praticada. Uma das saídas, conhecida como *Revolução Verde*, deslocou a questão da fome e da miséria do campo social para o campo técnico-científico e contou com um complexo técnico-científico, financeiro, logístico e educacional para colocá-lo em prática (Porto-Gonçalves, 2004: 212). As novas práticas que passaram a ser difundidas não tardaram a modelar uma nova forma que rapidamente se expandiu, ganhando escala mundial a partir dos anos 1970, modificando drasticamente a relação sociedade/agricultura e homogeneizando o modo de produzir no campo. Todo um conjunto de *saber fazer* camponês foi sendo deslegitimado e substituído por um *saber poder* das grandes corporações, este legitimado pela ciência dos agrônomos, técnicos agrícolas e extensionistas. O resultado foi a difusão de monocultivos em grandes extensões de terra, de modo intensivo, com amplo uso de insumos químicos, como fertilizantes para a reposição da fertilidade natural do solo (em substituição às tradicionais rotações de culturas) e agrotóxicos para combate às "pragas" que passaram a surgir em decorrência do desequilíbrio ambiental que essa nova lógica originou. Os principais produtos cultivados a partir de então passaram a ser as *commodities*, destinadas ao mercado externo e, a partir do início do século XXI, também as chamadas culturas *no food* passaram a avançar sobre áreas até então ocupadas com a produção de alimentos para o mercado interno.

Nos países latino-americanos, esta forma também se afirmou com intensidade diversa: nas propriedades camponesas, foi marcada pela introdução do uso de agrotóxicos e fertilizantes nos tratos culturais, enquanto, nas capitalistas, também pelo amplo uso de mecanização, reduzindo a demanda por força de trabalho no campo. Tal forma de produção – caracterizada pela alta concentração de terra e capital – resultou na imposição à população mundial de uma alimentação sempre menos diversificada e mais homogeneizada.

Outra novidade do início do século XXI é a presença de grandes empresas monopolizando, em parte ou completamente, o processo de produção e transformação do alimento. Assim, multinacionais como a Bayer (Monsanto) passaram a diversificar suas ações e, além de vender fertilizantes e agrotóxicos, começaram a ocupar-se também – por meio de fusões, aquisições e incorporações de empresas – da produção e modificação genética de sementes e a vender os pacotes completos – sementes modificadas, fertilizantes e agrotóxicos –, difundindo seu uso e concentrando ainda mais a riqueza (Oliveira, 2016).

Essa mudança teve três consequências importantes: (1) aumentou a dependência dos agricultores – grandes e pequenos[2] – em relação a essas empresas, obrigando-os a destinar uma parte sempre maior de sua renda à aquisição do pacote sementes/fertilizantes/agrotóxicos, a preços cada vez mais altos, caracterizando a *sujeição da renda da terra ao capital* (Martins, 1990); (2) deu origem ao que Porto-Gonçalves (2006) chamou de *erosão genética*, caracterizada pela redução, em diferentes níveis de intensidade, da variedade dos cultivares e, consequentemente, dos alimentos que passaram a compor a dieta alimentar nos diferentes países; e (3) reduziu a oferta local de alimentos, elevando os preços de comercialização, à medida que, com incentivos estatais, culturas voltadas à exportação passaram a ocupar áreas antes produtoras de alimentos voltados aos mercados internos.

A elevação do preço dos alimentos foi resultado, entre outros fatores, da crise da forma imposta pela Revolução Verde e dos efeitos da política neoliberal iniciada nos anos 1990, que, por sua vez, deu origem ao processo de *mundialização da agricultura* (Oliveira, 2016). As regras de eliminação de subsídios agrícolas, a redução dos estoques reguladores, o aumento da produção de *commodities* destinadas à exportação, somados à redução das barreiras alfandegárias e à livre regulação do mercado, facilitaram a entrada de produtos europeus e norte-americanos nos mercados dos países em desenvolvimento que aderiram ao pacote neoliberal, transformando nações até então exportadoras em importadoras de alimentos, colocando em crise a agricultura local, em especial aquela de base camponesa, e comprometendo a segurança e a soberania alimentar nesses países (Vivas, 2009). Este quadro favoreceu a ação das grandes multinacionais que passaram a controlar as diversas etapas do processo de produção e transformação industrial, distribuição e comercialização dos alimentos. Ao fechar a fileira alimentar, unindo-se aos possíveis concorrentes e garantindo o monopólio do mercado, essas empresas passaram a determinar não apenas o preço dos alimentos, mas também o que podemos consumir, de quem devemos comprar e o modo como esta produção deve ocorrer.

A forma que continua a ser difundida como o lado moderno da agricultura é baseada no *uso intensivo da terra*, de caráter sempre mais *industrial* (seja pela mecanização da produção, seja pela imposição da lógica industrial com a padronização dos produtos e redução dos tempos de produção), *quilométrico* (marcado pelas grandes distâncias percorridas pelos alimentos até chegar ao consumidor final) e *petrodependente* (na produção e transporte dos alimentos) (Vivas, 2009). A todas essas características devem ser acrescentados o caráter *concentrador de terra e riqueza*, a *superexploração da força de trabalho* ainda presente e a compreensão do *ambiente como obstáculo* a ser eliminado, para garantir a livre expansão dessas culturas. Essa forma pressupõe a existência de um único modo de produzir, uma única lógica de produção e define um território marcado pela presença de grandes extensões de terra ocupadas por monoculturas, vazios humanos e reduzida agrobiodiversidade.

Para fortalecer a ideia de que esta é a única lógica de produção existente no campo e que a única diferença existente é a escala de produção, passou-se a fazer uso do termo *agricultura familiar*, por meio do qual se prioriza a atividade produtiva e não a lógica que a orienta. Assim, *agricultor familiar* é aquele que cultiva a terra em unidades de produção pequenas ou médias, servindo-se principalmente da força de trabalho familiar. No geral, a produção é especializada, altamente mecanizada, totalmente voltada ao mercado, seja ele interno – com venda direta ao consumidor, cooperativas, indústrias ou às centrais de abastecimento, sem a presença do intermediário – ou externo, por meio de cooperativas que comercializam *commodities*. Em outras palavras, o campo estaria todo modernizado, com propriedades mecanizadas e produção voltada para o mercado, que orienta a prática e as escolhas produtivas. A diferença entre os *agricultores* brasileiros, nesta lógica, é apenas a escala de produção, sendo os pequenos e médios *agricultores familiares*. Todos eles integram o *agro* – "a indústria-riqueza do Brasil" –, conforme campanha midiática produzidas pela TV Globo que visa construir a imagem do *agro* destacando seu lado moderno, com campos mecanizados, riqueza gerada, articulação com a indústria e presença diária na dieta alimentar dos brasileiros, concluindo que "agro é POP, é TECH, é TUDO e tá na Globo", o que dá *credibilidade* à mensagem transmitida.

Embora a mídia busque passar a ideia de que essa é a única realidade existente no campo, não é disso que se trata. Existe um outro modo de produzir, orientado por outra lógica, marcado pela agro e biodiversidade, pela presença de ocupação no campo, pela priorização de uma produção livre de transgênicos e produtos químicos e onde prevalecem diferentes formas de cooperação, diferenças em relação à produção capitalista que o termo *agricultura familiar* busca eliminar. Trata-se da produção *camponesa*, caracterizada pelo trabalho familiar, por uma outra relação com a terra, com a produção e a comercialização, e que produz um território radicalmente diverso daquele orientado pela lógica capitalista. A opção pelo termo visa demarcar essas diferenças e identificar a existência de uma classe, em oposição àquela capitalista, de um conflito de classes e de uma questão agrária ainda hoje latente no campo brasileiro. O exato oposto do que a campanha global busca transmitir.

NATUREZA E LÓGICA DA AGRICULTURA CAMPONESA

Diferente do capitalista, que organiza sua produção com vistas à obtenção do lucro e, sempre que possível, da renda da terra, o camponês organiza sua produção com o objetivo, em primeiro lugar, de satisfazer as necessidades de sua família, cujo caráter é qualitativo (suficiente ou não) e não quantitativo. Mesmo inserido no modo capitalista de produção e comercializando no mercado capitalista, não é a lógica capitalista que o rege, o que determina diferenças significativas entre essas formas de produção no campo.

A primeira delas diz respeito às escolhas produtivas e à continuidade ou não da produção em situações de baixa dos preços. Em situações em que o capitalista deixaria de produzir porque a obtenção do lucro não está garantida, o camponês continua produzindo porque espera que a renda que obterá com a comercialização da produção, somada à de outros cultivos possa garantir a satisfação das necessidades de sua família. Tal diferença decorre do fato de que, por considerar seu trabalho de "custo zero", ele é capaz de aceitar preços inferiores àqueles considerados insuficientes pelo capitalista, sendo a decisão muitas vezes guiada pela necessidade de adquirir outros produtos, por sua dificuldade de barganha com o atravessador, e não pelo tempo de trabalho empregado na produção ou pelo valor contido no produto a ser comercializado. Podem ocorrer casos em que, por situações alheias à sua vontade, não seja possível garantir o sustento da família mesmo comercializando a produção ao preço ditado pelo mercado ou pelo atravessador. Isso pode levá-lo a uma crise, à necessidade de redução de gastos, à satisfação das necessidades em níveis aquém do esperado, mas não necessariamente à falência.

Outra característica importante é que, na maioria das vezes, as famílias possuem baixo nível de especialização, o que equivale a uma maior diversificação da produção, ou seja, dificilmente uma família camponesa produzirá um único tipo de gênero agrícola. Essa característica lhes permite depender menos do mercado para adquirir os produtos que consomem e, o que é mais importante, ter uma variedade maior de produtos a ofertar ao mercado, o que reduz o impacto dos preços baixos com a comercialização de um determinado gênero agrícola. Assim, tanto a diferença entre a renda esperada e a obtida pode ser suprida com a comercialização de outro gênero agrícola a preços mais vantajosos, quanto a redução da renda obtida pode não necessariamente impedir o acesso aos bens e produtos necessários à satisfação das necessidades da família, ainda que a níveis inferiores ao desejado.

Vale ainda destacar que, sendo a subsistência o que rege a organização da produção, a crise poderá implicar a redução dos recursos disponíveis para os cultivos no ano seguinte, ou obrigar que algum membro se empregue temporariamente fora da propriedade (*trabalho acessório*) até que a situação se normalize. Isso permitirá garantir uma renda mínima que possibilite a permanência dos demais membros na terra, a satisfação das necessidades básicas da família ou o investimento de recursos na produção.

Por sua vez, tampouco o emprego externo de algum membro da família pode ser lido como proletarização. Isso porque, de um lado, ele não está sendo expropriado de seus meios de produção: a família continua na terra – seja ela propriedade ou posse – e seu trabalho tem a finalidade de garantir a renda necessária para que a família possa superar a crise ocasionada pelos preços baixos. O tempo de permanência fora dependerá do tempo necessário para que se recupere o equilíbrio entre renda e satisfação das necessidades (Chayanov, 1974). Mesmo quando, no limite, esse membro decida não retornar, ainda assim parte da renda continua sendo destinada à família – para suprir necessidades ou melhorar as condições de produção – e a terra continua *familiar*, lugar seguro onde retornar quando desejar ou precisar.

Esta é outra característica importante do campesinato, e que está no cerne da organização da produção: o sentido *familiar* da força de trabalho e da *propriedade da terra e dos meios de produção* (Chayanov, 1974; Shanin, s/d; Tavares dos Santos, 1978; Martins, 1990, 1991; Oliveira, 1991). De fato, são esses os dois pilares sobre os quais a produção camponesa se alicerça, aqueles que garantem sua lógica diversa de organização da vida e da produção.

A *força de trabalho familiar* é aquela por meio da qual esta forma de organização da produção ganha vida. É a partir da família – de suas necessidades e da disponibilidade de força de trabalho que ela oferece – que o camponês organiza a sua produção, escolhendo os produtos que irá cultivar – aqueles a destinar ao mercado e aqueles a destinar ao consumo –, a extensão da área a ser cultivada e a quantidade de membros a ocupar-se de cada uma das atividades escolhidas. Busca-se sempre o equilíbrio entre as necessidades da família e a fadiga do trabalho, e da possibilidade de alcance desse equilíbrio depende o aumento ou diminuição da autoexploração da força de trabalho e da satisfação das necessidades identificadas (Chayanov, 1974), e que vão da alimentação à ampliação da propriedade, passando pelos gastos com insumos para as diferentes culturas, aumento do rebanho, compra de algum maquinário, melhorias na casa, compra de algum eletrodoméstico, veículo ou outro gênero de consumo considerado necessário por algum membro da família, casamentos, batizados, problemas de saúde etc.

Todos os membros da família são igualmente importantes para o andamento das atividades, não havendo, no interior do grupo familiar, membro ou atividade produtiva considerada mais ou menos importante. Seja ela uma atividade geradora de renda ou supridora das necessidades de consumo da família, todas possuem o mesmo grau de importância quando se consideram os investimentos a serem feitos ou a distribuição da força de trabalho entre as atividades existentes. Além disso, atuar em uma atividade geradora de renda não dá ao membro da família prioridade com relação às suas necessidades de consumo individual.

Há *divisão sexual do trabalho* no interior da família: os homens no geral realizam as atividades que exigem maior força física, sendo também responsáveis pelo contato com o mercado para a comercialização da produção; as mulheres se ocupam sobretudo dos trabalhos de casa, da criação miúda, da horta e do pomar no quintal, do cuidado da família e da garantia de seu bem-estar, comercializando nas feiras ou vendendo em casa ou pequenos comércios, quando conseguem destinar parte de sua produção para tal, sendo a renda obtida destinada igualmente para o consumo familiar.

Os filhos são iniciados ao trabalho desde pequenos, em processo conhecido como *socialização camponesa*: os meninos seguem o pai e as meninas, a mãe nas atividades produtivas. O que se inicia como uma *brincadeira* vai aos poucos tomando forma, até que eles sejam capazes de assumir a responsabilidade de toda ou parte de uma determinada cultura, criação ou ciclo produtivo. Quando necessário, as mulheres, filhos e filhas mais velhos e em condições de trabalho complementam o trabalho dos homens nas diferentes atividades. Sendo, pois, a unidade de produção camponesa resultado de uma composição entre atividades masculinas e femininas, o matrimônio é praticamente uma condição necessária para o campesinato (Shanin, s/d). Isso não inviabiliza a existência de famílias monoparentais, mas torna o equilíbrio trabalho/satisfação das necessidades muito mais difícil de ser alcançado.

As atividades agrícolas e de criação animal se complementam e, nos casos de comunidades camponesas que vivem em proximidades e/ou inseridas em área onde a floresta ainda existe e pode prover, também se dedicam a atividades de coleta. Em alguns casos ainda produzem seus instrumentos de trabalho ou utensílios vários para uso próprio ou comercialização. Também a *socialização com a comunidade* possui papel importante, a partir da qual ocorre a oferta e/ou recebimento de ajuda por meio dos *mutirões* ou *trocas de dias de serviço*, ambos exemplos de *solidariedade camponesa*. O *mutirão*, prática que contribui para a realização de atividades produtivas sem gastos monetários – abertura de áreas para lavouras, roço de pasto, plantio, colheita ou outra atividade que se fizer necessária – reforça o sentido de pertencimento à comunidade e a certeza de que, sempre que necessário, se tem com quem contar. A frequência da participação nos *mutirões* reforça os laços comunitários e gera um "crédito moral" cuja importância para o campesinato é bem superior àquele monetário. Os *mutirões* são também momentos de trocas as mais variadas: do trabalho propriamente dito, de conhecimentos, notícias, conversas "fiadas", "causos", são *momentos de comunhão*. Mesmo o trabalho mais pesado se torna mais leve e prazeroso quando se está em companhia, em meio a piadas, cantoria, apostas para a cerveja no baile do *mutirão* ou em outra ocasião. Enquanto os homens estão na roça, as mulheres seguem em *mutirão* na cozinha, providenciando o almoço para todos que dele participaram, onde as mesmas trocas e formas de socialização têm vez.

Já as *trocas de dias de serviço* são acordos feitos em grupos menores e onde o trabalho recebido deverá ser retribuído, na mesma quantidade, ainda que não necessariamente para a mesma finalidade. Também neste caso é uma forma de garantir a força de trabalho necessária para a realização da atividade sem a necessidade de gastos monetários com o pagamento.

Outras práticas de *cooperação na produção* são as diversas formas de *parceria*. Delas a meação é a mais conhecida, mas podem também ocorrer diferentes divisões percentuais como 1/3, 1/4 etc. Tal estratégia permite um acordo entre quem possui terra, mas não dispõe de força de trabalho suficiente para trabalhá-la e quem tem a força de trabalho, mas não dispõe de terra em quantidade suficiente para garantir a satisfação das necessidades da família.

Nos casos de impossibilidade de acesso a essas práticas de cooperação e da existência de recursos para pagar pelo trabalho, o camponês pode *contratar trabalhadores* para a realização de uma atividade específica, *pagando por dia de serviço ou empreitada*. Há casos ainda em que, diante da ausência de força de trabalho suficiente para a realização das atividades diárias da propriedade, seja necessária a contratação de um trabalhador em *tempo indeterminado*, para *complementar* a força de trabalho da família. Essa é uma diferença significativa quando comparada à relação capitalista de produção. Enquanto o capitalista contrata o trabalhador esperando poder extrair a *mais-valia*, o camponês contrata o trabalhador para *complementar* a força de trabalho necessária para atender à satisfação das necessidades da família. Portanto, embora haja a contratação de trabalho e pagamento de salário, não se trata de uma relação capitalista de produção.

A *propriedade familiar da terra e meios de produção* também é outra diferença significativa em relação à produção capitalista. Enquanto a propriedade capitalista é, como cunhou Martins (1991), *terra de negócio*, terra que permite a especulação e a exploração do trabalho alheio, a *propriedade familiar camponesa* é *terra de trabalho* (Martins, 1991), é propriedade direta da *terra e instrumentos de produção*, é terra que permite a reprodução familiar, com autonomia (ainda que relativa) sobre seu tempo, suas escolhas produtivas e decisões de comercialização. Os ganhos – *renda*, não lucro, pois não há exploração do trabalho de ninguém – são resultado do *trabalho direto de toda a família na terra*, e o que o camponês vende no mercado é o *produto do seu trabalho* – e *não o seu trabalho*, como o trabalhador assalariado, expropriado dos meios de produção, o faz.

Ainda que a propriedade da terra e dos meios de produção seja familiar, e mesmo nos casos em que os membros tenham voz ativa, cabe ao pai da família a decisão sobre as atividades a serem realizadas e o destino a ser dado à produção. É uma forma de reconhecer sua autoridade na condução da propriedade. O papel da mulher não é secundário, é ela que, muitas vezes, com jeito e paciência, intercede a favor de alguma opinião contrariada.

A *jornada de trabalho* da família camponesa não é regulada pelo tempo do relógio, mas varia de acordo com as atividades a serem realizadas, podendo existir períodos ociosos (que podem durar o *tempo de produção* de determinado cultivo e permitir a alguns membros da família assalariarem-se temporariamente fora – *trabalho acessório* – para complementar a renda da família) e períodos de intensa autoexploração da força de trabalho, quando a quantidade de horas trabalhadas é regulada pela necessidade de finalização da atividade. O grau de autoexploração da força de trabalho depende da composição da família, sendo maior nas famílias em que o número de membros em idade ativa é menor, e em que o peso do trabalho recai sobre poucos. A busca do equilíbrio é resultado da composição entre as condições reais de produção e localização da propriedade de um lado, o tamanho, composição, capacidade produtiva da família e a pressão das necessidades a serem atendidas, de outro. O aumento da produtividade é visto muito mais como a capacidade de alcançar o mesmo resultado com menor esforço físico do que como a capacidade de aumentar a produção e a renda.

A unidade de produção camponesa pode ser considerada uma unidade de produção e consumo, de produtos e matérias-primas. O conjunto de propriedades camponesas com proximidade entre si forma uma *comunidade*, *bairro rural* ou *vilarejo*, nomenclatura que varia regionalmente. Os vários pontos de aglutinação existentes – as igrejas católicas e evangélicas, os campos de futebol, o bar, o mercadinho, o barracão da associação, a escola, os locais onde são realizadas as festas, os bailes etc. – são os locais onde as notícias e os convites circulam, e onde os *laços de vizinhança* e *solidariedade se consolidam*, organizando um modo de vida muito diverso daquele regido pela lógica capitalista. Mesmo inserida em uma comunidade, cada unidade é autônoma nas decisões que competem à escolha da produção e distribuição da força de trabalho entre as atividades e o destino da produção.

Deste universo diverso e plural emergem inúmeras experiências que se opõem à lógica capitalista de subordinação da vida e da produção, e por meio das quais os camponeses têm provado ser possível pensar em outro projeto para o campo, livre de sementes geneticamente modificadas, de padronização de cultivares e têm, com isso, construído um território agro e biodiverso, social e ambientalmente.

QUANDO O MODO DE PRODUZIR A VIDA CONFORMA O TERRITÓRIO

Como resposta e resistência às pressões geradas pelo avanço do modo capitalista de produção no campo, o campesinato tem produzido uma série de estratégias para se esquivar da *sujeição da renda da terra ao capital* ou, no mínimo, reduzir seu impacto sobre sua possibilidade de reprodução. Algumas são resultado da reflexão coletiva em movimentos sociais de luta pela terra ou de permanência na terra com maior autonomia, outras nascem nas propriedades camponesas, da observação atenta das respostas dadas pela natureza ao seu manejo, são adaptações de propostas de técnicos agrícolas e agrônomos, um modo de produzir e traduzir para o seu universo um conhecimento que lhe é externo, ou então são transmitidas de geração em geração, porque se aprendeu com o pai ou o avô e sempre funcionou. Seja qual for sua origem, tais estratégias são o resultado de uma outra lógica de organização da vida e da produção, e, quando articuladas, nos colocam diante de uma outra possibilidade de relação com a terra, com o alimento, com o consumo, com o outro e com o diverso.

Das estratégias gestadas pelo campesinato, aquela que pode ser identificada como um manifesto camponês contra a homogeneização da produção e do alimento é a dos *bancos de sementes crioulas* (ou *da paixão, da gente, da resistência, da fartura,* a depender da região onde são produzidas). São sementes que possuem uma identidade local, são transmitidas de geração em geração e se adaptam às condições naturais de produção. Eles podem ser *familiares* – quando uma família reserva as sementes que usará na safra seguinte – ou *comunitários* – quando várias famílias armazenam em um único banco suas sementes, normalmente localizados nas sedes das associações. Existem ainda os chamados *bancos mães*, estruturas de apoio aos *bancos comunitários*, que recebem e armazenam uma quota anual fornecida por cada um dos bancos aderentes, funcionando como uma central de abastecimento e, em geral, localizados na sede dos Sindicatos dos Trabalhadores Rurais (STR) (Londres, 2014). Em alguns casos, existem redes que se formam para articular os diferentes bancos espalhados em determinado território, como a *Rede Sementes*, coordenada pela CPT Sertão e pela ASA, no semiárido paraibano (Marcos, 2006).

Para se associar é preciso realizar o "depósito" de uma determinada quantia de sementes definida pelos participantes. Ao realizar um "saque", o associado se compromete a restituir com "juros", ou seja, depositar um percentual a mais por quantia de semente retirada – por exemplo 20% para milho, 30% para o feijão –, como forma de garantir que o banco cresça e possa atender a novos associados. São também cada vez mais comuns *feiras de trocas de sementes crioulas*, onde os camponeses levam suas sementes para trocar por aquelas que não possuem, o que permite a diversificação e ampliação do uso dessas sementes em diferentes locais e a redução da dependência em relação às sementes coorporativas.

Outra forma de funcionamento de *banco de sementes* é o da União das Associações Comunitárias do Interior de Canguçu/RS (Unaic), criada em 1988 reunindo cinquenta associações comunitárias e que, desde sua origem possuía dois objetivos, um *comercial*, visando a ser mais uma alternativa de renda aos associados, e outro *social*, visando a preservar espécies de importância cultural para as comunidades envolvidas. A produção das sementes é feita por camponeses associados em suas propriedades, e a comercialização é feita coletivamente pela Unaic, sendo o valor – discutido em reuniões que ocorrem duas vezes ao ano – repassado aos camponeses de acordo com a quantidade e qualidade das sementes fornecidas. A comercialização ocorre com associados ou não, tanto localmente quanto em outras regiões do estado e do Brasil (Saravalle, 2010). Tais experiências só puderam ganhar visibilidade nos últimos tempos graças ao Decreto 7.794/2012 que criou a Política Nacional de Agroecologia e Produção Orgânica (PNAPO). Em seu art. 12, o Decreto tornou clara a dispensa de inscrição no Registro Nacional de Sementes e Mudas (Renasem) para agricultores e demais categorias de escala da família, não apenas para a *distribuição*, mas também para a *troca e comercialização* entre si; retirou o impedimento de cooperativas e associações de camponeses comercializarem sementes com não cooperados/associados e explicitou a possibilidade de comercialização com outras unidades da federação (Londres, 2014).

Outra estratégia camponesa de produção sem sujeição é a da *produção agroecológica*. Feita em sistemas agroflorestais, mandalas ou canteiros tradicionais, essas práticas seguem os princípios norteadores da agroecologia que têm como perspectiva geral entender a propriedade como um agroecossistema completo, no qual práticas agrícolas tradicionais e ideias inovadoras, conhecimento secular e descobertas da ciência moderna dialogam em condições de igualdade. Seu principal objetivo é a busca de soluções socioambientais aos problemas modernos vividos pela agricultura, a partir de realidades socioculturais distintas e complexas e privilegiando a diversidade de cultivares e a integração com a criação animal. Os três principais estudiosos do tema são Gliessman (2001), Altieri (1999) e Guzmán et al. (2000), cada um deles trazendo consigo o olhar característico de sua formação, o que produz diferentes formas de pensar e praticar a agroecologia.

Gliessman (2001), ecólogo de formação, realiza a aproximação entre a ecologia e a agricultura, sobretudo aquela praticada em pequenas unidades de produção, a partir da observação do conhecimento tradicional sobre o manejo agrícola. A diversidade (número de espécies e forma de organização entre elas) de um agroecossistema é considerada por ele a estratégia principal para um manejo sustentável, por fortalecer ligações entre espécies e levar à diminuição da necessidade de interferência humana e de insumos externos, atingindo mais rapidamente sua estabilidade ecológica.

Altieri (1999), agrônomo de formação, contrapõe a agroecologia ao modelo de modernização da agricultura e concebe-a como uma contraestratégia de "autonomia e desenvolvimento econômico sustentável". Enfatiza a importância da geração de tecnologias apropriadas às realidades ecológicas e socioeconômicas locais e da necessidade de adequação do sistema produtivo aos princípios de sustentabilidade. Baseando-se nos princípios de *biodiversidade* e *equilíbrio ecológico do ecossistema*, trata do manejo dos recursos naturais e produtivos e identifica os elementos metodológicos relacionados aos procedimentos agroecológicos voltados à *otimização do sistema agrícola*, estimulando a criação de "tecnologias apropriadas", adaptadas às realidades ecológicas, agronômicas e culturais locais.

Guzmán (2000), sociólogo de formação, inclui a dimensão socioantropológica e os estudos do campesinato às discussões sobre a agroecologia. Busca estabelecer um intercâmbio simétrico de conhecimento entre as ciências naturais e humanas e, sobretudo, entre os intelectuais e os camponeses. A preocupação central de sua proposta é o conhecimento profundo da realidade local – com especial ênfase às dimensões cultural e social – para que o saber local dos camponeses seja entendido como a dimensão principal a partir da qual as propostas de ação/intervenção devem ser construídas. Guzmán elabora sua concepção da agroecologia a partir da convergência entre as dimensões ecológicas, agronômicas, econômicas e socioculturais da agricultura sustentável, e critica as discussões que se restringem ao desenvolvimento de técnicas ecológicas de manejo de agroecossistemas, desconsiderando os aspectos socioculturais de tais técnicas.

A convergência entre as três formas de conceber a agroecologia está na necessidade de valorização da *diversidade*: ecológica para Gliessman, técnica para Altieri e sociocultural para Guzmán. O desafio posto para alcançar o que se denominou de *agroecologia plena* (Biase, 2010) está em conciliar essas três dimensões da *diversidade* sem que uma se sobreponha à outra. Para isso é fundamental uma mudança de postura daqueles que irão interagir com os camponeses. É preciso, a partir de uma postura acolhedora da diferença e dos saberes camponeses, aprender a construir coletivamente saberes sobre novas práticas produtivas *com os camponeses* e não *para os camponeses*. Um passo importante nesta direção é o trabalho realizado pela ASA/ASPTA, "Camponês a camponês", em que, por meio de visitas de intercâmbio a propriedades onde tais dificuldades foram superadas, os camponeses são colocados diante de possíveis soluções para os problemas que enfrentam. É uma forma de colocá-los para conversar "de igual para igual", permitindo a visualização da solução encontrada por alguém nas mesmas condições, o que torna a solução mais real e passível de ser incorporada. Essa forma de difusão e troca de conhecimento foi responsável pela expansão e consolidação da agroecologia em diferentes partes do Nordeste e serve de exemplo a ser reproduzido em outras áreas.

Resolvido o problema da subordinação em relação aos pacotes impostos pela Revolução Verde, outro desafio se faz sentir: a sujeição da renda da terra ao capital imposta pela subordinação ao mercado capitalista. A venda direta ao consumidor, feita em outras bases, é a saída encontrada, mas requer dos camponeses uma organização coletiva, bem como respeito a regras coletivamente definidas para o seu funcionamento. Também aqui são inúmeras as experiências em andamento, sobre as quais vale a pena alguns destaques.

Aquela de mais fácil alcance são as *feiras agroecológicas*. Espalhadas em diferentes partes do país, elas congregam camponeses que realizam seus cultivos agroecológicos, mas que não possuem os selos de certificação por terceira parte. Em geral articulam-se e constituem uma Organização de Controle Social (OCS) para a realização da autocertificação, o que garante aos consumidores tratar-se de produtos cultivados sem o uso de agrotóxicos. As *feiras* podem ser organizadas pelas prefeituras locais, ter sido estimuladas por movimentos sociais, ONGs ou pela Igreja (em geral, via Comissão Pastoral da Terra – CPT). As famílias podem possuir uma barraca para uso próprio ou dividi-la com outra família. Os preços em geral são acordados no início da feira e apenas após determinado horário é possível negociar descontos. Isso permite que todos possam ter as mesmas possibilidades de comercializar seus produtos, evitando que uma família se destaque sobre as demais por praticar preços mais baixos. Uma das principais características dessas feiras é a fidelização dos clientes. Não demora para que os camponeses os conquistem com acolhimento, explicações sobre o processo produtivo, trocas de receitas, separação de produtos em caso de atraso do cliente, consulta sobre preferências e oferta de novidades sempre que possível. É comum também a organização de visitas às propriedades feitas pelos consumidores, para conhecer as condições de produção e aproximar o consumidor do processo de produção do alimento.

Outra forma que tem alcançado cada vez mais espaço é uma articulação entre produtor e consumidor denominada *Comunidade que Sustenta a Agricultura* (CSA). Trata-se de uma forma de venda direta, que garante a quem produz destino certo para pelo menos parte de sua produção e, para quem consome, uma aproximação maior com a origem do alimento que chega ao seu prato. Em comum acordo são definidos os produtos que serão cultivados, os preços a serem pagos, a quantidade ofertada e a periodicidade das entregas. Os consumidores antecipam sua "quota" de modo a garantir aos camponeses o recurso necessário para garantir a produção. Como existe uma aproximação maior entre as partes, é comum que os consumidores visitem com mais frequência os camponeses e, em alguns casos, auxiliem nos tratos culturais. No momento da colheita os produtos são separados de acordo com o que foi estabelecido no início e entregues aos consumidores. Eventuais problemas com a produção que venham a impedir o cumprimento do compromisso assumido são discutidos no grupo e se busca uma saída que contemple ambas as partes. Essa é uma forma de aproximar mais os consumidores – na maior parte das vezes, urbanos – do processo produtivo, de fazê-los conhecer as etapas de produção, os ciclos produtivos, as safras e as dificuldades enfrentadas pelos camponeses para fazer com que o alimento chegue às suas mesas.

Por fim, mas não menos importante, os *grupos de compra solidários*, experiências que exigem um nível de organização diverso daquele das feiras, mais próximos às CSA. Em geral a iniciativa parte de um grupo de consumidores que se articula com o objetivo de consumir produtos de maior qualidade, adquiridos diretamente dos produtores, com os quais estabelecem vínculos mais ou menos diretos, a preços mais justos para ambas as partes. O grupo pode estar organizado de modo informal – um grupo de amigos, vizinhos, colegas de trabalho/estudo – ou formal – a partir de uma associação ou cooperativa.

O primeiro passo é a constituição de um número mínimo de consumidores de modo que a compra feita no atacado possa ser distribuída entre todos. O passo seguinte é a identificação dos produtores que atendam às necessidades do grupo e, na sequência, o estabelecimento de um acordo visando contemplar as demandas dos consumidores e a capacidade de fornecimento dos produtores no que diz respeito à quantidade, periodicidade e preço. Estabelecido esse acordo, o quarto e último passo refere-se à definição de responsabilidades sobre a logística e custo dos transportes, de modo a que os produtos cheguem até os consumidores. Em geral a quantidade total é entregue em um local preestabelecido e os consumidores se encarregam depois de retirar suas respectivas compras. A forma mais comum de funcionamento é através do estabelecimento de "cestas" fechadas com preço fixo. Os consumidores devem indicar a disponibilidade de adquirir as cestas com antecedência definida pelo grupo de modo a que os responsáveis pela intermediação tenham tempo para contabilizar os pedidos e repassá-los aos fornecedores que, por sua vez, devem ter tempo de colher, separar e distribuir os produtos ao grupo. A tendência, diante dos custos de transporte, é concentrar os fornecedores em áreas próximas. Outra questão é que os consumidores devem estar disponíveis a adequar-se às disponibilidades dos fornecedores, o que pode significar ter que aprender a consumir produtos até então fora dos seus "padrões de consumo".

Experiências desta natureza têm evidenciado algumas dificuldades que devem ser superadas, entre elas: a necessidade de manter um número mínimo e constante de consumidores de modo a não colocar em risco o fornecimento dos alimentos; os custos de transporte, em geral elevados; pouca diversificação da produção por parte dos fornecedores; indisponibilidade de adquirir produtos não previamente conhecidos por parte dos consumidores; dificuldades de manter-se fiel aos princípios da economia solidária em um mercado capitalista. Por outro lado, têm mostrado a possibilidade de sua efetiva construção desde que o grupo esteja disponível a construí-la coletivamente, a refletir constantemente sobre suas práticas, reconhecer as responsabilidades sobre as dificuldades e buscar soluções compartilhadas.

A NECESSIDADE DA GEOGRAFIA PARA COMPREENSÃO DO AGRO

Pensar o modo de produção e da vida do camponês, e as diferentes experiências por ele postas em prática, à luz da Geografia é mais do que uma possibilidade, é uma necessidade. É ela que nos permite visualizar a territorialização dessas experiências, as possibilidades de articulações entre si, de constituição de redes de colaboração e o território que produzem. É ela que nos permite compreender no território as diferenças grafadas entre a produção do agronegócio e a produção camponesa e verificar que o *agro* é muito mais do que "POP, TECH, TUDO". Ele é *diversidade, solidariedade, insubordinação, construção coletiva*, é Geografia camponesa.

NOTAS

1 Agradeço a leitura atenta realizada pelo Prof. Dr. Ariovaldo U. de Oliveira, eterno mestre.

2 Importante lembrar que essa é a terceira campanha veiculada pela emissora para o setor. A primeira, "Agro: um Brasil que cresce forte e saudável" de 2012 (https://www.youtube.com/watch?v=Y_3P2bro79o), estrelada pelos artistas globais Lima Duarte (https://www.youtube.com/watch?v=_J-ONMAmQos) e Giovanna Antonelli (https://www.youtube.com/watch?v=07iJt0kpUsU); a segunda, do mesmo ano, intitulada "Time agro Brasil", produzida pela CNA e estrelada por Pelé, com a participação especial dos ex-ministros da Agricultura Alysson Paulinelli e Roberto Rodrigues e da então presidente da CNA e senadora, Katia Abreu (https://www.cafepoint.com.br/noticias/giro-de-noticias/pele-entra-em-campo-como-astro-da-campanha-time-agro-brasil-81203n.aspx). Sobre a atual campanha "Agro, a indústria riqueza do Brasil", criada pela TV Globo em 2017 para "veicular o lado tecnológico do agronegócio e modernizar a comunicação do setor com a sociedade" (http://www.startagro.agr.br/por-que-o-agronegocio-precisa-de-uma-comunicacao-moderna), merece destaque aquela relativa à *agricultura familiar*, apresentada como o grande "negócio" de muitos municípios (https://g1.globo.com/economia/agronegocios/agro-a-industria-riqueza-do-brasil/playlist/videos-agro-a-industria-riqueza-do-brasil.ghtml). Acessos aos links em fev. 2019.

BIBLIOGRAFIA

ALTIERI, M. *Agroecologia:* bases científicas para una agricultura sustentable. Montevideo: Nordan-Comunidad, 1999.

BIASE, L. de. *Agroecologia, campesinidade e os espaços femininos na unidade familiar de produção.* Piracicaba-SP, 2010. Dissertação (mestrado em Ciências). Escola Superior de Agricultura "Luiz de Queiroz", Universidade de São Paulo.

CHAYANOV, A. V.. *La organización de la unidad económica campesina.* Buenos Aires: Nueva Visión, 1974.

GLIESSMAN, S. R. *Agroecologia:* processos ecológicos em agricultura sustentável. 2. ed. Porto Alegre, 2001.

GUZMAN, G. I. C.; MOLINA, M. G. de; SEVILLA GUZMAN, E. *Introducción a la agroecologia como desarrollo rural sostenible.* Madrid: Ediciones Mundi-Prensa, 2000.

LONDRES, F., *As sementes da paixão e as políticas de distribuição de sementes na Paraíba.* [e-book] Rio de Janeiro: ASPTA, 2014. Disponível em <http://aspta.org.br/wp-content/uploads/2014/05/Caderno-ANA-Sementes-ASA-Para%C3%ADba.pdf>. Acesso em fev. 2019.

MARCOS, V. Solidariedade que tece redes: as estratégias de reprodução e recriação camponesa nos assentamentos do alto sertão paraibano. In: *Anais...* XIV Encontro Nacional de Geógrafos, Rio Branco: AGB, 2006, pp. 1-12.

MARTINS, J. de S. *Os camponeses e a política no Brasil.* Petrópolis: Vozes, 1990.

______. *Expropriação e violência.* 3. ed. São Paulo: Hucitec, 1991.

OLIVEIRA, A. U. de. *A agricultura camponesa no Brasil.* São Paulo: Contexto, 1991.

______. *A mundialização da agricultura brasileira.* São Paulo: Iãnde, 2016.

PORTO-GONÇALVES, C. W. Geografia da riqueza, fome e meio ambiente. In: OLIVEIRA, A. U. de; MARQUES, M. I. M. *O campo no século xxi.* São Paulo: Casa Amarela/Paz e Terra, 2004, pp. 207-54.

______. *A globalização da natureza e a natureza da globalização.* Rio de Janeiro: Civilização Brasileira, 2006.

SARAVALLE, C. Y. *Banco de Sementes:* estratégia de resistência camponesa na (re)produção e manutenção da vida e da agrobiodiversidade. São Paulo, 2010. Monografia (bacharelado em Biologia). Instituto de Ciências Biomédicas, Universidade de São Paulo.

SHANIN, T. *Naturaleza y lógica de la economia campesina.* Barcelona: Anagrama, s/d.

TAVARES DOS SANTOS, J. V. *Colonos do vinho.* São Paulo: Hucitec, 1978.

VIVAS, E. Los entresijos Del sistema agroalimentario mundial. In: MONTAUG, X.; VIVAS, E. *Del campo al plato.* Los circuitos de produción y distribución de alimentos. Barcelona: Icaria, 2009, pp. 9-40.

O "TERRITÓRIO" DA GEOPOLÍTICA

André Roberto Martin

A palavra *geopolítica* vem sendo utilizada crescentemente nos meios de comunicação de massa, e hoje, ao contrário do que ocorria até poucos anos atrás, existe o risco do sentido do termo se perder pelo excesso de uso, e não pelo esquecimento de seu significado original. Expliquemos melhor: a palavra *geopolítica* aparece quase sempre associada à palavra "guerra", evocando assim uma relação de causa e efeito que compromete o seu *status* intelectual, identificando-a a um tipo de discurso não científico porque não universal. Por outro lado, muitas vezes, o formulador de políticas, ou a liderança política, costuma invocar razões de natureza "geopolítica" a fim de justificar determinadas ações que teriam sido ditadas por um valor mais alto, ou seja, o do *interesse nacional*. Nesses casos, a geopolítica é valorizada e aparece como expressão de uma universalidade que significaria, no caso, a somatória ou a síntese dos interesses privados encapsulados num determinado território.

Assim, ao fim das contas, como ficamos: a Geopolítica é um mero recurso de manipulação ideológica visando a interesses particulares ou um manual de recomendações logicamente justificáveis a partir de um arsenal de teorias reconhecidas como *científicas*, dada a sua capacidade de previsão?

O que este capítulo pretende indicar é, justamente, uma metodologia de enfrentamento desse problema identificando os fundamentos históricos, lógicos, ideológicos e obviamente também geográficos dessa disciplina, que chegou a ser apelidada de *ciência demoníaca*.[1]

Para explicar um pouco melhor o significado da Geopolítica enquanto ciência, bem como sua capacidade para elucidar os principais conflitos atuais, enumeremos inicialmente aquilo que a maioria da comunidade científica considera as grandes ameaças que pairam sobre a humanidade no presente momento: 1) a possibilidade de uma grande conflagração mundial ainda na primeira metade do século XXI; 2) o aquecimento global e várias outras formas de destruição do meio ambiente; 3) o impacto do surgimento das novas tecnologias chamadas *disruptivas* (robotização e inteligência artificial) sobre a organização social e até cognitiva, e finalmente, 4) a dicotomia planetária norte/sul, tanto econômica, mas sobretudo geopolítica, e que opõe as potências do norte às impotências do sul. Essa dicotomia tem propiciando uma série de consequências desagradáveis negligenciadas pelos ideólogos da *globalização*, tais como o aumento das migrações, do narcotráfico e da transmissão de doenças.

Sobre esses temas existe quase um consenso, mas nós acrescentaríamos um quinto perigo, o da *alienação* dos agentes sociais frente aos mesmos, e sua rendição ideológica ao *pensamento único neoliberal*, o qual começa agora a abandonar cinicamente seus compromissos com aquilo que se convencionou denominar de *democracia*. Desse modo, iniciaremos nossa exposição com este comentário de natureza ideológica. Em seguida, examinaremos a possibilidade de eclosão de uma terceira guerra mundial, tomando como estudos de caso três exemplos: a Ucrânia, o Oriente Médio e a Venezuela. Por fim, faremos um balanço breve e genérico das demais ameaças apontadas, procurando fixar o ponto de vista do Brasil e dos demais países *meridionais*. Os itens (2) e (3), por escaparem à nossa especialização, não poderão aqui ser aprofundados.

O PROJETO NEOLIBERAL DE INTEGRAÇÃO DO MUNDO E OS SEUS LIMITES

É pelo menos desde o início da década de 1990, a partir da dissolução da União Soviética, que o discurso neoliberal propaga a tese de que o século XXI será marcado pela integração econômica de todos os países do planeta, e que esta será a ferramenta para a pacificação da sociedade internacional.

A tese ganhou em significação no ano de 1995, quando o Acordo Geral sobre as tarifas do Comércio, o GATT (do inglês *General Agreement on Tariffs and Trade*) se transformou na Organização Mundial do Comércio (OMC), promovendo com isso o triunfo da proposta liberal de organização do mundo, em detrimento das estruturas concorrentes existentes na Guerra Fria, as quais eram, pela opção socialista, o Conselho de Assistência Econômica Mútua (Comecon), e pela opção terceiro-mundista, a Conferência das Nações Unidas para o Comércio e Desenvolvimento (Unctad).

Fora dessa grande moldura de livre comércio que abarcava todos os Estados membros da ONU, o governo dos EUA, então comandado por Bill Clinton, propunha três grandes blocos de livre comércio, numa perspectiva complementar daquela estabelecida pelo GATT: na bacia do Oceano Pacífico, era proposta a Cooperação Econômica da Ásia e do Pacífico (Apec); na bacia do Atlântico Norte, assinou-se o Acordo Transatlântico, que deveria integrar os mercados dos EUA aos mercados da União Europeia; e, para a América Latina, foi proposta a Área de Livre Comércio das Américas (Alca), integrando esse conjunto à América do Norte. Esses três "megablocos" de livre mercado, agindo de forma convergente quanto à defesa do princípio do *livre comércio*, foram definidos pelo governo Clinton como sendo a *constelação mundial do comércio*, o que não apenas reforçava a recém-fundada Organização Mundial do Comércio – OMC –, como colocava os EUA no centro do processo de globalização comercial, compensando com isso os enormes gastos deste país em armamentos e na corrida espacial, durante a chamada Guerra Fria.

Pela perspectiva do GATT, o livre comércio inibiria a hipótese de guerra uma vez que em um mundo dominado pelo livre fluxo de capitais e mercadorias a interdependência econômica promoveria a aproximação entre as elites dos diferentes Estados, obstruindo, assim, o ímpeto natural dos mesmos de destruição de seus inimigos, o que era o sentimento dominante no período entre-guerras (1918-1939). Em outras palavras: o livre comércio deveria transformar os inimigos políticos das décadas anteriores em parceiros comercias, e o mundo todo se transformaria, então, numa comunidade global unificada pelos mesmos valores, onde a única disputa verificável, e legítima, seria a concorrência entre as grandes corporações transnacionais. A busca da eficiência atenderia, afinal, ao desejo "sagrado" dos consumidores por novos e melhores produtos.

Duas décadas se passaram desde a virada do século e as perspectivas sobre o triunfo da proposta neoliberal, hoje, são alarmantes. Tal projeto se encontra em franca crise, e em nossa opinião por duas razões fundamentais: a primeira delas diz respeito à ilusão de que o livre comércio geraria uma situação de pleno emprego em todas as sociedades. Tal expectativa grafada com clareza nas primeiras linhas do GATT se mostrou falsa. O livre comércio produz uma estrutura hierarquizada na sociedade internacional, aumentando com isso o fosso que separa os desenvolvidos dos subdesenvolvidos, ampliando as áreas de pobreza e imprimindo no espaço geográfico mundial fluxos de natureza nociva, como é o caso dos refugiados internacionais. Em segundo lugar, a própria configuração geográfica dos continentes induz a uma disputa entre os grandes Estados, em uma pugna histórica que envolve o equilíbrio de forças internacionais cujo principal elemento reside precisamente no controle dos mares, por um lado, e na posse e domínio da tecnologia das armas atômicas, por outro.

A liberalização do comércio internacional de par com a globalização cultural e a revolução digital serviram de argumento para se chegar a uma tese polêmica, muito difundida durante a década de 1990, sobre o *fim da História* (Fukuyama, 1992). Na mesma linha de argumentação, porém em trabalho bem menos divulgado, foi declarada a *morte da Geografia* (Morgan, 2004). Argumentava-se que as novas tecnologias de informação e comunicação estavam anulando o fator distância e as empresas multinacionais, o mercado financeiro global e os regimes jurídicos internacionais estariam superando o papel dos Estados nacionais como reguladores das relações sociais, quer no campo da economia como também nas esferas da cultura e da política. Não demorou muito para que essa teoria fosse desmentida pelos acontecimentos. A globalização não produziu um mundo homogêneo e pacífico em que fronteiras e diferenciações geográficas não mais importavam. Ao contrário, o mapeamento do crescimento dos sistemas de inovação pelos vários territórios deixa clara a seletividade geográfica dos lugares contemplados pelas novas tecnologias. O caráter altamente elitista da rede 5G, por exemplo, por hora disputada apenas entre China e EUA, é prova cabal dessa falsa homogeneização. Além disso, a logística de transportes não é anulada pelas compras on-line, e distância e tempo de deslocamento ainda são variáveis importantes em qualquer transação comercial. Finalmente, os Estados nacionais, sobretudo os de grande extensão territorial, demonstraram claramente que as regras de uniformização do capitalismo global não substituem os desejos de soberania e poder nacionais. Portanto, não nos deveria surpreender o fato de que uma reação *nacionalista* surgisse em contraponto à extensão e profundidade alcançadas pela *globalização*. Ao reconhecerem, porém, que a *geopolítica das nações* substituiu a "oposição ideológica Leste/Oeste", os governos das principais potências mundiais terminaram por engendrar um cenário ainda mais instável e inseguro quanto à garantia da paz mundial do que aquele que existiu à época da Guerra Fria. Vale, portanto, a pergunta:

UMA TERCEIRA GUERRA MUNDIAL É PLAUSÍVEL?

A Geopolítica clássica nos ensinou que as categorias *espaço* e *posição* possuem uma importância central na análise das constelações diplomáticas. A avaliação do tamanho que possuem o território dos Estados e a posição geográfica que eles ocupam em relação ao restante da comunidade internacional são reveladores da força individual de cada Estado, das suas áreas de interesse, e do grau de influência que um Estado pode ter em relação aos demais. A leitura de clássicos como Halford Mackinder e Nicholas Spykman sugere que o mundo pode ser concebido como um grande jogo de tabuleiro em que cada Estado exerce uma função particular, suficientemente constante para se embasar uma análise escoimada de preferências ideológicas prévias.

Sob essa perspectiva, o embate interminável de um poder marítimo mundial (representado pelos EUA) contra um poder terrestre mundial (representado pela Rússia) repõe permanentemente uma zona de tensão nas extremidades da Eurásia, região que Nicholas Spykman batizou com o nome de Rimland, e que serviu de palco para os grandes conflitos internacionais desde a era vitoriana.[2]

Figura 1 – O *"Rimland"* segundo Nicholas Spykman, ou seja, as "fímbrias que cercam o coração terrestre"

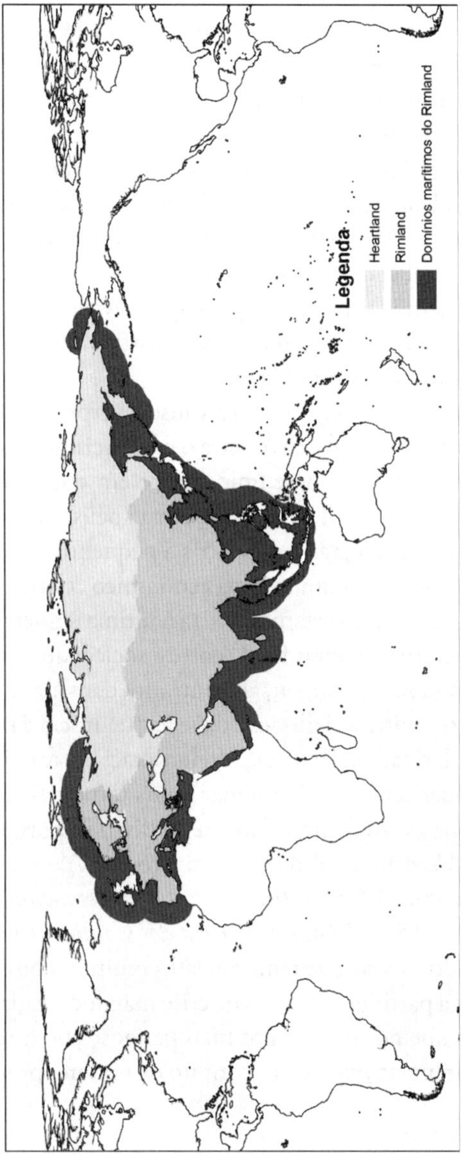

Fonte: Atílio A. *Boron: America Latina en la geopolítica del imperialismo*. Argentina: Ediciones Luxemburg, 2012. Adaptado. Organização: Michelle Odete dos Santos.

Tal perspectiva aponta para os principais problemas territoriais do planeta, problemas estes que têm o potencial de degenerar em grandes conflitos, os quais podem vir a alcançar, inclusive, o estágio de uma verdadeira guerra mundial termonuclear, o que equivaleria ao suicídio da humanidade. Dada a irracionalidade intrínseca a essa hipótese, o tema merece um aprofundamento adicional.

SOBRE A TEORIA DA TERCEIRA GUERRA MUNDIAL

Desde um ponto de vista eminentemente teórico, a Geopolítica indica que uma terceira guerra mundial se colocaria como um embate decisivo entre as forças da terra e do mar. Em termos históricos, por sua vez, a Guerra de 1914-1918 foi identificada praticamente de forma consensual nas ciências humanas, como tendo representado um conflito *interimperialista*, isto é, de luta entre as principais potências industriais, então todas elas capitalistas, pelo controle de mercados e matérias-primas ao redor do mundo. Já a Guerra de 1939-1945 é de mais difícil definição, uma vez que agora havia uma potência socialista – a União Soviética – entre os principais contendores. Discutia-se por isso mesmo, à época, se a principal clivagem da política mundial seria entre as potências capitalistas e a potência socialista, ou se as contradições intraimperialistas remanescentes iriam prevalecer.

O que se viu, como se sabe, e à época causou surpresa, foi uma aliança entre a potência socialista e as potências liberais contra o nazifascismo, não se podendo explicar, portanto, o jogo de alianças com base unicamente em critérios ideológicos (Martin, 1995). Isso acabou trazendo grande prestígio para a análise geopolítica, uma vez que o embate efetivo acabou opondo grandes espaços a pequenos espaços, e não claramente uma ideologia contra a outra, ou um sistema econômico contra o outro. De modo que cabe a pergunta: a terceira – que certamente será a última – guerra mundial confirmará a teoria marxista do "acerto de contas final" entre a sociedade de ontem (a capitalista) e a sociedade de amanhã (a socialista), ou, ao contrário, consagrará em definitivo a teoria geopolítica da luta eterna entre a civilização da terra (telurocracia) e a civilização do mar (talassocracia)? A bipolaridade talassocracia/telurocracia já fora identificada na Grécia Antiga e remete ao poder centralizado no mar ou na terra, respectivamente. Em 1942, o filósofo e jurista alemão Carl Schmitt lançou um livro importante para a Geopolítica intitulado *Land und Meer*, no qual desenvolve a teoria. Alexandr Dugin a recuperou em vários livros, tais como *A Geopolítica da Rússia contemporânea* (2015); *Geopolítica do mundo multipolar* (2015) e *A Grande Guerra dos Continentes* (2011).

Dado que, nos últimos meses, tem-se falado muito na possibilidade de conflitos de grandes proporções a partir de situações de crise mais localizadas, examinemos brevemente os três cenários que nos parecem os mais perigosos no momento, no sentido de poderem vir a se tornarem *estopins* de um conflito de maiores proporções. Vamos a eles.

A questão ucraniana

O público leigo, não conhecedor da Geopolítica, surpreendeu-se quando o governo da Ucrânia foi deposto em 2014, a partir de manifestações de rua contra o presidente Yanukovitch. Os pesquisadores do assunto, no entanto, não foram pegos de surpresa, já que desde 2008, pelo menos, já era conhecido o plano norte-americano de desestabilização da Ucrânia e a proposta de cerco à Rússia. O objetivo principal do Pentágono, nesse caso, seria neutralizar os mísseis russos a partir da instalação de um escudo antimísseis próximo às suas fronteiras. Além disso, associado à Romênia, Turquia e Geórgia, a OTAN poderia assumir o controle do mar Negro encapsulando a Marinha Russa (Friedman, 2014).

Figura 2 – Bases militares dos EUA no exterior

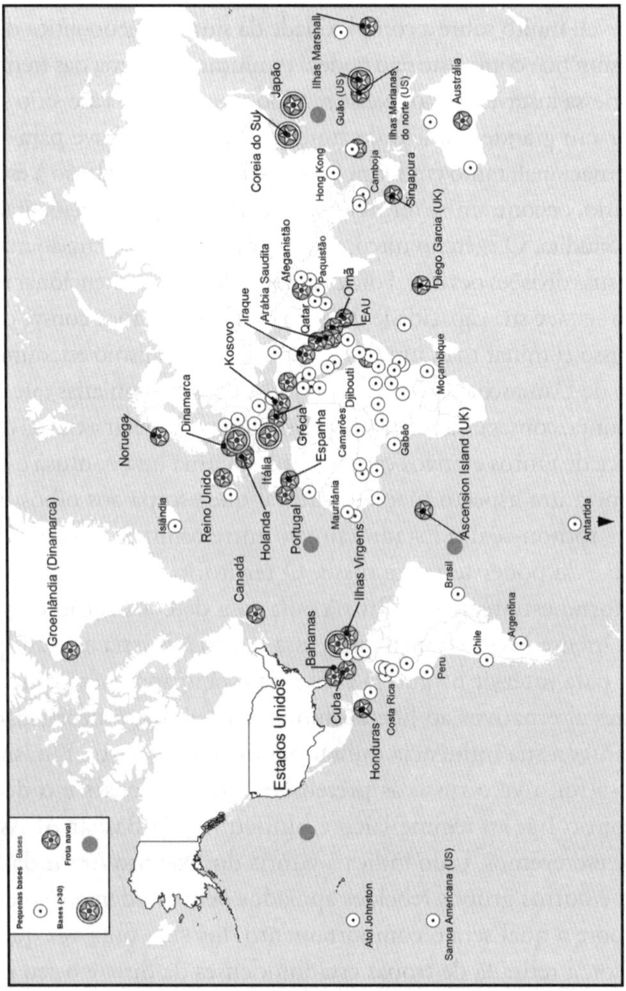

Fonte: US Departament of Defense. Base Structure Report – Fiscal Year 2015 Baseline. United States, 2015. Organização: Michelle Odete dos Santos.

A resposta do governo Putin, como se sabe, culminou com a incorporação da Crimeia à Federação Russa e o apoio desse país aos insurgentes que no leste ucraniano não aceitaram a implantação do governo pró-ocidental de Poroshenko. Além disso, o mar Negro é a rota de acesso da Rússia ao Mediterrâneo e ao porto sírio de Tartus, onde existe uma base da Marinha Russa, a qual serviu de porta de entrada aos armamentos utilizados pelo governo sírio contra o conjunto de forças nacionais e estrangeiras que se levantaram para derrubar o presidente Bashar Al Assad. Uma explicação mais completa dos interesses em choque aí colocados nos remete, portanto, necessariamente, ao exame de outra região em crise, aliás, a mais conflituosa do mundo há muito tempo, ou seja, o Oriente Médio.

O ovo da serpente

Já se escreveu muito sobre a complexidade da situação geopolítica do Oriente Médio. Um texto sintético como este não poderá esmiuçar cada uma das frentes de combate presentes hoje nessa instável região. Nesse sentido, a escolha do caso sírio se justifica pelo fato dele reunir um grande número de atores e de questões-chave para a compreensão da política internacional, tanto em termos regionais como em relação à escala planetária. No território sírio, encontram-se forças especiais de vários países ocidentais, além das de Israel e Arábia Saudita. O exército turco, por sua vez, fez uma incursão mais consistente, fazendo uso de suas divisões pesadas. Fora essas forças, devemos mencionar também o peso diplomático dos EUA, e sua capacidade de manipulação midiática contra o governo sírio, tentando com isso eliminar mais um regime hostil ao liberalismo estadunidense. Solidários ao governo de Damasco, porém, estão as forças russas e iranianas que, com baixas de considerável monta, conseguiram estabilizar a situação e impedir a queda do Estado sírio.

A presença de tantos efetivos estrangeiros em uma luta confusa e extremamente violenta evidencia um aspecto macroestrutural que escapa aos olhos do observador comum: a Síria tornou-se um Estado-tampão entre os interesses da potência marítima dominante e do poder terrestre russo. O território sírio encontra-se, ao mesmo tempo, no entorno estratégico da Rússia e na rota de construção de gasodutos que atravessam o Oriente Médio, vinculando essa região à Rússia e à Europa. O ímpeto estadunidense para intervir na guerra civil síria está ligado, além disso, ao desejo de destruir regimes alternativos ao liberalismo e, mais ainda, à necessidade estratégica dos EUA de manter a sua influência militar nas extremidades da Eurásia.

A surpresa foi o veto russo às pretensões estadunidenses e o decidido apoio, juntamente com o Irã, ao regime laico e pluriétnico de Bashar Al Assad. No momento em que escrevemos, tudo indica a vitória do Exército Árabe da Síria contra o Califado (ISIL) e outros grupos rebeldes apoiados pelo Ocidente. No entanto, existe uma dúvida sobre a qual será o comportamento dos EUA, uma vez que o presidente Trump anunciou a retirada de tropas estadunidenses da Síria e o seu conselheiro de segurança nacional John Bolton reagiu dizendo: "Ainda não!".

Pois bem, a solução desse impasse parece que será decidida com o envolvimento de uma outra região, até agora aparentemente protegida das guerras por procuração entre as grandes potências, qual seja, a América Latina. Ganha cada vez mais ares de dramaticidade o conflito político envolvendo a Venezuela, o que nos obriga a introduzir a noção de *guerra híbrida* e verificar até que ponto a suposta "retirada" dos EUA do Oriente Médio não teria como resposta a necessidade de um controle absoluto da potência hegemônica do seu *quintal*.

Guerra híbrida contra a Venezuela

A grande maioria das pessoas ainda não tomou contato com o conceito de *guerra híbrida*. Embora essa expressão tenha surgido quando a URSS ainda existia, num artigo publicado por um grupo de oficiais e teóricos ligados à USMC (Lind, 1989), sua aplicação concreta só começou após a chegada de Hugo Chávez ao poder na Venezuela. Assim, esse país tornou-se o primeiro alvo dessa nova modalidade de luta entre os Estados, nova justamente porque não envolve apenas atores estatais, desdobrando-se em um leque de atividades altamente complexo.

No caso da América Latina, ademais, devemos acrescentar em primeiro lugar, a dimensão ideológica do conflito, pois embora o presidente Trump tenha ameaçado erradicar à força *apenas* os regimes *socialistas* da América Latina, trata-se, no fundo de uma revisão e atualização da Doutrina Monroe em que o lema "A América para os americanos" é despudoradamente substituído pela versão "A América para os norte-americanos" (Lind, 1989). As demais operações não seriam exclusividade da região e podem ser levadas a cabo a qualquer parte do mundo. Tais ações envolvem: *ciberataques*; sabotagem financeira e comercial; manipulação de grupos violentos (como os *guarimbas*, na Venezuela); difusão de *fakenews*, criação de pressão diplomática extrainstitucional (como o grupo de Lima, fora da OEA e da Unasul); a manipulação de aparatos judiciais contra inimigos políticos *Lawfare* e, finalmente, o uso de forças regulares, se isso for necessário.

Sendo assim, o que se pode descortinar, é que o objetivo fundamental do governo dos EUA, na atualidade, é a promoção do caos nos países mais vulneráveis considerados como inimigos, ou apenas não subordinados à sua política externa. A instalação do caos em uma determinada sociedade, como se viu exemplarmente nos casos da Líbia, da Ucrânia e da Síria e, por que não dizer, num certo sentido também do Brasil, após o desencadeamento da operação Lava-Jato, serve sempre como justificativa legitimadora para uma possível intervenção militar norte-americana, ou da *comunidade internacional*, ou da OTAN, em nome da *responsabilidade de proteger*. De modo que, paradoxalmente, alegam-se sempre razões humanitárias para se levar a guerra, a morte e a destruição até o território do Estado-alvo.

No caso específico da Venezuela, fora o fato preocupante desse país possuir uma grande extensão de fronteira terrestre com o Brasil, existe o agravante de que a Rússia e a China têm-se mostrado dispostas a defender seu aliado extracontinental, ainda que o preço a pagar seja alto. A posição oficial da Casa Branca, ao menos por ora, é a de que russos e chineses estariam blefando e, no limite, aceitariam a tradicional divisão do mundo em áreas de influência, ficando a América Latina, portanto, na órbita dos EUA. Mas não é líquido e certo que isto ocorra, e ao menos por duas boas razões: a primeira é o precedente histórico do apoio soviético a Cuba, e a segunda é que Rússia e China hoje estão mais poderosos frente aos Estados Unidos do que à época da Guerra Fria, e possuem fortes laços econômicos com esse país. Assim, infelizmente, e a guisa de conclusão, consideramos que, uma eventual intervenção militar estadunidense contra a Venezuela, na medida em que coloca em xeque princípios fundamentais da ordem internacional e pode condenar a Rússia e a China a uma eterna posição de potências de segunda classe, carrega, sim, o potencial de um conflito de proporções inimagináveis.

Tentamos demonstrar nestas páginas que o *caos* não é o resultado de ações espontâneas e desconexas, mas sim fruto da conduta deliberada da potência hegemônica em conflito com o resto do mundo que não aceita, candidamente, a instalação de uma ordem mundial unipolar como pretende Washington e seus aliados.

A guerra híbrida, síntese da guerra não convencional com as revoluções coloridas, tem como objetivo a instalação e perpetuação do *fator medo* bem como da incerteza quanto ao futuro nas sociedades tomadas como alvos. Por hora, apenas os EUA têm condições de desencadear uma guerra híbrida contra outros países (Korybko, 2018). E apenas Rússia e China reúnem condições de se protegerem com determinadas contramedidas. Os países do Hemisfério Sul não podem por si sós enfrentarem este novo desafio. Nesse sentido, o dilema proposto para essas sociedades encontra-se na disjuntiva de ou se aproximarem de China e Rússia com o intuito de defenderem sua soberania da agressão norte-americana, ou se subordinarem à potência hegemônica, na expectativa de receberem alguma espécie de compensação, no futuro, pela perda de sua soberania.

NOTAS

1 Esta expressão foi utilizada para estigmatizar a Geopolítica como uma "ciência nazista". Para mais detalhes, consulte-se o texto de Holger Herwig *The Demon of Geopolitics: Karl Haushofer, Rudolph Hess and Adolf Hitler*, Calgary, University of Calgary, s/d.

2 A partir da década de 1840, sob a direção da rainha Vitória, o Reino Unido construiu um Império de dimensões mundiais, sustentado fundamentalmente pelo poder de fogo de sua Marinha de Guerra. Um século depois, essa posição passou a ser ocupada pela Marinha dos Estados Unidos, a mais complexa instituição militar da história.

BIBLIOGRAFIA

DUGIN, A. Da geografia sagrada à geopolítica. *The Fourth Political Theory – Beyond Left and Right but Against the Center*, s/d. Disponível em: <www:4pt.su/PT-br/content/da-geografia-sagrada-à-geopolítica>. Acessado em: 19 dez. 2018.

FRIEDMAN, G. Ukraine, Irak, and a Black Sea Strategy. *Geopolitical Weekly*, Strafort, s.n, 2 set. 2014. Disponível em: <https://worldview.stratfor.com/article/ukraine-iraq-and-black-sea-strategy>. Acessado em: 26 nov. 2014.

FUKUYAMA, F. *O fim da história e o último homem*. Rio de Janeiro: Rocco, 1992.

HERWIG, H. *The Demon of Geopolitics:* Karl Haushofer, Rudolph Hess and Adolf Hitler. Calgary: University of Calgary, s/d.

KORYBKO, A. *Guerras híbridas*. São Paulo: Expressão Popular, 2018.

LIND, W. et al. The Changing Face of War: Into the Fourth Generation. *USMC: Marine Corps Gazette*, Washington D.C., s.v, s.n, oct. 1989, pp. 22-6.

MARTIN, A. R. Geopolítica e ideologia na II Guerra Mundial. In: COGGIOLA, Oswaldo (org.). *Segunda Guerra Mundial:* um balanço histórico. São Paulo: Xamã, 1995.

MORGAN, K. The Exaggerated Death of Geography: Learning, Proximity and Territorial Innovation Systems. *Journal of Economy Geography*. Oxford, v. 4, n. 1, pp. 3-21, 2004.

PARTE 2

REGIÃO, METROPOLIZAÇÃO E LUGAR

REGIÃO E GEOGRAFIA REGIONAL

Elvio Rodrigues Martins

Este capítulo faz uma avaliação do atual desenvolvimento da Geografia Regional e do conceito de região. Esta avaliação é feita dentro do contexto da ciência geográfica no seu todo, a partir de sua prática de pesquisa. Ainda dentro desse intento, traçamos em linhas gerais a razão do surgimento das principais orientações que o debate regional teve, e, mediante essa iniciativa, apontamos uma posição possível para a Geografia Regional dentro da ciência geográfica. Ressalte-se, dada a profundidade que o problema suscita, este texto não pode ambicionar uma densidade maior, considerando ainda o esforço de se buscar evitar uma linguagem prolixa, impedindo a ampla comunicação das ideias aqui contidas entre professores e bacharéis em Geografia, e, claro, a quem mais interessar possa.

Ao longo do desenvolvimento da ciência geográfica, encontramos diferentes trabalhos de natureza teórica abordando o tema da região. Mais no passado que no presente, e em especial no contexto francês, a região foi alvo de considerações teóricas. Pierre Dumolard, Etienne Juillard, Daniel Faucher, Armand Frémont e, claro, Vidal de La Blache, construíram uma tradição que chamamos de "teorias da região". No caso do Brasil, nomes como Fabio Macedo Soares de Guimarães, Pedro Pinchas Geiger e, mais recentemente, Milton Santos, Sandra Lencione e Rogério Haesbaert são alguns dos nomes que também contribuíram para essas teorias. Os citados não esgotam a lista dos envolvidos diretamente com o debate. Em diferentes contextos do desenvolvimento da disciplina, surgiram distintas posições sobre o tema. Do funcionalismo às tentativas de abordagem pautadas no marxismo, passando pela filosofia analítica entre outras posições, a região foi posta em perspectiva, destacando sua importância e o sentido dos estudos de Geografia Regional.

Olhando para esta tradição de autores e ideias defendidas, tem-se a firme convicção de que a Geografia Regional goza de prestígio entre as práticas dos geógrafos e experimenta amplo desenvolvimento nas pesquisas. Entretanto, a realidade é bem diferente.

A Geografia Regional já viveu dias melhores, encontrando-se hoje muito enfraquecida. Descontadas situações episódicas, a Geografia Regional não tem sido o ponto de partida dos trabalhos desenvolvidos pelos geógrafos. São apenas em duas circunstâncias em que ela aparece claramente como preocupação central: no ensino da Geografia do Brasil e em organismos como o IBGE, onde a região tem centralidade. Portanto, com exceção desses dois casos, a Geografia Regional somente esporadicamente é considerada. Por vezes se chega a ela por decorrência, ou seja, surge derivada de um estudo de caso específico. Nesta última situação, ela nunca é o ponto de partida, mas uma decorrência onde o centro não é o estudo do fenômeno regional. Portanto, uma indagação evidente se impõe: o que está ocorrendo com a ciência geográfica, em que o estudo e identificação de regiões perdeu prestígio, mesmo que consideremos os esforços recentes dos autores anteriormente citados?

Analisemos as circunstâncias e por este caminho apresentaremos uma posição.

Uma questão preliminar é identificarmos qual geografia mereceria ser tratada regionalmente. Ou, então, por que partirmos da necessidade de identificarmos regiões e estudarmos suas dinâmicas? Há de saída uma resposta a esta indagação. Em consonância com a etimologia da região (do latim *regere* = dominação, controle), esta categoria do pensamento geográfico grande parte das vezes teve seu desenvolvimento em função de demandas de Estado sobre a gestão do seu respectivo território. Diga-se de passagem, esta demanda ainda se impõe, o que explica a razão do IBGE ainda se ocupar com estudos regionais. Na necessidade legítima de administração e planejamento, as especificidades geográficas de um determinado território exigem a identificação de seu perfil regional e, com isso, adotam-se políticas específicas para cada região. Posto que a geografia do território é dinâmica, ou seja, suas características estão em mudança, é natural que se espere novos desenvolvimentos das teorias de região, bem como uma redefinição das mesmas.

Olhando em perspectiva, essas teorias espelham o desenvolvimento geral da geografia de uma determinada realidade. A geografia de um território denota a objetivação do decurso da história. Cada momento histórico encontra uma geografia determinada, vista na formação do território, na localização e distribuição dos diferentes entes geográficos e seus respectivos relacionamentos espaciais. Atividades agrárias e industriais, portos, rodovias, ferrovias, distribuição dos tipos de solo, clima, hidrografia e vegetação, enfim, todos os entes geográficos distribuídos e localizados, numa relação envolvendo sociedade e natureza que encontra um eixo comum de articulação: a relação campo/cidade. Pelo desenvolvimento desigual deste eixo campo/cidade ao longo da formação territorial é que vamos encontrar a gênese das regiões.

Ao mencionarmos a dimensão objetiva da origem da região, também podemos considerar uma apropriação de caráter subjetivo. A sociedade como sujeito da história constrói uma geografia determinada. Com essa geografia passa a se relacionar e a reproduzi-la, e com ela se identificando. São as condições preliminares para falarmos em culturas regionais. Esse último aspecto se reveste de dificuldades que apresentaremos ao longo deste capítulo.

Retomando o eixo da relação campo/cidade é possível observar como as teorias sobre a região acompanham o desenvolvimento desta relação. O elemento de destaque para isso vem a ser o critério, ou critérios, adotados para delimitar uma região. Tais critérios são considerados os elementos mais importantes para a determinação do perfil regional de um território. Na hegemonia do campo sobre a cidade, observamos que as atividades econômicas mais importantes são de tipo agrário, a pecuária e a agricultura. Neste contexto, a natureza em seus elementos constituintes, especialmente solo, clima e vegetação, ganham destaque na definição de regiões. Mas, como diria Max Sorre, natureza sempre é natureza para uma sociedade, portanto, considerar o tipo de sociedade é observar o tipo de relação que esta tem com a natureza. De qualquer sorte, nas atividades agrárias a natureza possui peso considerável, e, assim, e compreensível que tais aspectos fossem considerados determinantes na definição das regiões. Ao observarmos o belíssimo estudo de Fábio Macedo Soares de Guimarães sobre a divisão regional brasileira,[1] vemos como o autor opta pelas diferenças naturais presentes no território na definição de regiões. Observando a realidade do Brasil na época em que o trabalho foi escrito, temos muito mais uma geografia definida pela atividade agrária do que pela atividade industrial. Naquele período, o Brasil mostrava uma geografia desenvolvida em núcleos regionais que foram se consolidando em momentos históricos distintos. Nordeste canavieiro/algodoeiro/pecuário, o norte com sistema de aviamento no ciclo da borracha no Amazonas, o sul com o desenvolvimento da pecuária e a agricultura familiar colonial e o sudeste do planalto mineiro ao período da economia cafeeira. E assim, o que Fábio M.S. Guimarães encontrou na Geografia brasileira daquela época era o desenvolvimento experimentado pelo território brasileiro em cerca de 450 anos. Indústria e cidade eram aspectos da realidade no Brasil de então, porém, num contexto tardio. Talvez, por essa razão Guimarães (1941: 338) tenha se sentido à vontade para afirmar o seguinte:

> As "regiões humanas" têm a vantagem de levarem em conta fatores físicos e humanos (pois estes dependem, em parte, daqueles) sendo assim uma síntese, o coroamento dos estudos geográficos. Dado tal caráter de síntese, preferem alguns autores denominá-las "regiões geográficas", como o faz por exemplo Aristides de Amorim Girão ou simplesmente "regiões", como o fazem frequentemente os mestres da Geografia Humana (o que é, contudo, inconveniente, é denominá-las de "regiões naturais", pela confusão que isso acarreta). Por este fato, *o de levarem em conta toda a realidade geográfica*, constituem elas uma base muito adequada para a divisão de ordem prática, quando se quer realizar o estudo dum país, tal como ele é num dado momento, comparando-se as suas partes entre si.

Neste período, podemos também observar o desenvolvimento da diversidade cultural regional brasileira. A condição da predominância de uma geografia de características rurais sugere, portanto, a importância de se considerar as interações específicas entre sociedade e natureza. Como sabemos, a fragilidade destes mestres clássicos era ignorar o caráter das relações sociais de produção neste cenário, deixando a descoberto considerações sobre o propósito do processo produtivo e o caráter de classe específico da sociedade brasileira daquela época.

Todavia, esse cenário se modifica quando a polaridade campo-cidade se inverte. Essa situação põe no centro o desenvolvimento industrial e, consequente a isso, o desenvolvimento urbano e sua correspondente geografia. No que diz respeito às teorias da região, elas irão refletir o papel da indústria e dos núcleos urbanos na reestruturação do território. Nesse contexto de atividade industrial, a natureza, em seus elementos constituintes, deixa de ter destaque como critério a ser observado na delimitação regional. É como se a relação sociedade/natureza deixasse de existir, e, portanto, da parte da natureza suas características não tinham mais importância na definição de regiões. Surge no lugar, em função do papel exercido pela urbano-industrialização, um apreço por critérios de característica fenomenológica. Tem início a concepção de regiões polarizadas definidas por intensidade de fluxos e a função das cidades nesta polarização. Esse cenário permitiu o surgimento do positivismo lógico como outra contribuição teórica na definição e identificação de regiões. Nesse quadro, o aprofundamento dessa posição teórica avançou na direção de uma abordagem a partir de modelos de divisão regional fundamentada no cálculo matemático. Uma posição seriamente atacada nos meios acadêmicos, todavia, segue sendo empregada pelo Estado. Exemplo disso é o estudo em seis volumes promovido pelo Ministério do Planejamento, Orçamento e Gestão, a cargo da Secretaria de Planejamento e Investimentos Estratégicos, denominado *Estudo da dimensão territorial para planejamento*, isso no ano de 2008.[2]

É possível dizer que a postura teórica sobre os estudos regionais tenha encontrado nesta matriz funcionalista/sistêmica seu aporte final. E por aqui vemos um espectro grande de autores tendo por base esta posição, sendo, entretanto, importante observar que nem todos se apropriaram do positivismo lógico como abordagem. Na verdade, temos um espectro que vai de uma abordagem funcional até sua interpretação quantitativa.

Por exemplo, para Pedro Pinchas Geiger,[3] a Geografia deveria examinar as unidades espaciais, ou seja, as regiões, como peças de um todo, onde cada região teria uma hierarquia definida por sua função e tipo. Segundo Geiger (1969: 21 e 25):

> Cabe, pois, à Geografia fornecer a descrição do espaço concreto do país, apresentando o quadro de suas regiões tradicionais e modernas, e de seus mecanismos da organização do espaço, seja os da formação de aspectos homogêneos, sejam os de forças de polarização. Isto se faz através de estudos que necessitam tomar em consideração de *elementos materiais fixos*, criados pelo homem, como as estradas, o uso da terra e outros, e os *elementos de fluxo*, de capitais, mercadorias, comunicações, passageiros, de cuja interação resultam as estruturas espaciais: as regiões organizadas, os eixos de desenvolvimento, as regiões urbanas, as regiões de especulação, etc. [...]
> [...]
> Pois que o exame da região não se constitui simplesmente de descrições, na forma de um inventário, de *todos os elementos* que ela contém (inclusive descrições etnográficas eram encontradas nas antigas monografias regionais); estes elementos entram na medida da hierarquia que ocupam no movimento da região e no que valem para uma Geografia ativa, isto é, prospectiva. (grifo nosso)

Uma constatação importante, diga-se de passagem, está no fato de ser esta a posição acerca da divisão regional brasileira que foi adotada no ensino. A pergunta diante disso é se essa adoção se revela adequada. O propósito da divisão apresentada pelo IBGE tem, como já mencionado, a gestão e o planejamento do território com vista ao seu pleno desenvolvimento. E teria essa posição alcance pedagógico? Pensamos que não. Essa posição apresenta uma Geografia para o Estado em que elementos essenciais não são considerados, muitos deles revelando uma realidade geográfica contraditória e conflitiva.

Já em relação a Milton Santos, temos a formulação do conceito de *regiões concentradas*. Nos seus termos, trata-se de regiões onde encontramos uma concentração de objetos técnicos, científicos e informacionais. A rigor, a formulação de Geiger e Milton Santos não possui significativas distinções. Em questão estão a distribuição e localização de infraestruturas de produção e circulação, definindo a articulação espacial do território.

Portanto, a partir dos exemplos considerados, duas posições fundamentam os estudos regionais. Uma considera a interação sociedade/natureza e a outra posição toma fenômenos de polarização e redes na articulação do território. A primeira criou seus fundamentos a partir de uma realidade mais rural que urbana, sendo o inverso na segunda. Porém, em todos os casos encontramos um denominador comum: o território de um Estado-nação. A esta altura, a pergunta que cabe fazer é se os estudos regionais podem sobreviver quando as demandas do Estado não estão no centro dos propósitos da Geografia Regional.

O contexto disciplinar da ciência geográfica parece pouco afeito a abrigar estudos deste tipo. Cada fragmento da disciplina parece indisposta a ter a região como categoria articuladora. A Geografia Agrária, a Geografia Política, a Geografia Cultural, ou mesmo a Geografia Urbana, a rigor, pouca importância dão à Geografia Regional. Uma vez que os estudos regionais se assentaram sobre realidades urbanas, pode-se falar, por exemplo, de desenvolvimento urbano-regional. Porém, o enfrentamento dessa realidade representa uma exceção na ciência geográfica. Tudo parece supor que ao estudarmos exaustivamente a Geografia Agrária e a Geografia Urbana de uma determinada realidade, o sentido dos estudos regionais desapareceria. E o desenvolvimento recente da disciplina parece reforçar esta situação.

Nesse contexto, também se incluiriam a Geografia Cultural. Ou seja, há razão ainda hoje para falarmos de cultura e região? Sob que circunstância esta dimensão da Geografia poderia ter vigência quando o contexto é amplamente dominado pela Geografia Urbana (ou Geografia de caráter urbano). Temos a necessidade de mencionar que a origem de culturas regionais tem por base o contexto em que as regiões se definiam predominantemente em termos rurais. E, assim, o passado rural parece ter vigência no presente dentro de uma realidade urbana, tomando a forma de cultura de tradição. E faria sentido considerar a cultura numa perspectiva que define regiões a partir de fluxos e fixos? Geiger colocou a preocupação de que "estes elementos entram na medida da hierarquia que ocupam no movimento da região e no que valem para uma Geografia ativa, isto é, prospectiva" (Geiger, 1969: 24). Mas, estamos aptos a encarar esta posição, em que a fragmentação da disciplina em raríssimos momentos se preocupa com a articulação das partes constitutivas da unicidade do todo?

Porém, todos esses fragmentos se diluiriam se o marco fosse a Geografia Regional, dado o fato de ser uma das suas características centrais a necessidade de articulação de diferentes elementos. Elementos esses distribuídos nos diferentes fragmentos da disciplina. Foi o que vimos ilustrado nas citações anteriores. E, descontados os problemas de dar o mesmo significado para conceitos de área e região, também Hartshorne nos dizia que cada área é uma combinação específica de fenômenos. E ele tinha em mente tanto a natureza como as ações da sociedade. Portanto, é fundamental reconhecer esse aspecto característico dos estudos regionais, a saber, a Geografia Regional, antes de ser um entre os diferentes fragmentos disciplinares, é uma propriedade constitutiva da geografia de uma realidade determinada. E isso é essencial. Por exemplo, se nos ocupássemos com o estudo da Geografia de um determinado país e seu respectivo território, talvez chegássemos à conclusão, em função das características derivadas da interação entre sociedade e natureza, que sua geografia possua um caráter regional. É necessário compreender que a geografia de uma determinada realidade é produzida pelo entrecruzamento de diferentes elementos (o cultural, o político, o social, o pedológico, o hidrográfico, o econômico etc.) e, simultaneamente, a nenhuma deles se reduz. Dito em outras palavras, nenhuma geografia pode ser compreendida apenas considerando um aspecto (o político, o social, o geomorfológico etc.). Esse permanece sendo um desafio e uma necessidade inescapável do estudo da Geografia de qualquer realidade, e em particular suas manifestações regionais.

Assim sendo, devemos voltar a nos indagar quais são as condições teórico-epistemológicas disponíveis para enfrentar esse desafio. De certa forma, renunciamos o intento de darmos fundamento teórico à compreensão da realidade surgida da interação de específicas características naturais e sua correspondente valorização por parte da sociedade. Trata-se de observar as necessidades de uma dada sociedade e suas formas sociais de apropriação da natureza em nome da satisfação dessas necessidades. Renunciamos quando achamos que a relação sociedade-natureza tinha se encerrado, como se o econômico renunciasse essa relação, quando é exatamente o oposto. Renunciamos ao enfrentamento dessa relação considerando que sua compreensão exigia conhecimento enciclopédico, quando em verdade deveríamos nos ater em como se dá a relação, pois um simples copo com agua é a síntese dessa relação, assim como toda a cidade é, interna e externamente, a manifestação objetiva dessa relação. Diferente do que se possa supor, o assim chamado meio técnico caracterizado por Georges Friedmann estreita nossa relação com a natureza, como bem observou Ratzel (1990: 72):

> Pode-se, portanto, aceitar como regra que uma grande parte dos progressos da civilização são obtidos mediante desfrute mais perspicaz das condições naturais, e que neste sentido esses processos estabelecem *uma relação mais estreita entre o povo e território.*

E, mais uma vez, recoloquemos a questão: estamos aptos a encarar esta posição, em que a fragmentação da disciplina em raríssimos momentos se preocupa com a articulação das partes constitutivas da unicidade do todo?

Todavia, uma investigação antecede. Se o propósito principal da Geografia Regional estava direcionado para as demandas de Estado, e os fundamentos teórico-epistemológicos da ciência geográfica forneciam o suporte para tanto, quais seriam os propósitos dos estudos regionais hoje? Isso vem lado a lado, com a indagação de qual/quais tem (têm) sido o(s) propósito(s) da ciência geográfica. Não faz sentido que argumentos teórico-epistemológicos redefinam os propósitos de uma disciplina. São os propósitos que elegem as abordagens teóricas. Ou seja, por mais que se demonstre a necessidade de estudos regionais pelo viés teórico-epistemológico, são os propósitos que definem a fundamentação teórica. Assim, não há efeito algum insistirmos aqui na importância da Geografia Regional se a ciência geográfica, em seus propósitos, não encontra sentido para esta. Portanto, devemos indagar quais são os propósitos atingidos pelas pesquisas desenvolvidas pela ciência geográfica hoje. Talvez cada fragmento da disciplina possua uma resposta própria. E isso equivale dizer que a reflexão sobre a realidade, na articulação de seus diferentes elementos constituintes, foi abandonada. Que a relação entre esses diferentes elementos não é questão relevante. Vê-se, por esse caminho, que as condições para o estudo da Geografia e sua regionalidade parecem não encontrar condições de desenvolvimento.

Então, talvez devamos anunciar um propósito, e junto a isso seu comprometimento político.

A primeira posição a assumir é renunciar radicalmente a fragmentação, e com isso a ausência de conexão que a ciência geográfica desenvolveu entre os seus diferentes fragmentos. Mas não só. A ciência geográfica deve retomar a existência do homem, ou seja, corrigindo a máxima lablachiana,[4] a Geografia é uma ciência dos homens, e só por ser uma ciência que tem a existência do homem no centro pode ser uma ciência dos lugares. Se recolocarmos o homem e sua existência, repomos o que lhe é essencial e fundamental: sua articulação com a natureza e a dinâmica desta, pois a sobrevivência envolve a sobrevivência do ecossistema, ainda que saibamos que o humano não se reduz ao biológico. Trata-se de considerar todas as dimensões do existir humano, e, por decorrência, a construção do humano. Da sobrevivência à existência. Se impõe a necessidade de tomar a história em consideração, dado ser esse fundamento essencial na construção processual deste ente social. E a Geografia aí se insere como realização dessa história na condição de ser fundamento da existência do homem. Sendo mais simples, existimos em meio, imersos em uma geografia. A geografia é elemento constitutivo que possibilita o existir. Toda nossa vida, por inteiro, como indivíduos, passamos interagindo com uma geografia na sua construção e reprodução. Essa mesma geografia, que por ser fundamento do existir, cria as condições da construção do *ser humano*.

Então, quando temos o contexto da Geografia Urbana, ou dos estudos regionais nos quais os fenômenos de polarização e fluxos são os critérios de regionalização, observa-se uma apreciação fenomênica em que homem e sociedade estão submergidos nesses fenômenos. Como sugerido por Milton Santos, a região concentrada trata-se de um adensamento do meio técnico-científico-informacional, onde os fluxos e fixos e as polaridades funcionais dos nódulos urbanos são as características fenomênicas em destaque, e essas são algumas das características que marcam a geografia vivida pelo homem. Se tais circunstância parecem sugerir a supressão da relação sociedade/natureza, isso mostra qual o caráter da consciência geográfica que temos de nossa existência. Ou seja, a relação sociedade/natureza é insuprimível, e, ao contrário do que essa Geografia Urbana parece supor, é nessas condições em que se intensificam a relação sociedade/natureza, como sinalizamos linhas atrás. Se toda a geografia com seus elementos constitutivos se estabelece como infraestrutura de circulação e produção, e a isso se subordina por inteira, é sugestivo observar qual o caráter dessa geografia frente ao homem. Dela participa, mas nela se vê subordinado, sucumbido. Observe-se, a esse respeito, como via a região Paul Vidal de La Blache (em Haesbaert et al, 2012: 230-31), que, como é sabido, trazia a identificação das regiões associada a noção de *pays*:

> Essa palavra *pays* é uma palavra muito antiga, repetida como muita frequência em sua acepção popular. Não significa uma extensão, uma zona [*contrée*] qualquer. No pensamento daqueles que a empregam, há um significado que poderíamos chamar de social: *ela exprime um gênero de vida ligado a uma zona* [*contrée*] determinada. Se o povo da França conhece algum *pays*, se sabe distingui-los e guarda uma impressão bastante duradoura a ponto de essas denominações tão populares se perpetuarem sem ser consagradas pelas divisões administrativas ou oficiais, *é porque tais nomes se associam, em seu espirito, a modos de habitação, de alimentação, de vestuário, de linguagem.* Em uma palavra, *a formas de viver que, para ele, são inseparáveis.* [...] Aí está a razão profunda do apego, da própria emoção que, por vezes, despertam esses nomes de *pays*. [...] *eles se incorporam aos usos e costumes dos quais o homem não se separa sem lamento e dos quais, às vezes, não se desenraiza sem perda.*

Caberia verificar, frente essa citação, como ficaria o homem no quadro das regiões polarizadas definidas por fluxos e quais seriam os propósitos atingidos, quando consagramos os estudos regionais nestes termos? O que conseguimos vislumbrar a partir disso?

Observe-se ainda uma outra tentativa que não teve maior desenvolvimento. Aquela que lançava mão do conceito de formações econômico-sociais. Foi para muitos uma interpretação da Geografia Regional a partir dos fundamentos do marxismo. A articulação de diferentes tipos de relações sociais de produção dava condições para observar o desenvolvimento de uma determinada Geografia em seu perfil regional. Essa perspectiva foi aplicada ao estudo da Geografia Regional do Brasil. Permitiu compreender a dimensão geográfica do desenvolvimento do capitalismo neste país. E parecia que essa posição tinha sua efetividade, pois centrava-se na relação campo/cidade e na interação sociedade/natureza, ou seja, para além dos fenômenos observáveis em termos geográficos, permitia encontrar a essência que presidia tais fenômenos. Porém, a força desse entendimento mediante as relações econômico-sociais se enfraqueceu quando da consolidação da Geografia Urbana, e mais uma vez trocamos as dinâmicas da sociedade com a natureza por fenômenos como fluxos e polaridades. Como se observou em La Blache, parece que o homem fica em evidência quando a hegemonia é do rural sobre o urbano. Já no contrário, o homem desaparece em meio aos fenômenos de redes e hierarquias urbanas.

Porém, além da já mencionada necessidade de Estado em desenvolver política de gestão do território, tornamos a indagar qual outro propósito podemos atingir quando contemplamos a Geografia Regional dando destaque a regiões funcionais e sua articulação hierárquica em rede? Talvez atendêssemos às necessidades de observar a Geografia Econômica de uma determinada realidade, e nisso vermos a desigual distribuição das forças produtivas e sua respectiva articulação. Todavia, até onde poderíamos entender os processos em jogo? Em que medida atingiríamos a essência constitutiva desta Geografia Regional? Observe-se que no conjunto das forças produtivas encontramos a força de trabalho, e a partir daí lembrar o fato de muitos dos entes geográficos – como pontes, avenidas, portos etc. – são a objetivação de uma determinada relação social de produção, relação essa que está na raiz de toda esta geografia econômica de viés regional. Reposto o sujeito geográfico, ou seja, o homem, o que mais podemos dizer desta geografia produzida por ele em sociedade? O que ela significa para sua existência? Certamente não podemos reduzir a Geografia Humana (ou Geografia do humano) à Geografia Econômica (ou Geografia do econômico), ainda que esta seja insuprimível. Então, como compreender a Geografia Regional para além destas características?

A solução fácil seria apelar para o conceito escorregadio de cultura, e com isso correndo o risco de reincidirmos na dicotomia cultura/natureza. Como diria Terry Eagleton (2005: 62),

> Cultura significa o domínio da subjetividade social – um domínio que é mais amplo do que a ideologia, porém mais estreito que a sociedade, menos palpável do que a economia, porém mais tangível do que a teoria.

Com a dificuldade de entendermos o que é cultura, essa perspectiva deveria enfrentar um problema que no mais das vezes passa ao largo. Qual seria a nossa forma dominante de apropriação subjetiva do urbano na exata medida que o construímos objetivamente? O urbano é modo de vida, e como tal comporta todas as dimensões objetivas e subjetivas da apropriação social. La Blache falava de modos de vida, associados a regiões específicas numa simbiose entre homem e meio, onde um não *é* sem o outro. Mas, na Geografia Urbana isso se efetivaria? Seria razoável falarmos de culturas regionais, mesmo considerando processos de estreitamento de distâncias feitos pelas relações de comunicação entre lugares – a difusão geográfica de informação –, carregando valores de um lugar a outro, produzindo simbioses entre o daqui e o de lá? Muitas vezes as manifestações locais são de origem rural, mas são revividas e resinificadas no contexto urbano. Elas são mais o passado que o presente. Na cidade tudo pode, tudo é possível nesses termos, uma vez que a reprodução material da sociedade tem na ciência moderna sua dimensão subjetiva fundamental. Trata-se da dimensão técnico-científica do meio em sua objetividade. Para Friedmann (1968: 46):

> [...] passando do ato ao pensamento, dever-se-ia estudar como repercute o emprego das novas técnicas que terminam pouco a pouco no adulto em certas mudanças na representação, na visão de mundo, nos hábitos lógicos, em toda a mentalidade.

Essa forma dominante de apropriação subjetiva da realidade é o essencial para a reprodução material da sociedade. Todas as demais subjetividades são subordinadas, e não raro encontram mercado consumidor para tanto. A angústia de vivermos em graus diferentes de distopias urbanas muitas vezes encontra sua manifestação em consonância simultânea com diferentes Geografias Urbanas no mundo todo. Afinal quem é o homem da cidade? O homem do modo de vida urbano, habitante da Geografia Urbana, aquele que que faz sua existência nesta geografia, que possui seu cotidiano nela assentado, quem é ele? Ou o que pode ser ele?

Distinta da heterogeneidade verificada na Geografia Rural, a Geografia Urbana *tende* a homogeneização entre uma região e outra. Homogeneização do modo de vida. A diferença neste caso tem uma raiz ontológica[5] muito pouco profunda, apesar de tendermos a entendê-la como efetiva de nossas identidades. Na Geografia Urbana, entendemos o sujeito como sendo um conjunto de adjetivos, ou mesmo confundimos esses adjetivos com o próprio sujeito. Diferente do que se possa supor, e paradoxalmente, a Geografia Urbana não produz individualidades, produz individualismos. As individualidades foram minadas num processo instalado na raiz das formas de reprodução material das sociedades urbanas no capitalismo.

Portanto, o recurso à cultura nos parece muito pouco satisfatório para a retomada da dimensão antropogeográfica da região, quando consideramos a hegemonia exercida pela Geografia Urbana. Mas isso pode nos levar a uma constatação importante. Se insistimos em definir regiões a partir de fluxos, redes e polos, e não observamos a partir dessas condições a simbiose destacada por La Blache – em que o homem e sua geografia não se separam sem lamento e da qual, às vezes, o homem não se desenraiza sem perda –, o que isso de fato significa? Significa, possivelmente, que mesmo *estando* localizado, o homem não encontra condições de ser. Pois a sua geografia não se estabelece. Que perda é essa, ou seja, o que perde o homem ao se separar ou não encontrar sua geografia? Na verdade, perda e separação são o mesmo processo. Se há perda, há separação, e vice-versa, e quando isso se efetiva representa não reconhecer a geografia como sua, ainda que a ela pertença, e não reconhecendo como sua perde a plenitude das condições de existência, e, assim, perde a plenitude do exercício do ser.[6] E ao perder essa possibilidade, ao alienar-se dela, pertence à geografia na medida do como esta geografia o requisita e o localiza. Se a Geografia não fundamenta a nossa existência, não permite a plenitude da existência e, por consequência, não possibilita a plenitude do exercício do ser, então somos entregues a ela de acordo com sua exigência. As exigências dos fluxos e fixos, das polaridades funcionais, da hierarquia de redes de cidades, do planejamento territorial do Estado, da logística de produção e circulação. Conclusão, não há como definir regiões do ponto de vista antropogeográfico sob a vigência da Geografia Urbana do capitalismo. O que resta é uma crítica propositiva.

O melhor seria retomarmos, em nome desta crítica, a noção de biorregião desenvolvida por Gary Snyder e sua posição no ensaio *Re-habitar*, e Max Cafard no seu *The Surre(gion)alist Manifesto* ("Manifesto surregionalista),[7] além de toda a tradição do movimento biorregionalista, no cruzamento das ideias de Peter Berg e do "municipalismo libertário" de Murray Bookchin. Inspirados nas posições da ecologia profunda (*Deep Ecology*), acreditamos em ser central a busca por retomar a região do ponto de vista antropogeográfico, uma vez que repõe a reflexão acerca da relação sociedade/natureza suas técnicas e propósitos. Região é diferença ou, como mencionou Cafard (2003: 11):

> Regiões são inclusivas. Eles não têm fronteiras, sem limites de Estado. Embora os regionalistas sejam marginais, as regiões não têm margens. Regiões são atravessadas por uma multidão de linhas, dobras, sulcos, costuras, pregas. Mas todas as linhas estão incluídas, nenhuma exclui.

Esta perspectiva retoma a geografia como condição da existência e sobrevivência humana, repondo os diferentes níveis de relação da sociedade com a natureza, em que o conceito de biorregião pode recolocar as cidades dentro da cadeia de relações que esta estabelece com os ecossistemas. Pois, como foi definido por Peter Berg (2002):

> Uma biorregião é definida em termos do padrão geral único de características naturais encontradas em um lugar específico. As principais características são geralmente encontradas ao longo de um terreno geográfico contínuo e incluem um clima particular, aspectos locais das estações do ano, formas de relevo, bacias hidrográficas, solos e plantas e animais nativos. As pessoas também são consideradas como um aspecto integral da vida de um lugar, como pode ser visto nas culturas ecologicamente adaptativas dos primeiros habitantes e nas atividades dos habitantes atuais que tentam se harmonizar de maneira sustentável com o lugar onde vivem.[8]

Convém afastar a noção de sustentabilidade antes anunciada daquilo que se costuma encontrar. A sustentabilidade diz respeito às condições que permitam a emancipação humana, o que implica a construção de uma geografia adequada a isso. A retomada antropogeográfica da região caminha lado a lado da ideia de integração ecológica necessária na relação sociedade/natureza, e neste sentido a região pode ser a dimensão futura da geografia da realidade transformada. A tomada de consciência da diversidade regional, ou da necessidade da região, invoca a reflexão de que padrão geográfico de civilização queremos para nossas existências. Não há condições aqui para explicitar os diferentes aspectos exigidos para essa reflexão, mas é certo que, por suas características históricas, a ciência geográfica deveria ser a sede principal dessa reflexão, ou, então, devemos apresentar a posição em que esta seja uma reflexão que deva ter a Geografia em consideração, independentemente de quem a faça. A fundamentação dessa posição merece outro trabalho.

Talvez tenhamos que concluir que a retomada da Geografia Regional deva ser acompanhada com uma mudança de propósitos e de correspondente fundamentação teórico-epistemológica. Se a Geografia Regional caiu em desuso foi porque a ciência geográfica evoluiu numa direção em que seus fundamentos não dão condição para as exigências da Geografia Regional. Ou que seus propósitos não fazem necessário os estudos regionais. A Geografia Regional ainda é presente em organismos de Estado com o propósito de planejamento territorial. Essa tradição permanece e permanecerá. E outro lugar em que se faz presente é o ensino de Geografia. Porém, neste último caso, mereceria ser redefinida nos termos de ideias como a biorregião.

NOTAS

[1] Disponível em: <https://biblioteca.IBGE.gov.br/visualizacao/periodicos/115/rbg_1941_v3_n2.pdf>. Acesso em: maio 2019.

[2] Disponível em: <http://bibspi.planejamento.gov.br/handle/iditem/404>. Acesso em: maio 2019

[3] Disponível em: <https://biblioteca.IBGE.gov.br/visualizacao/periodicos/115/rbg_1969_v31_n1.pdf>. Acesso em: maio 2019.

[4] "A Geografia é a ciência dos lugares e não dos homens; ela se interessa pelos acontecimentos da história à medida que acentuam e esclarecem, nas regiões onde eles se produzem, as propriedades, as virtualidades que sem eles permaneceriam latentes". La Blache, "As características próprias da geografia humana", em Antônio Christofoletti, *Perspectivas da geografia*, Difel, São Paulo, 1985, p. 39.

[5] Este texto, por sua brevidade, não permite desdobrar certas ideias aqui apresentadas. Porém, conceitos como *existência*, *ser*, *ente*, *ontologia* devem encontrar sua devida compreensão a partir da Filosofia.

[6] Ressalte-se que o reconhecimento aqui é um ato objetivo, e não uma dimensão apenas significativa.

[7] Disponível em: <https://theanarchistlibrary.org/library/max-cafard-the-surre-gion-alist-manifesto-and-other-writings>. Acesso em: maio 2019.

[8] Disponível em: <http://www.diggers.org/freecitynews/_disc1/00000017.htm>.Acesso em: dez. 2017.

BIBLIOGRAFIA

Cafard, M. *The Surre(gion)alist Manifesto and Other Writings*. s/l: Exquisite Corpse Book, 2003.

Eagleton, T. *A ideia de cultura*. São Paulo: Editora da Unesp, 2005.

Friedmann, G. *7 Estudos sobre o homem e a técnica*. São Paulo: Difusão Europeia do Livro, 1968.

Geiger, Pedro Pinchas. Regionalização. *Revista Brasileira de Geografia*, v. 31, n. 1, Rio de Janeiro, pp. 5-25, 1969.

Guimarães, Fabio Macedo Soares. "Divisão regional do Brasil". *Revista Brasileira de Geografia*. Rio de Janeiro: IBGE, 1941, pp. 318-73.

Haesbaert, R. *Regional-Global:* dilemas da região e da regionalização na geografia contemporânea. Rio de Janeiro: Bertrand Brasil, 2010.

______ et al. (orgs.). *Vidal, Vidais:* textos de geografia humana, regional e política. Rio de Janeiro: Bertrand Brasil, 2012.

Lencione, S. *Região e geografia*. São Paulo: Edusp, 1999.

Ratzel, F. *Antropogeografia*. Coleção Grandes Cientistas Sociais, n. 59, São Paulo: Ática, 1990.

Santos, M. ; Silveira, M. *O Brasil*: território e sociedade no início do século XXI. Rio de Janeiro: Record, 2003.

Snyder, G. *Re-habitar:* ensaios e poemas. Rio de Janeiro: Azougue, 2005.

METROPOLIZAÇÃO DO ESPAÇO

Sandra Lencioni

A metropolização tem se colocado na pauta atual das discussões revelando-se importante para a compreensão da dinâmica espacial. Ela se constitui como um processo, como um momento da produção do espaço, e divergências de opinião são bastante comuns. O desafio deste texto foi de ir na raiz do problema, na discussão do conceito de metropolização. Tendo como referência o entendimento de que não há processo espacial que não seja social, apresentamos algumas das principais concepções sobre metropolização buscando esclarecer a indagação que orientou a elaboração desse texto: afinal, o que vem a ser a metropolização do espaço?

A metropolização se constitui num conceito e como qualquer conceito busca retratar o real procurando ser a representação daquilo a que se refere. Como tantos outros, é polissêmico, tem relação com outros conceitos e apresenta multiplicidade de sentidos advindos da própria história de sua concepção e das diversas referências do pensar que o constituiu. O conceito de metropolização se vincula a outros conceitos, como o de cidade e o de urbano. Mais especialmente, guarda relação com o conceito de metrópole, que tem perpassado vários séculos e que apresenta vários sentidos. Dentre todas as acepções do conceito de metrópole, não encontramos mais o seu sentido originário dado pelos gregos na Antiguidade, a revelar claramente sua evolução.[1]

Tais observações iniciais buscam registrar quatro aspectos relativos aos conceitos científicos: a polissemia que podem apresentar, em especial se tratando de conceitos relativos às ciências humanas; a relação com outros conceitos; a historicidade que lhes é inerente e sua relação com um corpo de pensamento.

Se analisarmos atentamente a palavra "metropolização" vemos que ela contém o sufixo *-ção* que exprime um sentido de ação, como as palavras: "comercialização", "desqualificação" e "traição". O sufixo *-ção* em português forma substantivos a partir de um verbo a revelar sempre a ideia de ação, como, também, a de exprimir o que se passa. Todos esses substantivos aqui exemplificados ("comercialização", "desqualificação" e "traição") têm origem em um verbo a denotar ação, a evidenciar o que ocorre. Nos exemplos dados, "comercialização" é um substantivo originário de "comercializar"; "desqualificação", de "desqualificar", e "traição", de "trair". Isso significa dizer que o conceito de "metropolização", embora guarde relação com o conceito de "metrópole", se constitui a partir do verbo "metropolizar", a exprimir um processo, um encadeamento de fatos no tempo produzindo um resultado.

A metropolização como processo modifica o espaço produzindo espacialidades determinadas, mas isso não significa dizer que ela se constitui num processo puramente espacial. Longe disso, trata-se de um processo social que não existiria se não fosse o homem e o desenvolvimento da sociedade. Embora pareça um processo eminentemente espacial, a metropolização é, de fato, um processo social. Vale aqui lembrar Gramsci (1978), que disse que os pontos cardeais, exemplificando com o Este e o Oeste, "são constrições arbitrárias, convencionais, isto é, históricas [...] já que fora da história real cada ponto da Terra é Este e Oeste ao mesmo tempo" (Gramsci, 1978: 125). Acrescenta que a hegemonia europeia é que impôs essa convenção e que um japonês pode chamar de Próximo Oriente o Egito, ou um italiano chamar o Marrocos de um país oriental. Enfim, os pontos cardeais que parecem tão desprovidos de história são construções sociais dos homens. Esse exemplo deixa claro que o que parece ser unicamente uma questão relativa ao espaço, no caso, referente à localização, é também um constructo social.

A metropolização não é um processo puramente espacial, mas também não se constitui num processo apenas social porque o espaço é imanente ao processo social (existe nele, no processo social, e é inseparável dele), tanto que suas características são essenciais aos processos históricos. "Simplesmente não há processos puramente espaciais, nem há processos sociais não espaciais" (Massey, 1985: 52).

Orientados por essa unidade discutimos algumas das principais concepções de metropolização, procurando desvelar sua potencialidade para a compreensão do real.

ALGUMAS DAS PRINCIPAIS CONCEPÇÕES SOBRE METROPOLIZAÇÃO

Nas últimas décadas, o conceito de metropolização surgiu com força e em grande parte está vinculado a outro conceito emergente, o de globalização, que muitas vezes é referido como mundialização.[2] As diferenças nas concepções tanto de metropolização como de globalização delimitam um espectro de matizes que vão desde distanciamentos acentuados até aproximações em que as nuances nas diferenças são por vezes tão sutis que se tornam difíceis de serem definidas com precisão.

Essa recente vinculação da metropolização à globalização não significa que esse conceito só tenha emergido no último quarto do século XX, quando a globalização pautou vigorosamente muitas discussões. Ele é anterior e a relação com a globalização nem sempre existiu.[3] Por exemplo, foi bastante recorrente o entendimento de que a metropolização seria um movimento de concentração de população, de atividades e de valor em conjuntos urbanos de grande tamanho em detrimento das cidades de nível hierárquico inferior, o que reforçaria os níveis superiores do sistema urbano. Tal compreensão pode ser encontrada em Brunet, Ferras e Thèry (1992).

Também não se pode afirmar que o termo "metropolização" se fez presente no período em que foram instituídas as regiões metropolitanas em grande parte do mundo. Por exemplo, no Brasil ele não figura no II Plano Nacional de Desenvolvimento (1975-1979) que traçou as bases da política urbana e orientou a implantação das regiões metropolitanas que haviam sido criadas em 1973 e 1974.

A metropolização foi primeiramente compreendida na sua relação com a concentração, quer de população ou de atividades, e, por corolário, relacionada ao crescimento da metrópole. Esse sentido se colocou em desuso tendo o conceito de metropolização passado por significativas mudanças semânticas, mesmo considerando sua histórica polissemia. Os novos conteúdos passaram a ser estreitamente vinculados ao processo de globalização e às dinâmicas de desconcentração na sua relação com a constituição de regiões de grandes dimensões territoriais. Além disso, a relação com a globalização situou o conceito numa nova lógica, numa lógica planetária em todos os sentidos, incluindo-se aí o advento da hegemonia do capital financeiro e, especialmente, a planetarização do urbano em que o urbano e o mundial se perpetuam reciprocamente, conforme ressaltou Lefebvre (2004) em um dos seus últimos escritos. Lembramos ainda que tal relação – entre o urbano e o mundial – se desenvolve como uma das principais estratégias de enfrentamento da crise do capitalismo que exacerba as tendências de obtenção do rendimento do monopólio da propriedade da terra, das grifes... e do dinheiro face aos lucros do capital.

A metropolização é funcional para a expansão do capital em escala mundial ou, como diria Lefebvre (1970), em escala global e a nível mundial, cabendo lembrar que nos vários procedimentos de reprodução do capital se fazem presentes também as diversas estratégias de acumulação do capital por desapossamento, extrativismo, espoliação e expropriação. Dessa forma, renovam-se e combinam-se artimanhas mais avançadas com as mais primitivas para continuar movendo as engrenagens da reprodução do capital.[4]

A identificação da metropolização está presente em vários autores que balizam essa discussão. Para Ferrier (2003), a metropolização deve ser vista como uma pós-urbanização. Para ele, as formas atuais da transformação dos lugares, das condições de vida de seus habitantes, das estruturas de produção de bens e de serviços anunciam uma nova época, uma novidade radical na história da civilização; em suma, uma mudança na modernidade. Particularmente, Volle (1996) afirma que a metropolização se constitui numa das principais referências para se periodizar a modernidade, Meljers, Hoogerbrugge e Hollander (2013) dizem que a metropolização está enraizada na globalização.

Levy (1997) considera que a emergência do termo "metropolização" responde à necessidade de se identificar um novo ciclo urbano a desafiar a nossa compreensão. Um novo ciclo urbano menos marcado pelas lógicas espaciais da indústria e muito marcado pelo crescimento dos deslocamentos populacionais dada a extensão do aglomerado. Desenvolve-se, assim, uma verdadeira cidade da circulação, seja do "(auto)móvel", como ele diz, seja das informações que remetem à ideia de ciberurbano (Levy, 1997: 2).[5]

Estamos, sim, num novo tempo, então não podemos falar mais em urbanização? Claro que ainda podemos. A observação de Bassand, Joye e Lereche (1995) é de fundamental importância para esclarecer que a metropolização convive com outros processos relativos ao urbano. Dizem eles que a "metropolização não torna obsoletas as outras manifestações do fenômeno urbano (urbanização, sub e periurbanização), mas ela se junta a essas" (Lereche, Joye e Bassand, 1995: 1). Veltz (1997), Quevit e Van Doren (1993) e Scott (1992) deixam claro a relação entre globalização, reestruturação e metropolização, reafirmando a emergência desse novo período.

Tomando o entendimento bem geral de urbanização, dizendo respeito à taxa de crescimento da população urbana, verificamos que no Brasil há um crescimento da população vivendo em cidades.[6] Sim, a urbanização continua operando e, como observou Bassand (1995), repetindo, a metropolização convive com vários processos relativos ao urbano, como a transformação de espaços rurais em urbanos, como a histórica relação entre industrialização e urbanização, dentre tantos a mencionar, lembrando que todos agora se subordinam à metropolização. Isso porque, embora a urbanização continue transcorrendo, ela não goza de hegemonia, por assim dizer, ela não se constitui em processo *hegemônico.*

Aqui reside o X da questão, no termo *hegemônico.* E a contribuição de Gramsci a respeito do conceito de hegemonia é de grande valia (Gruppi, 1978). Gramsci destaca dois conteúdos que são inerentes ao conceito de hegemonia: o de dominação e o de direção. Para se alçar à hegemonia o processo deve ser dominante, deve se impor aos demais processos e, também, precisa ser dirigente, ou seja, tem que indicar uma direção. A metropolização goza de hegemonia ao se impor reorganizando e transformando profundamente o espaço. Como expressão da planetarização do urbano e uma das principais estratégias de confrontação com as crises recentes do capitalismo, a metropolização dirige, como uma roda do leme que conduz uma embarcação, a reprodução do capital em geral, potencializando a relação entre produção imobiliária e financeirização da economia tão característica da atualidade.

Em suma, a metropolização se constitui numa *determinação histórica* dos dias atuais e sendo um processo hegemônico se coloca como um parâmetro fundamental para a compreensão desse novo mundo. Ela não é apenas um novo patamar da urbanização do espaço, ela significa ruptura. A metropolização desestrutura e estrutura processos e dinâmicas urbanas, se apresentando como *hegemônica* na histórica urbanização. Nesse sentido, não pode ser reduzida a um simples patamar da urbanização relacionada a um *continuum*, porque ela implica numa disrupção.

Embora haja diferentes perspectivas de análise do que vem ocorrendo em termos dessa pós-urbanização, há referências comuns, tais como a importância das redes, da internacionalização da economia, da ampliação dos serviços avançados, da expansão dos investimentos do capital imobiliário e de sua renovada relação com o capital financeiro etc. Algumas ênfases são dadas ao se falar em metropolização, que convém destacar.

Lussault (2003) diz que a metropolização se constitui num processo de adensamento de riqueza no interior e no entorno das cidades mais importantes, sendo fundamental para a sua compreensão a análise das redes. Um aspecto interessante presente em suas ideias é o de que, embora o tradicional procedimento de se analisar a distância entre cidades seja, ainda, um elemento importante na análise dos aglomerados urbanos, o que vem se tornando cada vez mais relevante é a análise das redes imateriais, ou seja, a investigação das métricas reticulares (que quer dizer o mesmo que conectividade das redes) que aproximam o distante, independente da localização e dependente da infraestrutura de comunicação e informação. O que faz repetir a observação corriqueira de que são os "espaços de fluxos" que se impõem sobre os "espaços dos lugares".

Relacionando o processo de metropolização ao crescimento econômico e à expansão territorial das grandes aglomerações, Rossel e Bassand (1995) salientam que as funcionalidades econômicas e sociais que as grandes aglomerações apresentavam tendem a se recompor, sendo difícil analisá-las porque elas não se inscrevem claramente na paisagem. E Lacourt (1999) e Pinson (2010), ao comentarem a respeito do fato de que a metropolização induz à dilatação territorial das grandes cidades, tecem considerações bem próximas às de Levy (1997) ao mencionarem a hipermobilidade que acompanha o processo de metropolização.

Ascher (1995) chama atenção para o fato de que o processo de metropolização não diz respeito apenas ao espaço metropolitano e às grandes aglomerações. Ele não vincula esse processo a uma escala territorial de cidade. Considera que é um "fenômeno que diz respeito ao funcionamento cotidiano das grandes aglomerações, das cidades e pequenas cidades mais distantes e que engendra morfologias urbanas de tipos novos" (Ascher, 1995: 18).

Não devemos entender que a metropolização seja um processo exclusivo de espaços urbanos, pois ela incide também em espaços rurais, espaços vazios e demais espaços que são difíceis de nominar. Rua (2015) chama de *urbanidades no rural* espaços que são manifestações do urbano no rural, ou seja, dizendo respeito a "todas as manifestações materiais e imateriais em áreas rurais, sem que, por isso, essas fossem *identificadas como urbanas*" (Rua, 2015: 398, grifo nosso). Essas urbanidades no rural correspondem a um dos sentidos de territórios híbridos dado por Haesbaert (2004). Por isso, a clássica divisão entre espaços urbanos e rurais vem ganhando, cada vez mais, opacidade.

A metropolização também transforma espaços naturais ou rurais em espaços de lazer, integrando-os à lógica da metropolização e relacionando-os às lógicas do espaço urbano, porque não é a localização que define o que é rural ou urbano, mas a lógica do uso que se faz do território.

Isso significa dizer que a metropolização se constitui num processo de "mil caras", ou dizendo devidamente, num processo proteiforme, ou seja, que apresenta aspectos diferentes e, além do mais, que podem ser até contraditórios. A metropolização exerce grande pressão sobre os espaços naturais e agrícolas, e mesmo nos urbanizados há muito tempo não sendo, portanto, incompatível com os fenômenos de reurbanização, de redensificação construtiva, de turistificação e de gentrificação. Ela produz um espaço que se revela como um verdadeiro *patchwork*, como um espaço que, por analogia, parece ter sido produzido como se fosse uma verdadeira colcha de retalhos.[7]

Em especial, em países como o Brasil, em que a urbanização se desenvolve sem urbanismo, no marco de uma urbanização dependente, formas modernas que podem ser encontradas nas cidades mais ricas do mundo convivem com outras formas. Mas cabe chamar atenção para o fato de que também convivem, de forma apartada, com fragmentos residuais de todo tipo, compondo uma "colcha de retalhos". Alguns desses expressam vivamente as iniquidades da sociedade. Opõem-se, assim, o mais moderno a tantas outras formas; o mais chique, que muitas vezes é expressão do que se tem de mais atual, com fragmentos residuais, com fragmentos que são resíduos de outros tempos.

Esses fragmentos residuais não são o que foram e, nesse sentido, são um novo também, que descaracteriza o antes sem se apresentar com potencialidade de futuro, mas são o presente tanto quanto os fragmentos do ultramoderno e contemporâneo. Eles expressam de forma mais nítida do que qualquer outro fragmento uma situação de crise. Crise da sociedade que edificamos, crise da forma de viver.[8]

Vários autores vão chamar a atenção para o fato de que a metropolização se constitui num processo que ao mesmo tempo é bem visível porque é perceptível na paisagem, mas que também, de certa maneira, é invisível porque ela assume uma forma caótica.[9] Expressa, como dissemos, uma transição para algo novo, que segundo Smętkowski (2014) possui três características. A primeira, de ser expressão da passagem de uma economia industrial tradicional para uma economia informatizada de serviços na qual o elemento principal é a inovação. A segunda, de estar associada à segmentação de uma economia globalizada em que o elemento que produz vantagens competitivas reside nas vantagens procedentes do uso de alta tecnologia e na capacidade de criar ou de adaptar inovações. Acrescenta que os segmentos de mais alta tecnologia e inovação tendem a serem localizados nas metrópoles, enquanto o de menor capacidade inovativa e tecnológica tendem a se situarem em áreas não metropolitanas. E a terceira característica, a de desenvolver uma rede de cidades globais que atraem empresas que fornecem serviços avançados, que se constituem em lugares das sedes dos grandes grupos econômicos e em locais de concentração de indústrias intensivas em conhecimento.

O processo de metropolização, ou, simplesmente, metropolização, embora produza grandes regiões, cujo território parece uma "colcha de retalhos", não pode ser compreendido como só afeito às grandes cidades ou às metrópoles e nem considerado como se dando da mesma forma em todos os países. Há condições históricas que contam, como a vida cultural, política e territorial de cada lugar, grau de desenvolvimento... Também não pode ser reduzido a uma questão de forma, em geral por levar à constituição de uma região de significativa dimensão territorial com uma urbanização expressiva mesclada com outros usos do território.

A metropolização deve ser vista como um processo relacionado às mudanças recentes, das últimas décadas, assentadas em dois parâmetros: o da globalização e o da transição de uma economia fordista para um pós-fordista, como determinação de um novo tempo. Lembrando ideias já expostas, quando falamos em determinação o estamos fazendo em termos de hegemonia. Isso é importante compreender porque em sociedades como a nossa se mesclam relações sociais modernas com as arcaicas que se renovam. Essas sociedades apresentam poucas práticas inovadoras ao lado de um fordismo periférico em que as formas flexíveis de produção dizem muito mais respeito ao trabalho flexível do que às inovações, se fazendo presente até a cruel forma moderna de trabalho escravo.

As tecnologias da informação e das comunicações revolucionaram o mundo. Como me disseram geógrafos em trabalho de campo, homens da caatinga em bar de estrada assistiam televisão fascinados: viam CNN em inglês e estavam embevecidos. Por meio da televisão os hábitos e valores da metrópole podem ser vistos em todos os lugares, o jeito de se viver é transmitido com pincelas de beleza e de vilania. Essas tecnologias veiculam o mundo para o mundo, e aquilo que era anteriormente específico da metrópole pode ser encontrado nos quatro cantos do mundo.

> O Jeca-Tatu paulista, o caipira, o colono do sul, o caiçara, o sertanejo, o candango... se já se constituíam como figuras do passado são, agora, figuras de um passado muito mais distante. Os homens do campo e os ribeirinhos, os assentados, os que vivem em pequenas propriedades rurais ou nas cidades, os que vivem em casas flutuantes e nas palafitas, por exemplo, reproduzem hábitos e valores metropolitanos veiculados pela televisão. São todos eles homens de seu tempo com um modo de vida historicamente constituído. Submetem-se progressivamente a uma sociedade de consumo, experimentando signos que apreendem como modernos e contemporâneos, mesclando o tradicional modo de vida com o novo. (Lencioni, 2015: 8)

A compreensão da metropolização não pode ser reduzida à forma a qual ela está intimamente relacionada, que é, em geral, mas não exclusivamente, a de produzir uma metrópole dispersa, de grandes extensões territoriais. Nem pode sua compreensão ser reduzida à materialidade, porque hábitos e valores próprios da metrópole se espalham como códigos da vida social. E, também, não pode ser circunscrita à ideia de metrópole, porque se constitui num processo regional que açambarca cidades de todo tipo e tamanho. De "maneira figurativa, é como se a metropolização do espaço se constituísse em uma segunda natureza da urbanização, no sentido de uma urbanização com nova essência e substância" (Lencioni, 2015: 7).

Do ponto de vista do conhecimento, a resposta à pergunta *O que vem a ser a metropolização?* exige reflexão que nos permita duvidar do que sabíamos e do que nos davam certezas. Dizendo de uma outra maneira, hoje, vemos que muito do que aprendemos não se encaixa bem no que vemos, a exigir que ousemos nas interpretações. Diante desse novo que surge temos que identificar e nos opor às ideias que mais atrapalham do que ajudam, como, por exemplo, a que entende que o que estamos assistindo é a um crescimento descontrolado da metrópole ou que estamos num outro patamar da urbanização.

A metropolização, como tantos conceitos, é um conceito polissêmico, mas que vem encontrando um substrato comum, o de se referir às transformações recentes da produção do espaço e, portanto, relacionado à globalização e ao contexto neoliberal. Situado numa nova lógica, na lógica planetária em todos os sentidos, e especialmente na planetarização do urbano, é a expressão máxima das metamorfoses na produção do espaço.

Não estamos nos referindo a uma simples transformação porque a metropolização, ao alterar a forma e a estrutura da urbanização, apresenta-se hegemônica sobre todas as formas e processos constituintes da urbanização até então. Manifesta-se como uma metamorfose a inaugurar novas formas com novos conteúdos da produção do espaço, sem que as formas e conteúdos anteriores fiquem no obscurecimento. Sua hierarquia se impõe como determinação histórica dos dias atuais se colocando, como dissemos, hegemônica.

Entendemos que se trata de uma metamorfose e um simples exemplo pode ser bastante esclarecedor. O caso das libélulas, que de larvas aquáticas se transformam em libélulas voadoras, expressa uma transformação profunda – uma metamorfose –, porque a forma e a estrutura de larva para libélula se modificam, além de também ter alterado a ambiência do seu habitat: do aquático para o aéreo.

Embora seja na expansão das metrópoles e na urbanização dispersa constituintes de grandes regiões urbanas que a metropolização seja mais visível porque é também mais intensa, cabe assinalar que ela não se restringe a essas formas-conteúdo. A metropolização não deve ser compreendida como se fosse a transformação de espaços urbanos em metropolitanos e nem pode ser entendida como que incidindo exclusivamente em espaços urbanos, como argumentamos. A metropolização é o momento em que o urbano e o mundial maximizam o amálgama que os constituíram e que os modificam reciprocamente em nome do capital.

NOTAS

1 A palavra "metrópole" tem origem na palavra latina *metrŏpolis*, que é derivada do grego *mētrópolis*, formada pela junção de *mētra* (útero, mãe) com *polis* (cidade). *Metrŏpolis* significava cidade-mãe em relação às colônias que ela criava. Para a civilização grega, o sentido de *polis* – cidade – é o de cidade-Estado, que difere do sentido que damos, hoje, à palavra cidade. As colônias eram criadas a partir de uma cidade-mãe e guardavam independência quanto a essa. Um exemplo de *metrŏpolis* é Mileto, que teria dado origem a setenta cidades.

2 Usaremos indistintamente os termos "global" e "mundial" e suas derivações, pois em nada interferem nas ideias aqui expostas, lembrando que o termo mundial é comumente empregado em francês e guarda certa correspondência com o de globalização na língua inglesa.

3 Não cabe aqui colocar em pauta a questão de desde quando podemos falar em globalização. Podemos datá-la desde o advento do capital mercantil ou relacioná-la às ultimas décadas do século XX. Aqui estamos considerando essa última referência.

4 Sobre acumulação primitiva, o texto Lencioni (2012) conclui que todas as formas de espoliação são produtoras de dinheiro e produtoras de capital em potencial e que o capital financeiro é que constrói, em especial, o elo entre acumulação primitiva e reprodução do capital na sociedade contemporânea.

5 Levy (1997) considera que a presença das redes de telemática interativas longe de levar à eclipse da cidade, ela combina as vantagens da telecomunicação com a da comunicação no interior de um arquipélago planetário de territórios metropolitanos. Nós diríamos, no interior de uma planetarização do urbano, uma vez que o ciberespaço não se restringe aos territórios metropolitanos.

6 A porcentagem da população urbana em relação à total apresenta crescimento contínuo de 1940 a 2010. Em 1940, correspondia a 31,2% da população total; em 1960, 44,7%; em 1980, 67,6%; em 2000, 81,2%; e em 2010, 84,4%. Fonte: IBGE – Estatísticas do século XX, Rio de Janeiro, 2007, e Censo Demográfico de 2010.

7 A imagem de *patchwork* está presente em muitos autores, a exemplo dos aqui citados: Veltz, 1997; Quevit e Van Doren, 1993 e Scott, 1992.

8 Damiani (2008) discorre sobre a crise da urbanização, não importando aqui a nominação relacionada à periodização que estamos desenvolvendo. Seu entendimento é o de que estamos face a uma *urbanização crítica*, com um duplo sentido: o primeiro, relativo a uma situação de crise e, o segundo, de postulação teórica crítica a respeito da produção do espaço.

9 Essa imagem de um aparente caos está presente, por exemplo, em Laresch, Joye e Bassand (1995) e em Jacques Garnier (2005).

BIBLIOGRAFIA

ASCHER. F. *Métapolis ou l'avenir des villes*. Paris: Odile Jacob, 1995.

BASSAND, M.; JOYE, D.; LERESCHE, J-P. Les enjeux de la métropolisation. In: ______ (orgs.). *Métropolisations*. Interdépendances mondiales et implications lémaniques. Genève: Georg-Institut Universitaire Kurt Bosch, 1995, pp. 1-15.

BRASIL. *II Plano Nacional de Desenvolvimento (1975-1979)*. Brasília: Imprensa Oficial. Disponível em: <http://www.biblioteca.presidencia.gov.br/publicacoes-oficiais/catalogo/geisel/ii-pnd-75_79>. Acesso em: nov. 2018.

BRUNET, R.; FERRAS, R. ; THÈRY, H. *Les Mots de la géographie*. Dictionnaire critique, Paris: Reclus-La Documentation Française, 1992.

DAMIANI, A. L. *Espaço e geografia:* observações de método. São Paulo, 2008. Tese (livre-docência) – Faculdade de Filosofia, Letras e Ciências Humanas, Universidade de São Paulo.

FERRIER, J-P. Pour une théorie (géographique) de la métropolisation. Enjeux et définition de la métropolisation. *Cahier de la Métropolisation*, n. 1, 2003, pp. 41-51. Disponível em: <www.metropolisation.org/cahier_metropolisation/n_1>. Acesso em: 20 maio 2004.

GARNIER, J. Proximités Lourdes, proximité légères: une trajectoire de l'appareil productif dans l'aire métropolitaine marseillaise. *Géographie, Économie, Société.* 2005/4, v. 7, pp. 365-80. Disponível em: <htpp:// www.cairn.info/revue-geographie-economie- societe-2005-4page-365.htm >. Acesso em: 2 abr. 2010.

GRAMSCI, A. *Obras escolhidas*. São Paulo: Martins Fontes, 1978.

GRUPPI, L. *O conceito de hegemonia em Gramsci*. Rio de Janeiro: Graal, 1978.

HAESBAERT, R. *O mito da desterritorialização*: do "fim dos territórios" à multiterritorialidade. Rio de Janeiro: Bertrand, 2004.

LACOURT, C. La métropolisation. Méthodologie de recherche et théorisation des villes. In: LACOURT, C.; PUISSANT, S. (orgs.). *Croissance, diversité, fractures*. Paris: Anthropos, 1999, pp. 63-113.

LEFEBVRE, H. *La Révolution urbaine*. Paris: Gallimard, 1970.

______. Quand la ville se perd dans la métamorphose planétaire. *La Somme et le Reste*, n. 3, 2004, pp. 21-23. Disponível em: <http://ddata.over-blog.com/xxxyyy/2/48/95/06/La-Somme-et-le-Reste/S-R-3.pdf>. Acesso em: 24 ago. 2005.

LENCIONI, S. Acumulação primitiva: um processo atuante na sociedade contemporânea. *Confins*, n. 14, 2012. Disponível em: <http://journals.openedition.org/confins/7424>. Acesso em: 12 fev. 2013.

______. Urbanização difusa e a constituição de megarregiões. O caso de São Paulo-Rio de Janeiro. *eMetropolis*, Rio de Janeiro, n. 22, 2015, pp. 6-15. Disponível em: <http://emetropolis.net/>. Acesso em: 3 nov. 2015.

LERESCHE, J-P.; JOYE, D.; BASSAND, M. *Métropolisations*. Genève: Georg, 1995.

LEVY, J. Penser la ville: un imperatif sous toutes les latitudes. *Cahiers d'Etudes sur la Méditerranée Orientale et le Monde Turco-Iranien*, n. 24, 1997. Disponível em: <http://cemoti.revues.org/1458>, página 2 do artigo. Acesso em: 21 set. 2004.

LUSSAULT, M. Image. In: LÉVY, Jacques; LUSSAULT, Michel (orgs.). *Dictionnaire de la Géographie et de L'espace des Sociétes*. Trad. Fernanda Padovesi Fonseca e Jaime Tadeu Oliva. Paris: Belin, 2003, pp. 485-9.

MASSEY, D. *Spatial Division of Labour.* Social Structures and the Geography of Production. 2. ed. London: Macmillan, 1985.

MEIJERS, J. Burger; HOOGERBRUGGE, Marloes; HOLLANDER, Koen. Twin Cities in the Process of Metropolisation. *Urban Research & Practice*, v. 7, 2013, issue 1, pp. 35-55. Disponível em: <https://doi.org/10.1080/17535069.2013.827906>. Acesso em: 11 set. 2014.

QUEVIT, M.; VAN DOREN, P. Stratégies d'innovation et référents territoriaux. *Revue d'Économie Industrielle*, Paris, v. 64, 1993, pp. 38-53.

PINSON, Gilles. Les systèmes métropolitains intégrés – processus et scénarios. In: LA DOCUMENTATION FRANÇAISE. Processus et Scénarios de 7 Systèmes Spatiaux. Territoires 2040. *Revue d'Études et de Prospective*, n. 4, 2010, pp. 39-66. Disponível em: <https://www.cget.gouv.fr/sites/cget.gouv.fr/files/atoms/files/territoires_2040_n_4-partie2.pdf>. Acesso em: 3 fev. 2012.

ROSSEL, P.; BASSAND, M. Métropole et métropolisation: à la croisée de la gestion technique et de la construction sociale. In: LERESCHE, J-P, JOYE, D.; BASSAND, M. (orgs.) *Métropolisations*. Interdependences mondiales et implications lémaniques. Genève: Geogr. Institut Universitaire Kurt Bosch, 1995, pp.19-42.

RUA; J. O preço da terra e os megaprojetos como marcantes urbanidades no rural na fase atual de organização do espaço geográfico. In: FERREIRA, A.; RUA, R.; MATTOS, R. C. de (orgs.). *Desafios da metropolização do espaço*. Rio de Janeiro: Consequência, 2015, pp. 389-420.

SCOTT, A. L'Économie métropolitaine: organisation industrielle et croissance urbaine. In: LIPIETZ, A.; BENKO, G. *Les régions qui gagnent. Districts et réseaux: les nouveaux paradigmes de la géographie économique*. Paris: PUF, 1992, pp. 103-22.

SMĘTKOWSKI, M. The Metropolisation Process on Different Territorial Scales: Focus on Capital City Regions in Central and Eastern European Countries. *Grincoh Working Paper Series*, Paper n. 606, 2014. Disponível em: <http://www.grincoh.eu/media/serie_6_spaces__territories_and_regions/grincoh_wp6.06_smetkowski.pdf>. Acesso em: 23 nov. 2018.

VELTZ, P. *Mundialisations, villes et territoires:* l'économmie d'archipel. Paris: PUF, 1997.

VOLLE, J-P. *Ville et Région*. Approches de la question urbaine en Bas-Languedoc. Toulouse, 1996. Tese (Doutorado) – Université de Toulouse-Le-Mirail.

O LUGAR NA GEOGRAFIA

Glória Alves
Francisco Capuano Scarlato

Este capítulo tem como objetivo pensar o conceito de lugar na investigação geográfica que, nos dias de hoje, ganha importância fundamental para a compreensão da realidade, uma vez que a vida cotidiana ganha expressão real e concreta nessa escala. Ainda se acrescenta o fato de que os processos gerais aí se localizam e podem ser compreendidos concretamente neste plano. Dessa forma, recuperamos neste capítulo os vários sentidos do conceito de lugar construídos ao longo do tempo, enfatizando a importância da compreensão da realidade como ponto de partida de nossa reflexão.

Para tanto, partiremos inicialmente da compreensão do conceito de lugar na Geografia clássica para, na sequência, discutir as transformações ao longo do processo de desenvolvimento da ciência geográfica, enfatizando seu papel na atualidade.

O ENTENDIMENTO DE LUGAR NA GEOGRAFIA CLÁSSICA

O século XIX pode ser considerado, na história do pensamento geográfico, a época em que se institucionaliza a Geografia como um conhecimento científico. Essa institucionalização está associada à criação[1] das cátedras de Geografia nas Universidades, profundamente ligadas às necessidades de ensino.

É só no final do século XIX que a Geografia se volta à pesquisa, motivada pela busca de respostas às diferenças paisagísticas entre lugares, resultantes, nomeadamente, de interações socioespaciais envolvendo fenômenos humanos e naturais.

As pesquisas marcadas pela busca do entendimento sobre as diferenciações dos lugares, que vão caracterizar a nova ciência, colocam questões metodológicas que perseguirão a trajetória de seu desenvolvimento, promovendo grandes polêmicas teóricas. Neste momento ficaremos restritos a sinalizar quais foram essas polêmicas influenciadas pelos avanços da teoria evolucionista, que colocava que todo ser vivo se organiza realizando funções interdependentes.

Na Geografia, marcada pelo pensamento positivista, foi possível a criação de uma narrativa que estruturou os fundamentos dos postulados tanto do determinismo geográfico como do possibilismo.

No determinismo geográfico, solos, formações vegetais, regiões, estados, são estudados de forma interdependente, seguindo as orientações postas pelo evolucionismo biológico. Vistos como fenômenos biológicos, ainda que articulados, são incorporados pela Geografia como fenômenos naturais. Nessa construção teórica explicativa da organização do espaço e das paisagens, o processo histórico ficava marginalizado.

Friedrich Ratzel (1844-1904), um dos primeiros e grandes nomes da fundação da Geografia como ciência, adepto do positivismo, em que os fenômenos observados deveriam ser analisados numa relação de causa e efeito, buscava descobrir tais relações dentro da lógica geográfica. Para o positivismo de Ratzel, a Geografia deveria desvendar os fenômenos tanto da natureza física quanto humanos a partir do princípio da causalidade. A natureza se apresentava, para Ratzel, como condição fundamental que orientava as decisões humanas na organização das paisagens terrestres. Encontrar estas relações de causa e efeito é que faria da Geografia uma ciência, segundo os pressupostos científicos da época. Isso equivale dizer que o espaço e as paisagens observados eram, nessa visão de ciência, o resultado das adaptações do homem ao seu meio natural e permitiam a descoberta das leis que regiam a organização do espaço.

Para Ratzel, portanto, a Geografia se enquadrava no centro das chamadas ciências nomotéticas, aquelas que são capazes de formular leis gerais, assim como as ciências físicas e naturais. Podemos dizer que o determinismo, fundamentado nos princípios do positivismo, não reconhecia como ciência aquilo que não pudesse ser explicado pelo resultado de observação de causas e efeitos, de modo a construir teorias explicativas.

Segundo essa narrativa, sobre alguns dos fundamentos teóricos da Geografia que trazemos aqui, poderíamos apresentar alguns apontamentos sobre o conceito de lugar dentro desta concepção determinista da Geografia.

Num primeiro momento, poderíamos dizer que o lugar seria uma parcela do território, visto que este é um conceito usado pelo determinismo, regido pelas leis gerais que organizam os territórios, diferentemente do possibilismo concebido por La Blache, em que a concepção de lugar, de alguma forma, ultrapassava a ideia estrita de meio físico, pois, para ele, na leitura de Capel e Urteaga (1984: 20-1), o meio físico não determina as atividades humanas, simplesmente lhes oferece possibilidades que o homem, como ser livre, utiliza ou não.

As ideias anteriormente expostas fundamentam-se no paradigma lablachiano do possibilismo. Apesar de La Blache ser contemporâneo a Ratzel, ele se contrapõe a este e caminha em outra direção conforme indicamos anteriormente.

É comum esta contraposição no debate entre os geógrafos. Porém quando analisamos o paradigma do possibilismo, percebemos que nele a ideia da adaptação das ações humanas à natureza continua presente. Ao afirmar que a natureza condiciona e não determina, o autor continua mantendo a natureza como uma condição necessária para orientar aquelas ações. Em razão da forte presença da história e suas afirmações teóricas, La Blache vai buscar algo que poderíamos chamar de empréstimo histórico, um avanço e fortalecimento da teoria do possibilismo.

Podemos caracterizar esse empréstimo pelas trocas que os diferentes povos realizam no plano da cultura. Esses povos em seus contatos e movimentos migratórios acabaram exercendo, entre si, trocas não apenas econômicas, mas de cultura também. Dificilmente poderíamos admitir que um povo, na sua formação, partisse historicamente de uma tábula rasa. Isso significa dizer que, na relação entre os homens com a natureza, elementos culturais e históricos contribuíram no processo. Disso se deriva que nenhum povo e seu território são unicamente resultado de processos historicamente isolados.

Essa narrativa nos leva a admitir que houve uma superação de paradigma. Ratzel era um cientista mais comprometido com os fenômenos naturais e ambientais. Isso não significa dizer que os fenômenos históricos e culturais estivessem fora de suas preocupações. Sua Antropogeografia (Ratzel, 1990) é testemunho disso. Vale lembrar que sua influência sobre La Blache está muito presente e pode ser reconhecida nas obras lablachianas.

Vidal de La Blache deu sua grande contribuição para a Geografia com a construção teórica da Geografia Regional, que se tornou um campo de estudo que buscava a indissociabilidade entre a Geografia Humana e a Geografia Física.

Nos fins do século XIX, na França, com Vidal de La Blache, a Geografia Regional é fortalecida e é a partir dela que podemos nos aproximar do conceito de lugar.

> O homem é um agente geográfico, e não o menos importante! Contribui para revestir conforme os lugares, a fisionomia da terra com estas expressões mutáveis que a Geografia tem por tarefa especial estudar... E tal ação do homem sobre o meio é precisamente o que de humano entra no âmbito da Geografia. A Geografia é, repete incessantemente Vidal de La Blache, [...] a ciência dos lugares e não a ciência do homem (Febvre, apud Ribeiro, 2009: 125).

Em La Blache, lugar e/ou região (o autor não fazia diferenciação explícita entre esses conceitos) assegurava ao homem a existência que, por sua vez, organizava um meio para seu uso (1954: 172), por isso, para ele, a ciência geográfica deveria compreender a singularidade dos lugares.

Assim, La Blache nos apresenta uma posição clara de comprometimento com a Geografia Humana e de concepção teórica ideográfica. A ideia de lugar por ele esboçada é uma referência a de região. Sua concepção ideográfica para a Geografia fica clara quando afirma que a região ou lugar é única e singular. A região/lugar representa a interação de fatores físicos e humanos que realizam unicamente nesse lugar/região. Lembrando da importância que a História tem nas concepções teóricas de La Blache, devemos pensar que os eventos históricos que neles se revelam sustentam essa singularidade.

Segundo Ratzel, para se compreender a organização do espaço geográfico, seria necessário entender suas leis gerais resultantes das adaptações entre o homem e a natureza, o que faz da Geografia uma ciência nomotética. Já para La Blache, são as monografias regionais que podem oferecer a compreensão das singularidades. Somente por meio dela seríamos capazes de chegar à compreensão das interações entre os fenômenos físicos, humanos e históricos que nos revelam a organização dos espaços geográficos. Para a Geografia Regional, a região, segundo La Blache, possui uma identidade que surge desta singularidade.

Assim, nossa narrativa nos leva a reconhecer que o conceito de lugar seria difícil de se conciliar com o caráter nomotético da ciência de Ratzel, sendo mais coerente com o pensamento ideográfico de La Blache que nos afirma categoricamente, conforme dito anteriormente, que a Geografia não é uma ciência dos homens, mas dos lugares. E é a partir dos lugares que se pode compreender o conceito de gênero de vida[2] trabalhado por La Blache.

Sorre (discípulo de La Blache), nos anos 50 do século XX, momento em que a industrialização já era o motor da urbanização na época, indicava que a noção de gênero de vida só tinha sentido se vinculada ao nível da vida (1952: 35), ou seja, na escala do lugar, e que o conceito de gênero de vida estava muito relacionado às sociedades com base agrária e que talvez não pudesse ser de destaque para o entendimento da sociedade industrial em que a multiplicidade de relações impacta diferentemente os lugares.

Silva (1988), ao retomar quais eram os fundamentos do conhecimento geográfico da ciência geográfica tradicional, afirmava que o lugar era então "uma parcela do espaço onde ocorria alguma coisa relacionada à população que o habitava ou que vinha de fora, de outros lugares" (1988: 127), e propunha uma ontologia do lugar que devia ser uma ontologia do espaço. Em suas próprias palavras, ele afirmava que os geógrafos sempre descreveram e explicaram o lugar e suas relações, mas ao propor uma ontologia do lugar buscava construir um conhecimento geográfico a partir de uma visão não fragmentada do mundo e, para isso, destacava o papel das relações na medida em que "o lugar determina as relações e estas, o lugar"(Silva, 1988: 7).

MUDANÇA DE ROTA NA GEOGRAFIA

Ratzel e La Blache podem ser considerados marcos na construção dos fundamentos da Geografia que se convencionou chamar de clássica. Por mais que se façam críticas a ela, não se deve esquecer que ainda possui uma grande influência na Geografia contemporânea.

A partir da segunda metade do século XX, novas narrativas são construídas para a ciência geográfica. Dentre elas destacamos uma que realça a subjetividade na abordagem da realidade sobre o espaço geográfico. Assim, podemos dizer que surgem rupturas em relação ao positivismo no método geográfico, a partir da construção de um novo diálogo que surge entre a Geografia e a fenomenologia. Isso tornou possível conceber a natureza deste espaço não mais apenas como resultado de processos de adaptação entre homens e natureza regidos por causas e feitos.

Com o novo diálogo que passou a existir entre a Geografia e a fenomenologia, a natureza do espaço passou a ser concebida de uma forma que transcendia a sua simples materialidade, quando entendida como resultado de processos de adaptação. Ela passou a ser mais que isso. Uma dialética passou a ser produzida entre a ação do trabalho humano, a natureza e as representações simbólicas que emergiram dessas ações. Desse modo, "a ideia básica é que o homem decide seu comportamento espacial não em função do meio geográfico real, mas a partir da percepção que possui do mesmo" (Capel e Urteaga, 1984: 42; tradução nossa).

Uma nova narrativa se apresenta para a Geografia. Ela fundamenta um conceito para o espaço geográfico, o de lugar, sustentado pelas novas pesquisas que a perspectiva existencial cria, possibilitando uma nova abordagem de natureza: a subjetivação da natureza. Um dos grandes inovadores desta teoria foi Yi-Fu Tuan, principalmente com a obra *Espaço e lugar* (1983), um marco revolucionário para o avanço dessa teoria que assim se expressava neste livro: "[...] os dotes humanos incluem órgãos sensoriais semelhantes ao de outros animais, mas são coroados por uma capacidade excepcionalmente refinada para a criação de símbolos [...]" (Tuan, 1983: 5). Derivado da fenomenologia, surge para a Geografia um conceito central para qualificar a natureza do conceito de lugar. Este é o da intersubjetividade, que é posto em relevo a partir das experiências existenciais entre as pessoas e destas com as representações simbólicas aí criadas:

> O conceito de espaço torna-se mais abstrato do que lugar [...] Além disso, se pensarmos no espaço como algo que permite movimento, então lugar é pausa; cada pausa no movimento torna possível que localização se transforme em lugar. (Tuan, 1982: 6)

A totalidade que é criada entre a intersubjetividade, um conceito caro para a fenomenologia, e as representações simbólicas baseadas nas experiências existenciais possibilitam o surgimento de uma identidade entre as pessoas e os lugares.

Essa nova narrativa foi se fortalecendo na Geografia. Muitos movimentos de requalificação urbana, que interferiam no cotidiano das pessoas que habitavam os espaços destas ações, encontraram fortes resistências às tentativas de transformação espacial dos lugares em razão das identificações que estas pessoas tinham com os mesmos. Elas já haviam vivenciado as experiências intersubjetivas com e a partir dos lugares, povoados de representações simbólicas.

Avançando para além da fenomenologia, sem abandoná-la, Milton Santos abre uma nova perspectiva para pensarmos o conceito de lugar. Para ele, o processo de globalização acabou criando laços de solidariedade entre os sujeitos dos lugares. Para além das subjetividades com as quais a fenomenologia procura explicar a natureza dos lugares, Milton Santos nos coloca o lugar como o espaço da solidariedade na adversidade que o processo da globalização vem criando. O lugar passa a ser o encontro daquela adversidade: "Hoje cada vez mais os lugares são condição e suporte de relações globais que, sem eles [lugares] não se realizariam, e o número é muito grande" (Santos, 2014: 156).

Sua orientação teórica é de que a Geografia, para entender o conceito de lugar e avançar nesse sentido, deve concebê-lo a partir do mundo da tecnosfera – o mundo dos objetos – e da psicosfera – da ação e pensamento. Ambos dão para a natureza do espaço uma dimensão de totalidade dialética. Parafraseando Milton Santos em uma de suas célebres afirmações, ele nos diz que "hoje, certamente mais importante que a consciência do lugar é a consciência do mundo, obtida através do lugar" (Santos, 2014: 161).

Também a partir dos anos 1980, é possível encontrar na Geografia outras posturas teóricas de entendimento sobre o conceito de lugar, marcadas pelo materialismo histórico e dialético. A busca de uma narrativa que articule os fundamentos do materialismo histórico com o paradigma do lugar não é tarefa de fácil execução. Porém, sem o enfrentamento deste desafio, teríamos um trabalho mutilado. Avançar nessa direção implica compreender que as mudanças das forças produtivas que historicamente acontecem, são geradoras de conflitos no interior das sociedades e que podem abalar as estruturas de poder dessa sociedade. Isso equivale dizer que podem determinar mudanças radicais, revoluções, alterando a rota histórica dessas sociedades. Nesse sentido, a História é geradora de um movimento no qual a sociedade é uma totalidade em movimento.

Buscando um diálogo entre o espaço dos geógrafos e a dialética dos movimentos da sociedade com uma totalidade em mudança, o espaço geográfico caminha em suas transformações concomitantemente com o movimento dialético da história. Vamos encontrar em Soja (1993) uma expressão que consolida esse encontro entre o materialismo histórico e a Geografia, que é o conceito de materialismo histórico geográfico. A partir do final dos anos 1970 uma Geografia realmente marxista começa a tomar forma (Soja, 1993: 57).

Gradativamente, a questão ambiental, o crescimento, a gênese e as transformações urbanas e da urbanização, o processo de diferenciações regionais desiguais passam a ser abordados como produções e transformações espaciais. Como escreve Soja (1993), a Geografia deve pensar desde o local até o global, deslocando-se de uma Geografia de formulações abstratas para um pensamento do espaço concreto, associado ao mundo do trabalho.

Esta Geografia se fundamenta na produção do espaço como produto do trabalho social. No capitalismo, com a divisão técnica e social do trabalho em sua forma mais complexa e avançada, possibilitou historicamente o crescimento do processo de acumulação do capital e da exploração da mais-valia do trabalho. Nesse processo não se pode pensar o lugar sem pensar a escala mundo. É fundamental a articulação entre essas escalas geográficas de análise.

Damiani (2001) problematiza o conceito de lugar relacionando-o com o de cotidiano, entendendo este último como próprio do mundo moderno. Retomando como era entendido o lugar no passado da ciência geográfica, ou seja, relacionado ao gênero de vida, a autora nos mostra como hoje muitas vezes a explicação do lugar passa também, e a nosso ver, necessariamente, pelas relações socioespaciais que se estabelecem a partir da escala mundial. Ou seja, é preciso, para o entendimento da contemporaneidade, a articulação entre as mais diversas escalas geográficas de análise. Em suas palavras "[...] com o lugar no mundo se produz o lugar do cotidiano: nivelamento das necessidades, alinhamento dos desejos uns sobre os outros, cotidianidades análogas, senão idênticas" (Damiani, 2001: 165-6).

Assim, se pensássemos a partir das escalas geográficas, diríamos que o cotidiano se faz melhor percebido a partir da escala do lugar, da vida. Articulado com a escala mundial, poderíamos afirmar que essa vida tendencialmente é urbana, marcada pelo desejo do consumo e do ter (ao invés do ser) e do mundo da mercadoria, pela individualização, pela falta de tempo, ou melhor dizendo, pela tendência à aceleração da vida. Destacamos aqui a ideia de tendência, pois, segundo Lefebvre (2008b:14), seria o horizonte possível, a virtualidade.

Desse modo, mesmo os lugares nos quais a paisagem aparentemente não se pareça urbana, uma vez que associada à produção agrícola, por exemplo, já aí se encontram os elementos que marcam tendencialmente o modo de vida que fundamenta a sociedade urbana, a saber: o individualismo, a mercantilização de todas as coisas e relações, o consumismo, a simultaneidade dos eventos, a rapidez, a fragmentação, a homogeneização e a hierarquização que impactam diretamente a vida cotidiana.

Esses elementos chegam pelas mais diversas relações entre os sujeitos e os lugares a partir das inovações tecnológicas que sempre estiveram presentes, mas que ganham destaque a partir do desenvolvimento técnico e informacional.

Até os anos 1970, as notícias e tendências culturais chegavam aos espaços rurais e urbanos a partir do rádio que traziam informações tanto econômicas – por exemplo, o valor da arroba de carne ou do preço no mercado da saca de café – como culturais – músicas nacionais e internacionais (com destaque para as de língua inglesa). Já dos anos 1970 até anos 1990, ainda que o rádio continuasse com suas funções, a televisão ganha destaque a partir do uso da imagem, difundindo por suas transmissões de notícias (como o rádio já o fazia), mas acelerando o processo de difusão do consumismo, enquanto uma tendência, de objetos e valores sociais por meio de telenovelas, propagandas/comerciais e telejornais.

A partir dos anos 1990 e, com maior difusão, no século XXI em curso, junto a televisão e rádio, temos hoje a potência dos meios digitais que, propulsionados pela internet, quase que instantaneamente (ao menos para as camadas mais abastadas e que servem de referência à criação dos desejos de consumo às outras parcelas da população), levam a boa parte dos domicílios, por meio do uso de computadores pessoais e celulares, informações e apelos de consumo como não se via no passado. Desse modo, com mais intensidade hoje, elementos presentes no cotidiano urbano das grandes metrópoles se reproduzem ou materialmente, ou como ideia/desejo, nos mais diferentes lugares, ou seja, nos espaços da vida cotidiana, ainda que não de modo igual em todos eles, mas tendo o germe das mudanças e tendências já instalado.

Espaços em que a dinâmica urbana, marcada pela velocidade, falta de tempo, simultaneidade, aparentemente não era tão presente começam a se transformar tanto pela chegada de informações pelas mídias como pelo aumento das relações sociais entre os sujeitos de diferentes lugares.

Os lugares mais pacatos, marcados por uma paisagem mais ligada ao campo ou a chamada primeira natureza, por exemplo, passam a ser lugares procurados pelos habitantes das áreas urbanas como refúgio e descanso. Entretanto, as relações sociais nesses lugares tendem a ficar cada vez mais mediadas pela mercantilização da vida que exige, para se realizar, mudanças no tempo-espaço do lugar.

Apenas como ilustração de situações que indicam essas mudanças, temos a modificação na forma de servir a comida: o servir a quilo, ou o *self service*, substitui o tempo artesanal do fazer e servir comidas nos bares e restaurantes desses lugares. Os clientes vindos de áreas muito urbanizadas exigem uma velocidade do fazer/servir que não faz parte da vida dos habitantes locais. Como os lugares são, como dissemos anteriormente, resultados de processos sociais, eles estão em movimento e transformação, ainda que nem sempre a velocidade dessas mudanças seja a mesma em todos os lugares em função das particularidades existentes que podem ou não oferecer resistências ao processo ou a sua realização. Assim, a partir do lugar, de suas particularidades, temos a maior ou menor integração dos elementos do urbano, mas todos eles já postos enquanto tendência.

O cotidiano marca com mais potência a ordem do lugar, da vida das pessoas. Ele se repete e, principalmente nos grandes espaços urbanos, tende, mesmo que com particularidades, a se generalizar, já que fazem parte do processo global da lógica de reprodução da sociedade capitalista moderna. Assim, nas palavras de Damiani (2001: 169-70):

> O lugar, acima de tudo, não é o particular, perdido do mundo, é o diferente. Nasce do embate com os outros lugares, como totalidade, com a totalidade dos lugares, o mundo. Coloca-se no mundo para ser o lugar. O que rege a existência do lugar, como do cotidiano, é o desenvolvimento desigual.

Para Carlos (2007b: 43), o lugar é resultado da reprodução do capital, revelando o mundo da mercadoria que coloniza a vida cotidiana e redefine-a criando padrões e modelos marcados pelo consumo de mercadorias, do ter. As pessoas passam a ser pelo que têm (mercadorias, *status*, dinheiro). Partindo da premissa que existe a materialização dos processos globais no lugar, ainda que com particularidades, Carlos (2007a: 14) coloca que

> [...] o lugar guarda em si e não fora dele o seu significado e as dimensões do movimento da história em constituição enquanto movimento da vida, possível de ser apreendido pela memória, através dos sentidos e do corpo. O lugar se produz na articulação contraditória entre o mundial que se anuncia e a especificidade da história do particular. Deste modo o *lugar* se apresentaria como *ponto de articulação* entre a mundialidade em constituição e o local enquanto especificidade concreta, enquanto momento.

Por outro lado, Carlos afirma ainda que a metrópole não é lugar, pois ela só pode ser vivida parcialmente (2007a: 18), o que nos remete ao debate de como entender a metrópole, o espaço urbano, a partir da importância do lugar, um fragmento da metrópole, tentando promover o que Silva (1988) propõe, ou seja, de como articular as diferentes escalas de compreensão do espaço.

O lugar é parte da vida cotidiana dos homens que nele estabelecem as relações mais banais e necessárias à reprodução da vida, e conceito fundamental no entendimento das escalas geográficas da realidade. Sobre a necessidade de articulação das escalas geográficas para a compreensão da realidade, Smith (2000: 142) concebe a escala geográfica como "[...] uma resolução geográfica de processos sociais contraditórios de competição e cooperação" relacionada à construção do lugar.

Para Smith, há uma hierarquia de escalas, a saber: corpo, casa, comunidade, cidade, região, nação, globo, e seria fundamental a criação de estratégias possibilitando um melhor entendimento de um dos aspectos da escala geográfica: "as possibilidades políticas de resistência inerentes à produção de escalas específicas, a revogação de fronteiras, o 'saltar escalas'" (Smith, 2000: 144). Acrescentaríamos que esse saltar escalas permitiria, a partir do conhecimento dos processos de reprodução do espaço social, a criação de estratégias de transformação das realidades socioespaciais, ou seja, a realização da práxis a que Lefebvre (2008b) sempre coloca como a possibilidade do devir.

Massey (2000) também considera relevante a importância do conceito de lugar para entender a realidade contemporânea. Para a autora, o papel do lugar em um mundo globalizado aponta que a compreensão do conceito do lugar hoje só é possível se livre do entendimento, mais comumente divulgado e aceito, de comunidade coerente e provida de uma certa homogeneidade. Para Massey, o lugar é constituído por processos socioespaciais e entendê-lo pressupõe ter "consciência de suas ligações com o mundo mais amplo" (Massey, 2000: 184). Assim, suas singularidades estariam dadas justamente pela globalização das relações sociais que contribuem no desenvolvimento geograficamente desigual. Ao mesmo tempo em que se diz, no discurso mais propagado nas mídias, que o mundo está interligado, como se todos tivessem os mesmos papéis e possibilidades de interação, destacamos, também a partir de Massey (2000), a falácia desse discurso: simultaneamente um empresário se conecta com empresas pelo mundo a bordo de um avião a jato, enquanto moradores das ilhas do Pacífico, sobre as quais a milhares de metros seu avião passa, são privados do acesso à energia elétrica, que dirá comunicação com o mundo. Isso não quer dizer que não estejam interligados. Esses lugares estão articulados, mas a partir de relações desiguais que subordinam os mais desfavorecidos às ordens/comandos dos agentes dos lugares de comando econômico/político/tecnológico e de poder.

Finalizamos com uma questão. Como discutir o lugar no processo mais geral da produção ampliada do capital? Poderíamos afirmar que o espaço se torna estratégico na reprodução capitalista, e a partir dos lugares se irradiam tendências que, dialeticamente, produzem um espaço ampliado para a acumulação do capital. Assim talvez possamos chamar de totalidade espacial o lugar no capitalismo.

Segundo o professor Aziz Ab Saber, o capitalismo criou espaços urbanos que transcendem os da metrópole, que ele chamou de nebulosas urbanas. Não seriam elas aquilo que chamamos de "lugar do capital"? Reproduzimos aqui uma frase de Leo Huberman (1986) em seu livro *História da riqueza dos homens*, presente como título de um capítulo em seu sumário: "Eu anexaria os planetas, se pudesse".

Essas narrativas sobre o conceito de lugar têm por desejo abrir um diálogo com aqueles estudiosos que percebem no conceito de lugar uma possibilidade de avanço na compreensão da realidade a partir da ciência.

NOTAS

1 Este momento coincide com a fundação das sociedades Geográficas, como a La Société de Géographie de Paris, de 1821. Depois desta, até início do século XX, foram criadas outras 140 sociedades semelhantes.

2 Para La Blache, o gênero de vida resulta do desenvolvimento técnico, de hábitos e costumes que permitem a um povo, de um lugar, fazer uso dos recursos naturais existentes na natureza.

BIBLIOGRAFIA

CARLOS, A. F. A. *O lugar/no do mundo*. São Paulo: FFLCH, 2007a. Disponível em: <http://www.gesp.fflch.USP.br/sites/gesp.fflch.USP.br/files/O_lugar_no_do_mundo.pdf>. Acesso em: 20 jan. 2019.

______. *O espaço urbano:* novos escritos sobre a cidade. São Paulo: FFLCH, 2007b. Disponível em: <http://gesp.fflch.USP.br/sites/gesp.fflch.USP.br/files/Espaco_urbano.pdf>. Acesso em: 25 jan. 2019.

CAMPOS, R. R. de. *Visão de Vidal de La Blache a respeito de Friedrich Ratzel*. Campinas: PUC, 2014.

CAPEL, H; URTEAGA, L. *Las nuevas geografías*. Barcelona: Salvat Editores, 1984.

DAMIANI, A. L. O lugar e a produção do cotidiano. In: CARLOS, Ana F. A. (org.). *Novos caminhos da geografia*. São Paulo: Contexto, 2001, pp 161-72.

HUBERMAN, L. *História da riqueza dos homens*. São Paulo: LTC, 1986.

LA BLACHE, V. de. *Princípios de geografia humana*. Lisboa: Cosmus, 1954.

LEFEBVRE, H. *O direito à cidade*. 5. ed. São Paulo: Centauro, 2008a.

______. *Revolução urbana* 3. reimpressão. Belo Horizonte: UFMG, 2008b.

MASSEY, D. Um sentido global do lugar. In: Arantes, Antonio A. (org.). *O espaço da diferença*. Campinas: Papirus, 2000, pp.176-85.

RIBEIRO, G. Para ler a Geografia ou a geografia segundo Lucien Febvre. *Terra Livre*, n. 32, São Paulo, AGB, 2009, pp 121-36. Disponível em: <http://agb.org.br/publicacoes/index.php/terralivre/article/viewFile/283/266>. Acesso em: 30 jan. 2019.

RATZEL, Friedrich. *Antropogeografia*. Coleção Grandes Cientistas Sociais. São Paulo: Ática, 1990.

SANTOS, M. *Da totalidade ao lugar*. São Paulo: Edusp, 2014.

SILVA, A. C. da. *O espaço fora do lugar*. São Paulo: Hucitec, 1988.

SMITH, N. Contornos de uma política espacializada: veículos dos sem-teto e produção de escala geográfica. In: ARANTES, A. (orgs.). *O espaço da diferença*. Campinas: Papirus, 2000, pp. 132-75.

SOJA, E. *Geografia pós-modernas*. Rio de Janeiro: Jorge Zahar, 1993.

SORRE, M. *Les fondements de la geografie humaine*. Paris: Librarie Armand Cohus, 1952.

TUAN, I. *Espaço e lugar*. São Paulo: Difel, 1983.

O LUGAR E O PLANO DO VIVIDO

Amélia Luisa Damiani

O primeiro momento deste texto trata da visão de mundo que partilhamos, que não cinde teoria e prática; em seguida, movemos o texto em direção a apontamentos sobre o plano do vivido na sua relação com o lugar, pensado, também, como meio geográfico, como espaço vivido, ao longo do trajeto do conhecimento geográfico. Por último, retornamos à nossa concepção de Geografia materialista contemporânea e esboçamos a ideia de lugar como lugar em movimento; assim, a concepção se desdobra em isotopia, heterotopia, e utopia e o plano do vivido se localiza através de camadas espaço-temporais que vão de planos globais, mais amplos, àquele do vivido, problematizando o cotidiano. Todo o percurso equivale a não confundir o plano do vivido com aquele do senso comum.

No século XX, houve um cuidado científico com o vivido. E uma problemática subjacente: seu lugar na totalidade social. Do plano fenomenológico ao essencial, eis a problemática implicada. De uma aparência ou momento de apreensão superado, como certeza sensível, ao acesso direto à essência, tornou-se a polêmica desse período. Para a fenomenologia do século XX, incluindo a seu modo o existencialismo, o vivido definia potencialmente a essência. Contudo, para a fenomenologia, um eu voltado à busca da essência faria esse nexo primordial. Era um eu desinteressado e fenomenológico. Então, um ser devotado à busca de uma ciência e filosofia, que não se confundia com o senso comum e o homem ordinário. Tratava-se, portanto, de um idealismo.

Com vistas ao idealismo objetivo, o que aparece como certeza sensível e como percepção oferece momentos da compreensão do objeto pelo sujeito, que seriam superados num processo de pensamento, que avança em direção ao entendimento e à razão, isto é, chega à análise e à síntese, produzindo um processo de consciência, para além do percebido. Certamente, influenciou o materialismo do século XIX, especialmente aqui abordamos Marx (1977: 118), na primeira tese sobre Feuerbach:

> O defeito fundamental de todo materialismo anterior – inclusive o de Feuerbach – está em que só concebe o objeto, a realidade, o ato sensorial, sob a forma do objeto ou da percepção, mas não como *atividade sensorial humana*, como *prática*, não de modo subjetivo. Daí decorre que o lado *ativo* fosse desenvolvido pelo idealismo, mas apenas de modo abstrato, já que o idealismo, naturalmente, não conhece a atividade real, sensorial, como tal. Feuerbach quer objetos sensíveis, realmente diferentes dos objetos de pensamento; mas tampouco concebe a atividade humana como atividade *objetiva*. Por isso, em *A essência do cristianismo*, só considera como autenticamente humana a atividade teórica, enquanto a prática somente é concebida e fixada em sua manifestação judia grosseira. Portanto, não compreende a importância da atuação "revolucionária", prático-crítica.

Resta-nos a tentativa de reintroduzir a percepção como momento da teoria e da práxis. Para nós, da Geografia contemporânea e materialista, cabe essa preocupação. Primeiro por não cindirmos ciência e realidade, isto é, não temos como premissa inaugural um pensamento, que dirija a realidade; dela partimos, a ela retornamos. A interpretação do mundo e a realidade social envolvida não são esferas separadas, depois reunidas, na separação, sob o privilégio do pensamento. Estamos implicados na história real, ao nível do trabalho de campo e da formulação teórica da Geografia. Eis a nossa busca. Especialmente a tese de que todo homem detém a possibilidade de obrar a história. Não há ingenuidade quanto às determinações sociais, que nos retêm na cotidianidade, apartados, portanto, do tempo da história, do fazer história, subsumidos ao tempo pseudocíclico, uma normalidade tediosa e, simultaneamente, violenta, corroída enquanto estilo de vida.

Como enfrentar a colonização da vida cotidiana, enquanto espaço-tempo do vivido, subvertendo-a como lugar de apropriação?

Para a ciência geográfica, em significativa constituição institucional, no final do século XIX e início do século XX, havia o primado da identidade produzida entre o meio natural e o homem, baseada numa relação de longa duração entre ambos e por esta circunstância entre os homens, vivenciando meios compatíveis ou adversos à sua humanização. A noção de gênero de vida sintetizaria a porta de entrada conceitual para compreender a relação entre o homem e a natureza e entre os homens, numa relação estável, que em todas as escalas e tempos propiciava um processo de apropriação, do qual derivava aquele de humanização e identidade com o meio produzido como geográfico, historicamente. A acuidade da ciência geográfica em decifrar essa relação como positividade a levou à concepção de *gênero de vida*. Tecido social e humano, abrigado por formas naturais, mais ou menos resistentes, e, em processo de decifração científica, constituindo a força da humanização do homem socialmente. Dessa relação a importante concepção de meio geográfico; legado da Geografia, como ciência e filosofia. O lugar e o vivido são atributos de formas de apreensão necessárias à realização dessa problemática científica, detendo como fundamento real, necessariamente, modos de apropriação social. Sólidas relações comunitárias definem a relação entre o homem e o meio, constituindo estilos de vida, histórica e localmente estabelecidos.

Henri Lefebvre reputa a Albert Demangeon, em 1945, importantes apontamentos sobre o cotidiano, embora conceitualmente em estado nascente. É importante considerar que derivava deste reconhecimento a compreensão de fundamentos sobre o vivido, na obra de Demangeon.

Seu estudo sobre a Picardia, escrito em 1905, é de delicada e profunda pesquisa. O que marca esse trabalho é a potência da relação íntima e criadora entre o homem e o lugar que ele habita e onde trabalha. Marco da produção de sua humanização. A relação, embora simples, nos termos de uma sociedade elementar, não é a de estranhamento, de alienação, mas de identificação, que não é, estritamente, uma identificação geográfica. Denotando a Picardia, avalia Demangeon, que suas aglomerações não destacam nada de imutável, nada de uniforme, nem em seus contornos exteriores, nem em sua organização íntima, elas se mostram maleáveis e sensíveis aos menores acidentes do meio natural e aos menores acontecimentos do meio humano. Há nelas uma unanimidade, que é o trabalho agrícola. As denominações locais revelam as preocupações cotidianas do camponês, uma alusão às circunstâncias agrícolas: elas clamam a lembrança da terra trabalhada; elas contêm alguma sorte de imagem do campo, cada canto de terra toma seu lugar na existência cotidiana dos camponeses e parece ter conquistado uma verdadeira personalidade no seu espírito e na sua linguagem. A Picardia é acima de tudo um domínio linguístico. Para Demangeon (1973: 421-3):

> O instinto popular e os documentos históricos a definem como a extensão de um dialeto [...] no século XIV, o [dialeto] picard é considerado como uma verdadeira língua, muito diferenciada do francês [...]. A Picardia aparece como o domínio de um dialeto vivaz das línguas romanas.

Por isso, houve picardes antes da Picardia como província. A verdadeira Picardia é mais uma região linguística que, exatamente, o quadro de um estudo geográfico; jamais teve uma circunscrição administrativa ou lugar numa carta política.[1]

Pergunta Lefebvre (1958: 150):

> [...] onde se encontra a verdadeira realidade? Onde se passam as verdadeiras mudanças? Nas profundezas sem mistério da vida cotidiana! A história, a psicologia, a ciência do homem devem se tornar um estudo da vida cotidiana.

Essa convicção se fortalece pouco a pouco, infelizmente de uma maneira esporádica, fragmentária, sem desenho de conjunto, aqui e ali, em tal historiador (Marc Bloch), tal geógrafo (Demangeon) [...] (Lefebvre, 1958: 150).

Trata-se de um plano de explicação da experiência social que não remete ao existente no sentido de seu presente estrito, mas de um nexo entre representações e realidade, que projeta a experiência regressiva e progressivamente; portanto, espaçotemporalmente ele esclarece o movimento da história.

Certamente, há relação entre gênero de vida e cotidiano; uma relação que não é afirmativa, mas deve ser pensada negativamente, sendo o cotidiano o estilhaçar de formas de vivência humanizadoras.

Na obra de Lefebvre, o cotidiano desdobra-se em cotidianidade, o vivido reduzido por abstrações concretas, próprias das determinações sociais da sociedade moderna capitalista, que ele define como neocapitalismo, incluindo a colonização da vida cotidiana por regramentos e estratégias econômico-políticas. Simultaneamente, o vivido trazia resíduos relativamente às forças de determinação. Definia-se pelo ruído às formas de acomodação. O cotidiano, conforme ao plano do vivido, anuncia a tensão à conformidade das estruturas determinantes. Detém seu peso e seu desvio. É espaço-tempo de abertura à presença, não à rigidez do presente; é potência de resistência individual, social e política.

A Geografia, ao deter a compreensão das determinações sociais da sociedade moderna, passa a aproximar-se de uma teoria social crítica, que pensa as estratégias econômico-políticas no plano da concepção de organização do espaço. Trata-se de uma *Geografia do movimento*, nos termos de Pierre George, colidindo com a Geografia do gênero de vida, constituído de longa duração. Uma "Geografia do movimento", considerando que se vive a incerteza do futuro imediato; sendo que a fragilidade dos equilíbrios é tanto maior quanto mais aumentam os poderosos meios de intervenção; sugerindo, nesse sentido, a importância dos fatores técnicos de uma modificação muito rápida das relações entre o impacto dos aparelhos de produção, das formas de utilização do espaço, e a "herança", que combina dados naturais e adquiridos. A concepção de uma *Geografia ativa*, que ele decifra, como necessária, nos anos 1960, é a de uma Geografia atenta às contradições internas, "a todos os acontecimentos e a todos os conflitos que se projetam sobre um espaço, que não é jamais neutro", incluindo a negação da indiferença com relação ao cotidiano e às percepções das populações afetadas (George, 1984: 216 e 221).

Aprofunda-se a relação problematizada entre Geografia e cotidiano. As funcionalidades da vida moderna são expostas como limites e contraditas à humanização do homem. O vivido é problematizado enquanto tal. O espectro da concepção vai de uma aproximação com o materialismo dialético às novas versões da fenomenologia.

Uma maneira "metafísica" de ler o espaço vivido viria substituir uma versão racionalista, hiperobjetivista de ler o espaço. Sobre esta última, a experiência em si, sensível, não contava mais tanto assim. A verificação da experiência tomava seu lugar. Verificação a partir de uma concepção de conjunto (uma imagem da verdadeira estrutura do mundo),[2] incluindo complexos procedimentos estatísticos, como instrumentos de verificação e classificação fundamentais. O desenvolvimento da teoria da informação; da teoria das probabilidades, ligada à primeira; da teoria da cibernética, que a operacionaliza; e de suas outras derivações e extensão, em todos os domínios do saber, a partir dos anos 1920, sugeriam essa possibilidade.

O embate dessa concepção da vivência, que resiste ao objetivismo, era também com o marxismo, tido como um economicismo sem sujeitos, para essa versão. Num primeiro momento, é possível identificá-la como aquela que se apoia num mundo tal qual nos aparece na consciência, como fenômeno, e que é real nesses termos. Existe o que minha consciência capta como real. A objetividade do mundo assim está reduzida. De alguma forma, a Geografia humanística dos anos 1970 trabalha nesta direção ao se concentrar no mundo vivido geográfico: no espaço como experienciado e no lugar como centro de significados no espaço e na paisagem. Os espaços são contextos necessários e significantes de todas as nossas ações e invenções. O espaço não é uma coisa separada de nós, nele projetamos nossa personalidade e a ele somos ligados por limites emocionais. Ele é vivido. Fala-se em *geograficidade*, como experiência que temos dos ambientes, parte inevitável de nossa consciência do mundo vivido (Relph, 1979).

Essa Geografia se define fundamentalmente como descritiva. Descreve-se o que se vive, prevalecendo o sentido positivo da experiência. Contudo, se a base dessa compreensão for, como se advoga, a fenomenologia husserliana, e embora esta seja considerada, por muitos, idealista, metafísica, não se esgota numa imagem crassa. De fato, a fenomenologia não vai procurar nada atrás do fenômeno, mas também não se contenta com as certezas positivas de uma consciência ingênua, aquela do senso comum: certezas consideradas como preconceitos dos sujeitos, sobre a natureza dos objetos. A fenomenologia evoca, entre os preconceitos, aqueles que vêm de um ponto de vista científico ou mesmo do senso comum (Damiani, 2008: 122-42). A atitude fenomenológica não se confundiria com um *eu empírico*, entregue ao senso comum (Lefebvre, 1948).

O fenômeno se define como o próprio ser do aparecer; dá acesso à essência, sem mediações: a coisa existente em sua individualidade e no modo irredutível de sua aparição. Daí os fenômenos não nos aparecem propriamente, mas são vividos. A descrição fenomenológica funda-se sobre o vivido, sobre o real mais íntimo para atingir a essência; sendo esta essência a visão de sentido ideal: o invariante dessas representações subjetivas. A fenomenologia unifica intencionalmente os múltiplos pareceres empíricos sobre o objeto único e, assim, pretende ganhar o sentido do objeto, que sobrepuja a esfera dos dados sensíveis. Chega-se à transcendência ou unidade intencional dos sucessivos pedaços de um objeto único. O olhar não se concentra numa única direção e acaba por ganhar o livre horizonte dos fenômenos, purificados transcendentalmente. O sentido do mundo não deixa de ser o sentido que eu dou ao mundo, mas nos termos de uma subjetividade transcendental, do eu que tem o mundo como visado, numa inclusão intencional.

Há então na percepção um paradoxo da imanência e da transcendência. Imanência, pois que o percebido não saberia ser estranho àquele que percebe; transcendência, pois que comporta sempre um além daquilo que está atualmente dado (Merleau-Ponty, 1998: 49).

A referência, em princípio, é Edmund Husserl. Mas não é a única referência; ela será relida, por exemplo, por Merleau-Ponty, que constituiu uma influência decisiva em Geografia, na chamada Geografia humanista. Husserl imagina a reorganização radical das categorias de sujeito e objeto, contrapondo-se às ciências e a uma filosofia rigorosas, sob o império dos condicionamentos exteriores (historicismo e psicologismo, com os quais se embate). Sujeito e objeto se entrecruzariam. Nos termos de Merleau-Ponty, configurar-se-ia um misto, uma ambiguidade.

Do começo do século XX, nasce o intento de Husserl de se contrapor a uma crise das ciências, definido afinal qual o valor das ciências, que privilegiava incondicionalmente as causas exteriores. Husserl questionava o logicismo; uma verdade para além da cadeia de causas e efeitos psicológicos e sociais. A Filosofia teria que descer até nossa experiência; considerada como uma entre as possíveis vivências; com isso, toma-se um recuo do que é atualmente. Seu personagem empírico é apenas uma das possibilidades. A primeira atitude é nossa presença no mundo, vivenciada. Não se passa além do tempo, mas há várias maneiras de vivê-lo (série de perfis, incompletos). A subjetividade transcendental não é a perda no eu individual, mas uma intersubjetividade. Não se viveria um sentido redutível às particularidades; intuir-se-iam essências, sempre revistas: transcendendo o fato contingente, a partir dele, e chegando à estrutura inteligível. Nesse caso, o espaço geométrico pode ser, paradoxalmente, a essência dos espaços vividos; ao contrário, muitos geógrafos humanistas se afastam do espaço euclidiano, que lhes parece indiferente à vivência. Segundo Merleau-Ponty (1998: 45),

> [...] é verdade que a lâmpada comporta um atrás, que o cubo comporta uma outra face. Ora esta fórmula, "é verdadeiro", não corresponde àquilo que me é dado na percepção, que não me oferece verdades como a geometria, mas presenças.

O aspecto transcendental de Husserl tende a ser revisto. Mas a atitude é não receber passivamente a ação do mundo exterior; pensamos também o mundo. Ele é um objeto intencional. Para que o saber seja possível, eu não posso ser separado de mim mesmo e do outro; devo apreender a significação de minha experiência, não estritamente contemplar minha vivência, o que seria um ato de vulgarização.

Considera-se a experiência concreta e se a imagina, efetivamente, modificada por todos os aspectos (o invariável seria a essência, como já o dissemos). Pode acontecer de, ao invés de encontrar a essência, descobrir-se um conceito enraizado na linguagem; como exemplo, o de espaço geométrico. É uma aporia do método, uma problemática. De qualquer forma, o reduto é a descrição, nega-se o conceito, como preconceito, enquanto abstrato e não imediato.

A crítica é que ela, a descrição fenomenológica, que quer renovar o racional, tende ao empirismo e, ao mesmo tempo, ao irracionalismo, através da descrição privilegiada do irracional, dos sentimentos e emoções vividas, existenciais.

Restaria pensar na contribuição de Merleau-Ponty (1998: 49):

> [...] a verdadeira reflexão dá a mim mesmo não como subjetividade ociosa e inacessível, mas como idêntica à minha presença no mundo e nos outros. Eu sou tudo que eu vejo, eu sou um campo intersubjetivo, não em detrimento de meu corpo, e de minha situação histórica, mas, ao contrário, sendo este corpo e esta situação e todo o resto um através.

A práxis, para ele, levaria a uma ordem que não seria aquela do conhecimento, nem aquela de um sentido determinado da história, mas aquela da intersubjetividade. Envolvendo a ideia de lugar, Armando Correa da Silva assim reflete:

> [...] o lugar não é apenas algo que objetivamente se dá, mas algo que é construído pelo sujeito no decorrer de sua experiência [...] Por isso, a realidade não o é apenas como dado objetivo, mas inclui a percepção do meio ambiente enquanto experiência vivida e sentida. (Silva, 1986: 55)

Uma sociedade massificada, massificante, que parece preterir os sujeitos, constrói, como necessidade, essa alternativa. E surge a vitalidade de uma filosofia e ciência, centradas na consciência individual.

Bettanini (1985) parte da vida cotidiana como mundo pré-interpretado, parte do espaço vivido, nesses termos. O espaço em primeira pessoa, referindo-se, inclusive, ao corpo, nosso corpo. Contudo, ele reconhece a alienação: a crise das relações que unem os homens aos lugares – estilhaçamento em lugares funcionais etc. Reconhece o sentido de uma relação perdida.

Na práxis, a alteridade ao ser é por ele considerada não somente enquanto acrescentamento de mim mesmo, retirado de meu isolamento – este impossível no mundo em sociedade –, mas concebendo a alteridade como poder, alienação. Portanto, é o sujeito e o objeto implicados na prática social individual. A prática é uma mediação a ser desvendada como tal.

Nesse mesmo sentido, para Lefebvre (1980: 218), não se trata de acomodação numa experiência particular, risco da fenomenologia, mas de discutir a relação entre o vivido e o viver: a relação entre *nós* e *eles*, a ordem próxima e a ordem distante, pois a consciência não é um centro dado, fixo, fechado, ela oscila entre as relações interpessoais e a experiência das normas, representações, condutas gerais reguladoras; também define a relação entre o realizado e o possível.

> [...] O "vivido", em um sentido, é o realizado, então o real e o atual. E, entretanto, o "viver", com suas múltiplas virtualidades, a amplidão de seus horizontes [...] não é menos uma presença, então uma atualidade [...] A passagem incessante do vivido ao viver e do viver ao vivido é um aspecto da cotidianidade. (1980: 219-20)

É preciso considerar a influência da fenomenologia de Merleau-Ponty na obra de Lefebvre sobre o cotidiano e o vivido. Lefebvre nos legou a concepção de produção do espaço, nela incluindo o espaço vivido. A noção de ambiguidade, no tratamento da cotidianidade, sugere a situação de amortecimento de contradições, no plano do vivido, como busca incessante por manter a normalidade, mesmo diante de impasses dramáticos.

Lefebvre *nega* a aplicação da noção de ambiguidade às relações entre o ser e a consciência, isto é, por tomá-la, generalizando-a como categoria filosófica (ontológica), presente na obra de Ponty, e vai na direção de qualificá-la como categoria particular (sociológica) passível de sua subversão, superação. A práxis incluiria um processo de alienação/desalienação; um movimento dialético entre ambiguidade e decisão. A ambiguidade não revela uma situação irredutível e irrecuperável. Em Lefebvre (1980: 227-8):

> [...] a teoria da ambiguidade pressagia e exige o fim da ambiguidade [...] Estudar a cotidianidade é querer mudá-la [...] trazendo à luz e à linguagem suas confusões; é fazer aparecer, portanto explodir, seus conflitos latentes. É, assim, ao mesmo tempo uma teoria e uma prática, uma crítica e uma ação. A crítica da vida cotidiana envolve e precipita uma decisão, a mais geral e a mais revolucionária, aquela de tornar insuportáveis as ambiguidades [...]

E traduzir-se-ia num processo que, no âmbito do campo espaço-temporal, sintetizaria um movimento de conceber o lugar como isotopia, heterotopia e utopia. Nesse caso, o diálogo conceitual é mais diretamente com Michel Foucault. Aqui, o *desvio* envolve ir da realidade do espaço como homogêneo, funcional e estruturalmente condizente à sua mercantilização (isotopias) às formas mais ou menos diferenciais do espaço; mais inserida na reprodução social – heterotopia –; e o alhures, sem lugar, incluindo a negação – a utopia (Lefebvre, 1970). Com essa tríade é possível sugerir a concepção de lugar, destituindo sua fixidez e desde logo o expondo às vicissitudes sociais contemporâneas: o enfrentamento do jogo do mal econômico.[3]

Qual? Intimidar a subjetividade do homem histórico até sua razia. A socialização explosiva pelo capital abstrai conteúdos vivos, fundando a dominação abstrata: das camadas de história, como campos de possibilidades, à transmutação para sedimentos de formas de alienação, constituindo o terreno árido da produção do espaço abstrato, o da mercantilização generalizada e sabotagem do projeto de mudar a vida.

Chegamos num ponto de bifurcação. A direção será seguir adiante com os autores, que influenciaram a Geografia e os geógrafos, ou a recolocação de nossas preocupações a partir desse legado noutro âmbito: aquele de mover uma descontinuidade que localize o vivido expressamente no jogo econômico que o media e pressiona. Compreendemos, pelo caminho esboçado, o percebido como uma forma de consciência e ação. Portanto, a Geografia analítica e teoricamente posicionou o plano do vivido sem descuido ou omissão. O esforço foi situá-lo. O que desdobramos a seguir, a partir da premência do jogo econômico, como determinação específica da sociedade moderna contemporânea, é a ideia de que o plano do vivido nos leva até alhures, isto é, as transformações necessárias chegam ao fio condutor de um projeto que inclui *mudar a vida*. O plano do vivido contém essa possibilidade de exame do tempo de modo não linear, estritamente evolutivo, inclusive considerando que contém representações de outros tempos, que não as do presente explícito, imiscuídas.

O espectro da socialização que podemos definir como a do *terror* se dá em níveis mais próximos, inclusive o do corpo, aos mais globais, os que multiplicam a regressão da humanidade à coisa mundializada. A dobra, anunciada por René Thom,[4] a mudança de curso dos processos sociais críticos, está posta pela produção planetária do espaço, amealhando estratégias econômico-políticas para girar mais rápido a capitalização predatória do valor e realizar formas de alienação, tempos e espaços sociais coagulados. É a queda tendencial do materialismo, em prol de idealismo metafísico tecnocratizante, da casta dos pseudopensadores, ativos na projeção-ação da barbárie, a rigor, a do gênero coisas-"pensamentos".

As camadas de destituição são planos do aprofundamento das perdas de sociabilidade viva, tornada socialização abstrata; funcionalizando atividades, ao modo do trabalho abstrato, a reprodução hipócrita em tempos de crise estrutural do trabalho; estruturando globalmente negócios financeiros e especulativos, ritmação dinherária, em tempos de crise de valorização do valor; reiteração das formas da mercadoria e do capital, situando a proletarização ampliada de corpos e mentes que o urbano, como espaço-tempo de contestação, detendo a cidade como mediadora, em embate mortal, anuncia como generalização da luta de classes.

O alinhamento não é absoluto, há níveis/desníveis, que chamamos de presença-ausência, não estritos existentes. Alienações/desalienações, na luta entre cotidianidade e história, no continente árido e precificado da produção do espaço abstrato. Atos, situações, momentos subvertem a cotidianidade, como afastamento da potencialidade da história, ainda que na ausência de um projeto global de transformação social.

Onde, como, quando, por que não jogar este jogo, jogo do mal econômico?!

À cata do sentido da história.

Sob influência de René Thom, o quadro-síntese, desdobrado a seguir:

Quadro de estratificação em níveis, considerando a morfologia estratificada[5]
"Natureza-natural" Conotação do espaço vazio (de relações sociais apropriativas)
Formas dinherárias de gestão empresário-estatal Conotação de modernização espacial
Mobilidade do trabalho e do habitat Proletarização urbana
Sub/Sobrevivências como colonização da vida cotidiana *A cova em que estás de palmos-medida* Da casa ao trabalho; nenhum, nem outro O mais íntimo é o mais exterior: abstrações concretas
Sobre os tempos imiscuídos, ritmando qualidades do espaço O urbano na via do cotidiano como obra: apropriação e contestação urbana Subversão materialista ao idealismo metafísico tecnocrático e ao vivido mitificado Grade de representações do espaço (espaço concebido) e espaço de representações (espaço vivido), sob a mediação da prática espacial (espaço percebido),[6] (psicogeografia materialista)

Considerando o significado da produção do espaço como instauração de estratégias, minando reservas, quais forem, à lógica da economia mercantil. Economia mercantil em seu voraz movimento – processo do capital como complexo de circulação do capital (produção, distribuição e sua realização). Detendo um ritmo em que o processo de valorização do valor é premido pela mobilização da acumulação dinherária, que contradiz a positividade da valorização real.[7] Tem-se que a varredura dos lugares (tornados heterotopias) é sua face necessária, não sem contradições. Nesse mesmo sentido, os três últimos anos nos levaram a insistir em experiências didáticas, no nível da graduação, reunindo alunos, em grupo ou individualmente, para comporem cartografias influenciais, discernindo, no nível do vivido, as qualidades dos espaços: mais funcionais; mais apropriados; vazios de experiências urbanas; resistentes às mazelas da economia da urbanização... E a tentativa é criativamente produzir representações cartográficas que as retratassem a partir de leituras e trabalhos de campo, sob a forma da deriva. Fizemos derivas coletivas e individuais.

A deriva traz a possibilidade de somar-se aos cuidados com o trabalho de campo próprios da Geografia; representa uma atitude consciente de seu sentido criativo e crítico a propósito dos condicionamentos da vida cotidiana. Não descuida de tornar-se um ato, inverso à admissão das funcionalidades e especializações restritivas dos lugares. A ideia é filtrar os espaços de apropriação possíveis, superar a ambiguidade do que se aceita como normalidade. É uma atitude do pesquisador que decifra modos reais de resistência e dominação. A partir da deriva surge a Cartografia Influencial. Ela não está somente no nível da descrição, pois propõe-se como exame do contraditório entre o real vivido e as abstrações concretas que o oprimem. Esse esforço já pode ser percebido em pesquisa cartográfica de Jacques Bertin, em livro organizado por Chombart de Lauwe, sensível à cotidianidade das relações sociais; neste exemplo, o de Paris. Os membros da Internacional Letrista (1952-1957) e da Internacional Situacionista (1957-1972), que desenvolveram a ideia de Cartografia Influencial,[8] recuperaram, como exemplar, o mapa dos trajetos efetuados, em um ano, por uma estudante, habitante do xvº distrito de Paris, do referido livro.[9]

Oportunamente, reunimos a prática espacial à Psicogeografia materialista para discutir as formas de destituição e de apropriação sociais, simultaneamente. Sobre a prática espacial:

> No neocapitalismo, o que é a prática espacial? Ela associa estreitamente no espaço percebido a realidade cotidiana (emprego do tempo) e a realidade urbana (os percursos e redes ligando os lugares de trabalho, da vida "privada", dos lazeres). Associação surpreendente porque ela inclui a separação a mais ampla entre os lugares que ela liga. (Lefebvre, 2000: 48)

Quanto à Psicogeografia materialista, trata-se da busca de vida nova, "sem negligenciar um único aspecto da transformação da vida", insiste na necessidade de agir, sob o gosto do jogo, negando formas fixas, combatendo todos os reveses de conformismo e de mudanças, que acabam por reiterar e não transformar a vida cotidiana, o vivido; "sem se satisfazer com a continuidade de prazeres do presente estado de coisas", mantendo a base contestatória (Debord, 1996: 226-8).

Momentos importantes do acervo teórico de Ana Fani Alessandri Carlos (1996) e Milton Santos (1996) referem-se aos fundamentos da concepção de lugar, compondo a dialética entre as formas de dominação e aquelas de apropriação possível e criativa e do ato vivo de comunicação.

Da isotopia à utopia, a ideia é dispor os conteúdos do lugar às circunstâncias sociais. Trata-se de pensar a morfologia de modo dinâmico e traduzi-la como social. A isotopia, lugar do mesmo; a heterotopia, lugar do outro; a utopia como alhures, que projetam a presença-ausência, um movimento para além e aquém do existente; portanto, não equivalem a uma situação estável, mas, sim, aos termos da historicidade, também como espacialidade, aos campos espaço-temporais através dos quais se examinam transformações de mais longa duração ou de maior proximidade. É possível compreender as mudanças que vão surgindo, de curta duração, frutos de novas estratégias econômico-políticas com derivações espaciais importantes. Por exemplo, a redefinição de funcionalidades nas cidades a partir de projetos urbanísticos empresariais, como as *operações urbanas*. Não se trata de identificar duas situações temporalmente diversas, mas identificar os ritmos das mudanças em processo: os afrontamentos, os modos espoliativos mais ou menos incorporados pelos atingidos; as formas de violência em curso etc. Propusemos cartografias influenciais com esse sentido. E o fundamento é compreender a reprodução das relações sociais não como frutos inertes, mas como processo de reprodução de relações sociais: constituição de novas relações sociais e ações com vistas à manutenção ou tensão face às relações existentes.

Estamos compreendendo a utopia como campo espaço-temporal, que não está deslocado da isotopia e da heterotopia, mas como momento de sua relação contraditória imanente, isto é, própria. Caso não haja esse discernimento, o presente, o existente é, no limite, atemporal, eterniza-se. Mover a história é mover também as topias.

O lugar conceitua-se como em processo espaço-temporal. E, no plano do vivido, realidade e representações se imiscuem como prática social, atividade sensorial humana, objetivação e subjetivação, simultaneamente: o homem se realiza objetivamente, tornando-se sujeito do processo objetivo, de sua própria constituição, enquanto sujeito alienado, estranhado, submetido, e sujeito que percebe a objetividade que o destitui, apropriando-se, produzindo-se historicamente como homem social e individual. Esse duplo movimento contraditório, de alienação e desalienação, inclui, inclusive, a produção do corpo humano social, seus sentidos humanos, lugar das sensações, das dores, da imaginação, do gozo, do pensamento.

A ideia é nos aproximarmos de níveis e dimensões de caráter morfológico e topológico. Entendemos a morfologia como hierárquica estratificada (Lefebvre, 1978), que aqui nos leva aos planos: o do sistema de Estados – envolvendo organizações e instituições políticas, das internacionais às locais, passando pelos Estados nacionais –;

o das estratégias e negócios econômicos – das estruturas de multinacionais globais às formas empresariais mais locais –; o do vivido – no qual identificamos, como totalidade, o cotidiano (ver quadro anterior).

No plano do vivido, problematizamos uma tríplice topologia, mobilizando a concepção de lugar: isotopia, heterotopia e utopia, como indicado anteriormente. Topologia que não se esgota ao plano do vivido. O vivido, aqui privilegiado, sugere a problemática entre pensamento e ação e localiza, desde logo, sua presença nos estudos e tendências metodológicas da Geografia.

Em São Paulo, na chamada Cracolândia, alguns anos atrás, uma mulher conversa com o médico da Prefeitura, designado para aquele lugar. Ela é usuária de drogas. Prostitui-se para estar neste lugar, com essa conduta. É sorridente e comunicativa. Não está bem, mas descuida-se da própria condição. A tentativa do médico de alterar sua condição e fazê-la retornar à normalidade é por ela debochada. Que normalidade? O nada de vida e sobrevivência *dói*. Ficar na *Cracolândia é estar no paraíso*.

A Cracolândia é heterotopia do centro de São Paulo, que vai corroendo as beiras de seu lugar, enfrentando o entorno capitalizado em potência. Mas, para essa mulher, a Cracolândia é alhures: u-topia. Para ela, o irrisório e sem saída seria o lugar que ocupava antes, tido como normal, na sua miséria; para ela, a Cracolândia a ele se opunha. Nela, o universo se invertia. "[...] Se dá pra ficar na Lua ou em Marte ou qualquer lugar que seja onde não dói e tudo é da hora, pra que voltar pra dor?" (Clemente, 2016: 52).

A utopia é alhures, além, aquém do lugar mesmo (isotopia): o lugar do poder, o lugar subterrâneo, o lugar do amanhã resistente. No plano do vivido dessa senhora, a ausência de perspectiva do lugar miserável que ocupava atraía seu outro imaginado e alimentado com a droga, como para além desse mal. Ele é utópico agora; lugar alternativo à frustração iminente; sem futuro, sem passado, de presente efêmero e doloroso. Ao mesmo tempo, isotópico às periferias urbanas e na loucura utópico. Alguém que trabalhou na Cracolândia disse: "A Craco é periferia da periferia". E incômoda ao centro.

O lugar, no plano do vivido, expõe os limites de um pensamento formal. Necessariamente, intervém a vivência na sua constituição movente.

NOTAS

[1] Demangeon, 1973, p. 381 e ss.

[2] Johnston, 1986, citando David Harvey, p. 101.

[3] Inigualável a contribuição da obra de Guy Debord; aqui, expressamente a lembrança do mal econômico em Debord, (2006: 1.063-9) [*La planète malade*, orig. 1971].

[4] Lefebvre (1978: 210-58), anunciando René Thom. James Amorim Araújo pesquisa a obra de René Thom há alguns anos (cf. seu pós-doutorado: *A teoria das catástrofes e sua aplicação ao estudo da produção do espaço*, (Departamento de Geografia, FFLCH, USP, 2018). Entre nossas aproximações: A. L. Damiani, M. R. Silva e R. Baitz, "A aventura da sobrevivência do espaço periférico num mundo que o ignora e/ou sevicia: três transduções e sua representação gráfica, sob desvio transdutor", em M. P. de Oliveira, F. E. da S. Martins e L. de C. Giannella (orgs.), *Dominação e apropriação na luta por espaço urbano*, Rio de Janeiro, Consequência, 2018, capítulo 1, pp.13-47, quadro *desvio* de René Thom, p. 45.

5 Quadro de aforismo "O jogo do mal econômico", de A. L. Damiani, apresentado no Seminário "A teoria das catástrofes e a produção do espaço", organizado por James Amorim Araújo, Departamento de Geografia, FFLCH, USP, dezembro de 2018.

6 Grade espacial de conceitos da produção do espaço, entremeando realidade e representações, estas últimas incluindo ideologias e mitos, representações concebidas de planificadores, tecnocratas, e mitos, que vêm de outros tempos e/ou lugares e se fazem presentes, ao nível da vivência (Lefebvre, 2000: 40-57).

7 O sentido crítico do movimento do valor leva Harvey à noção de antivalor (Harvey, 2018: 79-98).

8 Entre as experiências: G. Debord, "Quatrième expérience du M.I.B.I. [Movimento Internacional por uma Bauhaus Imaginista] (plans psychogégraphiques de Guy Debord)", em *Guy Debord Oeuvres*, Paris, Quarto/Gallimard, 2006, pp. 289-92.

9 P. H. Chombart de Lauwe (org.), *Paris et l'agglomération pariesienne: L'espace social dans une grande cité*, Paris, PUF, 1952, v. 1, cap. VII, p. 106.

BIBLIOGRAFIA

BETTANINI, T. O "espaço do corpo" e os territórios da vida cotidiana. *Seleção de Textos*, n. 10, São Paulo: AGB-SP, junho de 1985.

CARLOS, A. F. A. *O lugar no/do mundo*. São Paulo: Hucitec, 1996.

CLEMENTE, M. *Cracolândia dia a dia*. São Paulo: Giostri, 2016.

DAMIANI, A. L. *Espaço e geografia – observações de método:* elementos da obra de Henri Lefebvre e a geografia. Ensaio sobre geografia urbana, a partir da metrópole de São Paulo. São Paulo, 2008. Tese (livre-docência) – Departamento de Geografia, FFLCH, USP.

DEBORD, G. (org.). *Potlatch (1954-1957)*. Paris: Gallimard, 1996.

______. *Guy Debord Oeuvres*. Paris: Gallimard/Quarto, 2006.

DEMANGEON, A. *La Picardie et les Régions Voisines*: Artois – Cambrésis – Beauvaisis. 4. ed. Paris: Librairie Guénégaud, 1973.

ENTRIKIN, J. N. O humanismo contemporâneo em geografia. *Boletim de Geografia Teorética*. Rio Claro, Associação de Geografia Teorética, v. 10, n. 19, 1980, pp. 4-30.

GEORGE, P. A propos de la "geographie active". Réflexion sur la responsabilité des géographes. *Hérodote – Revue de Géographie et de Géopolitique*. Paris: La Découverte, n. 33-34, pp. 213-21, 2º-3º trimestres de 1984.

HARVEY, D. *A loucura da razão econômica*: Marx e o capital no século XXI. São Paulo: Boitempo, 2018.

JOHNSTON, R. J. *Geografia e geógrafos*: a geografia humana anglo-americana desde 1945. São Paulo: Difel, 1986.

LEFEBVRE, H. *El Existencialismo*. Buenos Aires: Lautaro, 1948.

______. M. Merleau-Ponty et la philosophie de l'ambiguité. *La Pensée*, Paris: Institute de Recherches Marxistes, n. 68, julho-agosto de 1956, pp. 37-52.

______. M. Merleau-Ponty et la philosophie de l'ambiguité. *La Pensée*, Paris: Institute de Recherches Marxistes, n. 73, maio-junho de 1957, p. 44-58.

______. *Critique de la vie quotidienne I*, Introduction. 2. ed. Paris: Arche, 1958. [1. ed. 1947]

______. *La révolution urbaine*. Paris: Gallimard, 1970. [*A Revolução Urbana*. Trad. Margarida Maria de Andrade e Sérgio Merêncio Martins. Belo Horizonte: Editora UFMG, 1999]

______. *De l'état* – 4. Les contradictions de l'état moderne. Paris: Union Générale d'Éditons, 1978.

______. *Critique de la vie quotidienne II* – Fondements d'une sociologie de la quotidienneté. Paris: Arche, 1980. [1. ed., 1961]

______. *La production de l'espace*. 4. ed. Paris: Anthropos, 2000. [1. ed., 1974]

MARX, K. *Teses sobre Feuerbach*. São Paulo: Edições Sociais, 1977.

MERLEAU-PONTY, M. *Ciências do homem e fenomenologia*. São Paulo: Saraiva, 1973.

______. *Le primat de la perception et ses conséquences philosophiques*. Paris: Verdier, 1998.

RELPH, E. C. As bases fenomenológicas da geografia. *Revista Geografia*. Rio Claro, v. 4, n. 7, abril de 1979, pp. 1-25.

SANTOS, M. *A natureza do espaço*: técnica e tempo. Razão e emoção. São Paulo: Hucitec, 1996.

SILVA, A. C. Fenomenologia e geografia. *Revista Orientação*. São Paulo, Instituto de Geografia, Departamento de Geografia, FFLCH, USP, dezembro de 1986, pp. 53-6.

O LUGAR-MERCADORIA

Rita de Cássia Ariza da Cruz

Neste capítulo vamos tratar de um conceito que é, juntamente com as noções de espaço, território, região e paisagem, uma das mais importantes categorias de análise para a Geografia.

Etimologicamente, a palavra *lugar* remete às palavras de origem latina, *localis* e *locus*, ambas referindo-se a uma posição, uma localização no espaço. Tal origem influenciou e influencia grandemente, até os dias atuais, a forma como a noção de lugar é utilizada no senso comum, ou seja, muitas vezes reduzida ao sentido de localização. Como se pode ler em Houaiss (2009), o lugar é "parte delimitada de um espaço; local, sítio, região".

O lugar, entretanto, não se reduz a uma localização e tampouco a uma escala; pelo contrário, longe de restringir-se a uma questão de escala e de localização, é no lugar que a vida cotidiana se realiza, além de ser também aí onde o capital revela toda sua potência. Por outro lado, embora o lugar não escape às determinações econômicas, ele também não se reduz a essa dimensão, como apontam autores como Henri Lefebvre, Milton Santos, Amélia Luisa Damiani e Ana Fani A. Carlos. Como afirma Milton Santos (1996: 252), "a história concreta do nosso tempo repõe a questão do lugar numa posição central". Ainda segundo Santos (2000: 114), "o papel do lugar é determinante, pois o mesmo não é apenas um quadro de vida, mas um espaço vivido [...]".

Nos dizeres de Ana Fani A. Carlos (1996: 33), "revisitar a noção de lugar é uma imposição hoje na medida em que de um lado as relações sociais de produção têm uma existência social enquanto existência espacial, isto é, projetam-se concretamente no espaço".

De "parte delimitada de um sítio" (Houaiss, 2009) a *locus* da vida cotidiana e a mercadoria "embalada e vendida" (Ward, 1998), o lugar contém e é contido pela totalidade-mundo, além de ser, também, abrigo das contradições que são próprias ao processo social e histórico de produção do espaço.

Nesse contexto, afigura-se a necessidade da Geografia como um campo disciplinar que nos oferece um instrumental analítico fundamental para apreendermos/compreendermos os sentidos e significados do lugar na contemporaneidade, caminho que objetivamos percorrer nos parágrafos seguintes.

O LUGAR COMO *LOCUS* DA REPRODUÇÃO DA VIDA

Houve espaços-tempo em que as vidas dos sujeitos estiveram restritas a um pequeno povoado ou a uma pequena cidade. Um tempo em que a circulação territorial não apenas era muito mais difícil, mas também, para muitas pessoas, pouco necessária, pois a vida se realizava plenamente nas relações de vizinhança, restrita a recursos locais ou, no máximo, regionais, necessários à sua reprodução. Como colocado por Damiani, "o lugar foi, inicialmente, o espaço dos antigos "gêneros de vida",[1] a especificidade e a singularidade desses gêneros" (1999: 165). E mesmo no século XXI, a despeito da generalização das trocas de todo tipo envolvendo lugares e seus entornos próximos e distantes, é notório que o processo de globalização não tocou e não toca todos os lugares da mesma forma.

De todo modo, vivendo, como estamos, em um mundo globalizado, sujeito a um mercado mundial, povoado por redes de todo tipo, que conectam espaços e pessoas, tornou-se mais difícil apreender/compreender os sentidos e os significados do conceito de lugar. Milton Santos[2] (1994: 19), fazendo alusão à sua própria experiência de vida, escreveu:

> Ali mesmo, onde moro, frequentemente não sei onde estou. Minha consciência depende de um fluxo multiforme de informações que me ultrapassam ou não me atingem, de modo que me escapam as possibilidades hoje tão numerosas e concretas de uso e de ação.

Dos pequenos povoados e das pequenas cidades chegamos às grandes metrópoles, tão grandes e, sobretudo, tão complexas que motivaram diferentes autores a buscar novas nomenclaturas para as mesmas, como é o caso de megalópole e metápolis.[3] E essas transformações profundas, que atingem diretamente o modo de vida das pessoas pelo alastramento dos processos de urbanização e os novos arranjos socioespaciais deles decorrentes, colaboram para tensionar os significados da categoria analítica lugar.

Para Ana Fani A. Carlos (1996: 21), por exemplo, a metrópole não é lugar, pois "ela só pode ser vivida parcialmente". Segundo a autora, "o lugar é a porção do espaço apropriável para a vida – apropriada através do corpo – dos sentidos – dos passos de seus moradores, é o bairro, é a praça, é a rua...", e poderia assim ser analisado a partir da tríade habitante-identidade-lugar.

Neste sentido, o lugar não se confundiria com limites político-administrativos ou instâncias de governo e de governança (ainda que, no senso comum, seja assim recorrentemente compreendido), pois lugar remete à vivência, à experiência, a cotidiano. As afirmações vão também nesta direção, quando o autor diz que "no lugar – um cotidiano compartido entre as mais diversas pessoas, firmas e instituições – cooperação e conflito são a base da vida em comum". Para Santos (1996: 258), o lugar:

> [...] é o quadro de uma referência pragmática ao mundo, do qual lhe vêm solicitações e ordens precisas de ações condicionadas, mas é também o teatro insubstituível das paixões humanas, responsáveis, através da ação comunicativa, pelas mais diversas manifestações da espontaneidade e da criatividade.

Segundo Amélia Damiani (1999: 164), "relacionar cotidiano e lugar é envolver as relações próximas, ordinárias, singulares à mundialidade". A vida cotidiana, mais íntima, continua a autora, *ao mesmo tempo, situa seu lugar na sociedade global.*

De acordo com Ana Fani A. Carlos (1996: 26), "a produção espacial realiza-se no plano do cotidiano e aparece nas formas de apropriação, utilização e ocupação de um determinado lugar". Ainda segundo Carlos (1996: 21), *lugar*, para o indivíduo, são aqueles:

> [...] que o homem habita dentro da cidade, que dizem respeito a seu cotidiano e a seu modo de vida, onde se locomove, trabalha, passeia, flana, isto é, pelas formas através das quais o homem se apropria e que vão ganhando o significado dado pelo uso.

Ao analisar o *lugar na cidade*, Lucrecia D'Alessio Ferrara diz que "os lugares dispersos na história e geografia das cidades são tensos enquanto manifestação local de premências mundiais, mas os lugares não se mimetizam, ao contrário, são analógicos [...]" (2003: 127). Ou seja, por mais que o mundo, sob diversos aspectos, se faça presente nos lugares, cada lugar é único, ainda que tenha semelhanças com outros lugares.

Em um sentido antropológico, o lugar tem, para Marc Auge, pelo menos três características comuns. Ele é *identitário, relacional e histórico*. Além disso, o lugar antropológico é, para o autor, "simultaneamente princípio de sentido para aqueles que o habitam e princípio de inteligibilidade para quem o observa" (Augé, 1994: 51-2).

Mediação entre o mundo e o indivíduo, conforme afirmara Zdravko Milinar (1990: 57, apud Santos, 1996: 251), o lugar, nos dizeres de Amélia Damiani, "acima de tudo, não é o particular, perdido do mundo, é o diferente". Segundo a autora, o lugar "nasce do embate com os outros lugares, como totalidade, com a totalidade dos lugares, o mundo" (1999: 169-70).

O LUGAR COMO OBJETO DO PLANEJAMENTO URBANO: OS CASOS DO *PLACEMAKING* E DO *PLACE BRANDING*

Primeiramente, se faz necessário pontuar que as cidades e a *urbanização do mundo* ressignificaram os lugares e os seus sentidos. *Locus* da vida cotidiana, o lugar abriga interesses diversos, não raras vezes divergentes, manifestos no espaço e na paisagem, na forma das contradições entre público e privado, entre centro e periferia, entre inclusão e segregação, entre valorização e desvalorização, por exemplo. E como consideramos que o processo de produção do espaço é social e histórico, conflituoso e contraditório, reconhecemos que essas contradições estão presentes nos lugares de um modo geral sem, todavia, torná-los iguais.

É nesse sentido que abordaremos aqui duas práticas de planejamento, o *placemaking* e o *place branding*, que vêm ganhando importância nas últimas décadas, sendo ambas voltadas a intervenções sobre lugares, motivadas por razões aparentemente distintas.

De acordo com Caio Esteves (2016b: 110), "o *placemaking* é um processo de transformação urbana, uma ferramenta e uma filosofia". Ainda segundo o autor, trata-se de um processo voltado a "tornar os espaços públicos mais atrativos, qualificando-os para que se tornem vibrantes, vivos, e com maior utilização".

O *placemaking* decorre, conforme Esteves, da perda de uma perspectiva humanista no contexto do crescimento vertiginoso das cidades, do que deriva a degradação, sobretudo de espaços públicos, e da consequente necessidade de se intervir nesses espaços. Mas, ao contrário do planejamento urbano tradicional, em geral um processo *top-down* (de cima para baixo), a transformação dos lugares adviria, no *placemaking*, do protagonismo comunitário, em um movimento *bottom-up* (de baixo para cima). De acordo com Esteves (2016b: 111).

> Uma das mudanças propostas pelo *placemaking* é a ideia de que os próprios moradores são possíveis agentes dessa transformação. A ideia de fazer lugares pode partir da comunidade ao invés de depender exclusivamente do poder público.

O *placemaking* remonta aos anos 1960, a partir do pensamento de autores como a jornalista Jane Jacobs, do sociólogo e jornalista Willian H. White e do urbanista Kevin Lynch, cujos trabalhos teriam começado a colocar "as pessoas no centro das atenções" (Esteves, 2016b: 118). Willian "Holly" White, um dos ideólogos do *placemaking*, fundou, em 1975, nos Estados Unidos, a organização sem fins lucrativos Project for Public Spaces (PPS), em cuja página na internet se lê que teria sido "o primeiro centro para boas práticas, informação e recursos para o placemaking".[4]

O *placemaking* está muito relacionado ao trabalho efetuado por Organizações Não Governamentais (ONGs) e pode ser considerado um tipo de empreendedorismo social, pelo qual se busca transformar lugares, com e para as pessoas que vivem nesses lugares. O que, todavia, o *placemaking* não faz, não tem como fazer e pode, inclusive, contribuir para escamotear é atacar, diretamente, as causas geradoras dos processos de degradação de espaços urbanos, destacando-se os centros de cidade deteriorados e espalhados por todas as partes do mundo.

A cidade convertida, ela mesma, em negócio é reprodutora fiel das desigualdades originárias da concentração e da centralização social do capital. Como coloca Cesar Simoni Santos (2015), o processo de produção e reprodução do espaço urbano encontra-se no centro das estratégias de acumulação contemporâneas. É nesse sentido, afirma o autor, "que a cidade não é tomada meramente como lugar dos negócios, mas é ela mesma o próprio negócio que se realiza a partir da produção do espaço urbano" (Santos, 2015: 34).

Portanto, a rua mal cuidada, a praça abandonada, a ausência ou ineficiência de serviços públicos, alvos do *placemaking*, compõem a unidade contraditória da cidade-negócio, em que processos seletivos de valorização do espaço cuidam, embelezam e dotam de infraestruturas e serviços fragmentos escolhidos enquanto outros são abandonados à própria sorte.

Pensando, sobretudo, em países em desenvolvimento como o Brasil, em que as contradições que marcam os processos de produção do espaço urbano agudizaram-se na mesma proporção em que a população urbanizou-se, o *placemaking* pode também ser visto como uma medida paliativa e cosmética que, no lugar de atacar as causas da degradação de espaços urbanos, busca sanar seus efeitos.

Não queremos dizer que tais iniciativas não sejam relevantes ou não estejam produzindo resultados desejados nos lugares por elas tocados. O que queremos destacar é que, principalmente em países pobres, ex-colônias e democracias pouco maduras marcadas pelo desenvolvimento geográfico desigual, tais projetos, no lugar de empoderar a sociedade civil, podem ter um efeito exatamente contrário, enfraquecendo a luta por justiça social na e pela cidade.

Embora, no Brasil, existam raros exemplos desse tipo de experiência de planejamento urbano, uma única organização, a PPS, anteriormente citada, informa, em sua página na internet, já ter atuado em mais de 3 mil lugares pelo mundo.

Já no que tange ao *place branding*, comecemos tratando do significado e da origem do termo. *Branding* é uma palavra de origem inglesa que deriva de outra – *brand* – que, por sua vez, significa marca. O gerúndio aplicado ao substantivo *brand* indica *gestão de marca*. Umbilicalmente ligado ao campo de atuação do *marketing*, o desenvolvimento de marcas não é um processo recente, mas somente no final dos anos 1950, segundo Esteves (2016a: 37), profissionais de comunicação e de ciências humanas teriam se dado conta de que o relacionamento entre pessoas e marcas não poderia ser explicado objetivamente. Mais ainda, afirma Esteves (2016a: 32) que:

> Há muito que não nos relacionamos com produtos. Independentemente do que será consumido, seja um produto de massa, um produto *premium* de nicho ou um serviço, nós nos relacionamos com as marcas que estão por trás desses produtos e serviços, ou mais que isso, com as marcas que garantem esses produtos e serviços.

Para Magdalena Florek (2016: 214), "*place branding* é o processo de concepção, planejamento, construção e comunicação de um lugar com referência à sua identidade a fim de alcançar a imagem desejada".

Se o *branding* "trabalha a partir de uma identidade para fortalecer uma marca", como indica também Esteves (2016c), o *place branding* trabalha a identidade dos lugares com o propósito de "criar diferenciais competitivos [...]" e acrescenta o autor: "o *place branding* trabalha com os elementos físicos, simbólicos, racionais e emocionais que movem e promovem os lugares" (Esteves, 2016c: 150).

Segundo John Friedman (2010: 150), do aumento da competição entre cidades na busca por recursos, para o quê teriam contribuído o crescimento populacional mundial e o incremento da população urbana, resultaria, entre outras coisas, o aumento das parcerias público-privadas e o desenvolvimento de práticas de *branding* por governos locais "como se cidades fossem mercadorias à venda".[5]

Esse debate leva a outro, sobre *empreendedorismo urbano*, conceito que remete, diretamente, ao protagonismo assumido por governos locais na tomada de iniciativas na busca por recursos, principalmente a partir dos anos 1970. Nos dizeres de Harvey, "o empreendedorismo urbano [...] se enreda [...] com a busca da identidade local, e, como tal, abre um leque de mecanismos para o controle social".

Ainda segundo Harvey, o empreendedorismo urbano liga-se à *divisão espacial do consumo*, que implica no desenvolvimento de estratégias por parte de cidades e regiões para atrair consumidores em geral, entre os quais turistas. Como afirmara Milton Santos, o consumo é "o grande fundamentalismo do nosso tempo, porque alcança e envolve toda gente" (2005: 49).

Ao remeter-se ao caso de Baltimore, marcada, segundo o autor, por um "empobrecimento crescente e pela deterioração urbana generalizada", mas, ao mesmo tempo objeto, de intervenções urbanas voltadas à criação e difusão de uma imagem de prosperidade sobre a cidade, Harvey (2005: 185) diz: "Mesmo se falta o pão, o circo prospera. O triunfo da imagem sobre a substância é total".

Embora não sejam a mesma coisa, são evidentes as aproximações entre *place branding* e *city marketing* e *territorial marketing*, todas essas práticas voltadas a fomentar o potencial competitivo dos lugares na encarniçada competição por recursos e investimentos.

O mesmo se pode dizer do *destination branding*, gestão da marca de um destino, ou seja, de um *lugar turístico*. De acordo com Pereira, Linberger e Flore (2018: 64):

> Um dos objetivos do *destination branding* é consolidar imagem, visando que esta ocupe um lugar de destaque na mente do consumidor por meio da memória associativa, representada por uma rede de informações que ativa recordações, levando a associações com a marca e sua identidade.

O *branding* de lugares envolve, primeiramente, portanto, a criação de uma marca e, consequentemente, a gestão dessa marca. E embora apologistas do *place branding* enalteçam o valor simbólico, para uma comunidade local, da definição de uma identidade para o lugar em que vivem, alegando que isso colabora para a autoestima do cidadão ou para uma maior satisfação da população local com seu lugar de moradia, é evidente que o *branding* de lugares volta-se, principalmente, à sua comercialização no *mercado global de lugares*, seja visando à atração de investidores, seja almejando a atração de turistas.

Caso exemplar e conhecido internacionalmente é o da cidade de Nova York, cujo *place branding* envolveu a criação de uma logomarca que foi estratégica para a promoção da venda do lugar.

A logomarca que diz "*Eu amo Nova York*", substituindo o verbo amar por um coração, foi criada, no início dos anos 1970 por uma renomada agência de propaganda, a Wells Rich Greene,[6] então contratada com o propósito de ajudar a promover a cidade em um momento em que a mesma sofria, profundamente, as consequências da crise do petróleo. Até hoje, esta logomarca, que se soma a diversas outras,[7] permanece sendo uma fonte importante de recursos para a cidade. Nova York encontra-se, na atualidade, entre as cidades que mais recebem turistas no mundo, juntamente com outros lugares *icônicos* como Londres e Paris. Pois o sucesso da Nova York de hoje é também o êxito do *place branding* de ontem, parte importante de uma estratégia, mais ampla, de transformação da cidade em um produto a ser consumido.

Vendidos ao todo ou aos pedaços, o fato é que lugares estão sendo equiparados a mercadorias, e isso não é exatamente algo novo.

O LUGAR COMO MERCADORIA PARA O TURISMO

Embora se possa falar em turismo numa escala mundial, com seus fluxos internacionais e com as geografias produzidas por cruzeiros marítimos, operadoras globais e redes hoteleiras que dominam o setor de hospedagem, é nos lugares que o turismo acontece, assim como a vida cotidiana. Como afirma Milton Santos, "o lugar [...] define-se como funcionalização do mundo e é por ele (lugar) que o mundo é percebido empiricamente" (2005: 158). O que se passa, então, nos lugares tocados pelo turismo é o encontro de espaços-tempo muito distintos, ou seja, os espaços-tempo da vida cotidiana de quem vive nesses lugares e aqueles outros produzidos para os que estão de passagem, os turistas, resultando em geografias entrecruzadas, comumente contraditórias e conflitantes.

Aspecto importante a ser levado em conta é a distinção conceitual entre turismo e turistas, pois enquanto o turismo como atividade econômica é promotor do consumo dos lugares e protagonista do processo de produção do espaço para o uso dos turistas, estes, os turistas, são consumidores temporários desses lugares e com uma participação limitada nos processos decisórios que emanam do setor. Mas, para se compreender a transformação do espaço em mercadoria e do lugar em mercadoria para o turismo, precisamos recorrer a algumas características do modo de produção capitalista.

Podemos começar afirmando, com Neil Smith (1988: 94), que "a produção capitalista [...] é acompanhada não pela satisfação das necessidades em geral, mas pela satisfação de uma necessidade em particular: lucro". Além disso, como coloca o autor, "na busca do lucro, o capital corre o mundo inteiro. Ele coloca uma etiqueta de preço em qualquer coisa que ele vê [...]".

O avanço do modo de produção capitalista ao longo do tempo, incluindo a conquista de praticamente todo o planeta, não se fez, ressalte-se, sem as contradições que lhe são próprias, tais como a produção social da riqueza e sua apropriação privada ou ainda a produção social do espaço e sua apropriação também privada (Carlos, 1999).

Essas e outras contradições ligam-se à reprodução das relações de produção, que, segundo Henri Lefebvre (2008: 47-8):

> [...] não coincide mais com a reprodução dos meios de produção. Segundo o autor, ela se efetua através da cotidianidade, através dos lazeres e da cultura, através da escola e da universidade, através das extensões e proliferações da cidade antiga, através do espaço inteiro.

E é no contexto histórico de avanço do modo de produção capitalista que o espaço é também convertido em mercadoria. Como afirma Ana Fani A. Carlos (2011: 60), "a produção do espaço se insere na lógica da produção capitalista que transforma toda a produção em mercadoria".

Em se tratando especificamente dos lugares produzidos para serem *lugares de lazeres*, Henri Lefebvre (2008: 50) diz que:

> [...] são precisamente lugares nos quais se reproduzem as relações de produção, o que não exclui, mas inclui, a reprodução pura e simples da força de trabalho. Tudo isso, segundo o autor, se lê nesses espaços, mas com dificuldades, pois o texto e o contexto estão embaralhados (como num rascunho).

Esse *embaralhamento* entre texto e contexto a que se refere Lefebvre tem tudo a ver com a produção de lugares para serem vendidos como produto turístico, a começar pela especialização no uso do espaço muitas vezes produzida nesses lugares, passando pelo tratamento diferenciado dado a esses fragmentos de espaço tanto pelo Estado como por agentes privados, assim como pela criação de simulacros, bolhas e congêneres, conforme amplamente discutido na bibliografia sobre turismo.

Como um ramo do lazer, o turismo é uma forma *moderna* de consumo do espaço, consumo este efetivado por meio do aluguel de casas por temporada, de diárias de hotel, de serviços de alimentação, entre outros. Segundo Ana Fani A. Carlos (1999: 179):

> O turismo representa a conquista de uma importante parcela do espaço que se transforma em mercadoria (e que entra no circuito da troca), como é o caso de praias, montanhas e rios, tornando-se um novo e rentável ramo da atividade produtiva, sob essa determinação.

A especialização no uso do espaço pelo turismo chega a ser perceptível na paisagem, pela ocupação de bairros inteiros por residências de veraneio, pela presença de um comércio especializado no atendimento a demandas típicas do setor turístico, pela expansão do setor hoteleiro etc., o que muitas vezes se dá em detrimento do atendimento às demandas locais, emanadas de quem vive nesses lugares.

Paralelamente a isso, o que nem sempre se faz visível são as contradições que moveram e movem a instalação desse uso e apropriação dos lugares pelo turismo, como a expulsão de habitantes locais pela valorização terra (em especial do solo urbano), a produção de moradias precárias para essa população *desterritorializada* e o inflacionamento geral do custo de vida para quem habita esses lugares, por exemplo. Tudo isso, é claro, como resultado da redução do espaço à mercadoria contraditoriamente à produção do espaço como condição da reprodução da vida.

Movidos por interesses capitalistas, Estado e agentes privados detêm o comando desse processo de conversão dos lugares em lugares-mercadoria para o turismo. O Estado, assentado em discursos de desenvolvimento econômico e geração de empregos, constrói vias de circulação, desapropria imóveis para *abrir espaço* para o progresso supostamente trazido pelo turismo e usa o *marketing* público para promover esses lugares, às vezes por meio do *placebranding*; os agentes de mercado, por seu turno, sabem tirar proveito do interesse público no desenvolvimento do turismo, especulando com o preço da terra e promovendo, em sentido amplo, a privatização do espaço.

No limite, a produção de um lugar como mercadoria para o consumo turístico traduz-se na criação de enclaves territoriais e simulacros, fragmentos de espaço superespecializados voltados à realização dessa forma de consumo e que são, invariavelmente, pouco ou nada integrados a seus entornos (Cruz, 2007). Esse é o caso, por exemplo, de condomínios fechados, de luxo, e suas casas e apartamentos de veraneio rodeados de estruturas de lazer; espaços no interior dos quais turistas com alto poder aquisitivo reproduzem um mesmo estilo de vida que mantêm em seus lugares de origem.

Mas quando a produção do espaço de um lugar é conduzida, prioritariamente, pela realização de negócios turísticos ou outros; quando a reprodução da vida é colocada em segundo plano, quando os interesses legítimos dos habitantes de um lugar são considerados menos importantes que o dinheiro, isto significa que está faltando cidadania.

Em suma, ao contrário do que se possa pensar, a mercantilização dos lugares não constitui fenômeno novo e tampouco se restringe ao turismo. Segundo Stephen V. Ward (1998), no século XVIII, por exemplo, durante o período de colonização dos Estados Unidos da América, lugares eram *promovidos* por meio de propaganda impressa, com o propósito de atrair moradores e investidores, configurando-se, desde então, uma clara competição entre eles na disputa por recursos humanos e financeiros. Desse modo, já se fazia muito tênue, naquele período, a linha divisória que separa a promoção de um lugar daquela que demarca a sua mercantilização.

Como amplamente analisado por Harvey (1989; 2005), a competição entre lugares aprofundou-se a partir do século XX, sobretudo em função da crise no financiamento público, que atingiu as nações de um modo geral, e que fragilizou principalmente grandes cidades, detentoras de grandes contingentes populacionais. Nesse contexto, cidades, assim como regiões e nações inteiras, vendem a si mesmas, tal como coloca Stephen Ward (2004: 1): "Todo lugar, cidade, região e nação, ao que parece, está se vendendo freneticamente por meio de afirmações sobre sua vantagem competitiva".[8]

O lugar-mercadoria, como todo lugar, tem uma existência concreta, material, mas é também uma representação de si mesmo, que nem sempre encontra paralelo na realidade.

Isso vale tanto para os lugares vendidos no mercado turístico como para todos os outros mercantilizados em função de interesses do mercado imobiliário, da atividade industrial, do agronegócio ou qualquer outra atividade econômica.

O lugar-mercadoria é a contradição viva entre as necessidades ligadas à reprodução da vida e àquela pela qual se move o modo de produção capitalista: o lucro. É por isso que a sua superação parece muito distante de ser alcançada.

NOTAS

1 Gênero de vida é um noção proposta pelo geógrafo Frances Paul Vidal de La Blache (1845-1918). De acordo com Moraes (1997: 68-9), "A teoria de Vidal concebia o homem como hóspede antigo de vários pontos da superfície terrestre, que em cada lugar se adaptou ao meio que o envolvia, criando, no relacionamento constante e cumulativo com a natureza, um acervo de técnicas, hábitos, usos e costumes, que lhe permitiram utilizar os recursos naturais disponíveis. A este conjunto de técnicas e costumes, construído e passado socialmente, Vidal denominou 'gênero de vida', o qual exprimiria uma relação entre a população e os recursos, uma situação de equilíbrio, construída historicamente pela sociedade".

2 O geógrafo Milton Santos viveu em diferentes cidades e metrópoles pelo mundo, mas habitava a cidade de São Paulo no momento em que escreveu este livro: *Técnica, espaço, tempo: globalização e meio técnico-científico-informacional*, São Paulo, Hucitec, 1994.

3 Segundo Lencioni (2015: 8), o termo "megalópole" foi originalmente empregado por autores como Guedes (1915 [1960]), Splenger (1918 [1966]) e Munford (1938 [1945]), anteriormente, portanto, a Gottmann (1961), embora este último, de acordo com Lencioni, tenha atribuído um novo significado ao conceito. Quanto ao conceito de "metápolis", Lencioni atribui a Ascher (1995) a sua proposição.

4 Disponível em: <https://www.PPS.org/about>. Acesso em: maio 2019. Pode-se ler nesta página que: "o placemaking inspira as pessoas a reimaginar e reinventar coletivamente os espaços públicos como o coração de cada comunidade. Fortalecendo a conexão entre as pessoas e os lugares que elas compartilham, o *placemaking* refere-se a um processo colaborativo pelo qual podemos moldar nossa esfera pública para maximizar o valor compartilhado. Mais do que apenas promover um melhor design urbano, o *placemaking* facilita os padrões criativos de uso,

dando atenção especial às identidades físicas, culturais e sociais que definem um lugar e apoiam sua evolução contínua" (tradução livre).

5 No original: "[...] as if cities were commodities for sale".

6 Disponível em: <https://plugcitarios.com/blog/2012/07/17/conheca-a-historia-da-logo-i-love-ny/>. Acesso em: maio 2019.

7 Um exemplo muito importante é a Big Apple, que, embora corresponda a um apelido criado para a cidade no início do século XX, foi convertida em logomarca nesse mesmo contexto do "*I love New York*", ou seja, de estratégia pública de promoção da cidade no início dos anos 1970.

8 No original, lê-se: "Every town, city, region and nation, it seems, is now frenetically selling itself with assertions of its competitive place advantage".

BIBLIOGRAFIA

AUGÉ, M. *Não lugares:* introdução a uma antropologia da supermodernidade. 4. ed. Campinas: Papirus: 1994.

CARLOS, A. F. A. *O lugar no/do mundo*. São Paulo: Contexto, 1996.

______. O consumo do espaço. In: CARLOS, A. F. A. (org.). *Novos caminhos da geografia*. São Paulo: Contexto, 1999, pp. 173-86.

______. Da "organização" à "produção" do espaço no movimento do pensamento geográfico. In: CARLOS, A. F. A.; SOUZA, M. L. de; SPÓSITO, M. E. B. (Orgs). *A produção do espaço urbano:* agentes e processos, escalas e desafios. São Paulo: Contexto, 2011, pp. 53-73.

CRUZ, R. C. A. *Geografias do turismo, de lugares a pseudolugares*. São Paulo: Roca, 2007.

DAMIANI, A. O lugar e a produção do cotidiano. In: CARLOS, Ana Fani A. (org.). *Novos caminhos da geografia*. São Paulo: Contexto, 1999, pp. 161-72.

ESTEVES, C. Branding. In: ESTEVES, Caio (org.). *Place Branding*: identificando vocações, potencializando identidades, fortalecendo lugares. Santos: Simonsen, 2016a, pp. 22-67.

______. Place Making. In: ESTEVES, Caio (org.). *Place Branding*: identificando vocações, potencializando identidades, fortalecendo lugares. Santos: Simonsen, 2016b, pp. 108-47.

______. Place Branding. In: In: ESTEVES, Caio (org.). *Place Branding*: identificando vocações, potencializando identidades, fortalecendo lugares. Santos: Simonsen, 2016c, pp. 148-269.

FERRARA, L. D. Lugar na cidade: conhecimento e dialogo. In: SOUZA, M. A. A. (org.). *Território brasileiro:* usos e abusos. Campinas: Territorial, 2003, pp. 118-29.

FLOREK, M. Place marketing e place branding. In: ESTEVES, Caio (org.). *Place Branding*: identificando vocações, potencializando identidades, fortalecendo lugares. Santos: Simonsen, 2016, pp. 214-6.

FRIEDMANN, J. Place and Place-Making in Cities: A Global Perspective. *Planning Theory & Practice*, v. 11, n. 2, 2010, pp. 149-65.

HARVEY, D. From Managerialism to Entrepreneurialism: The Transformation in Urban Governance in Late Capitalism. *Geografiska Annaler*, v. 71. n. 1, 1989, pp. 3-17.

______. *A produção capitalista do espaço*. Trad. Carlos Szlak. São Paulo: AnnaBlume, 2005.

INSTITUTO Houaiss de Lexicografia. *Dicionário Houaiss da língua portuguesa*. Rio de Janeiro: Objetiva, 2009.

LEFÈBVRE, H. *Espaço e política*. Trad. de Margarida M. de Andrade e Sérgio Martins. Belo Horizonte: Editora UFMG, 2008.

LENCIONI, S. Urbanização difusa e a constituição de megarregiões. *Metrópolis*, Rio de Janeiro, v. 6, n. 22, 2015, pp. 6-15.

MORAES, A. C. R. *Geografia, pequena história crítica*. 15. ed. São Paulo: Hucitec, 1997.

PEREIRA, L. A.; LINBERGER, P. F.; FLORES, L. C. S. Identificação dos aspectos conceituais e elementos que constituem o branding e destination branding. *Revista Turismo Em Análise*, v. 29, n. 1, São Paulo, pp. 56-73.

SANTOS, M. *Técnica, espaço, tempo:* globalização e meio técnico-científico-informacional. São Paulo: Hucitec, 1994.

______. *A natureza do espaço:* técnica e tempo, razão e emoção. São Paulo: Hucitec, 1996.

______. *Por uma outra globalização:* do pensamento único à consciência universal. Rio de Janeiro/São Paulo: Record, 2000.

______. *Da totalidade ao lugar*. São Paulo: Edusp, 2005.

SANTOS, C. S. Do lugar do negócio à cidade como negócio. In: CARLOS, A. F. A.; VOLOCHKO, D.; ALVAREZ, I. P. (orgs.). *A cidade como negócio*. São Paulo: Contexto, 2015, pp. 13-41.

SMITH, N. *Desenvolvimento desigual:* natureza, capital e a produção do espaço. Rio de Janeiro: Bertrand Brasil, 1988.

WARD, S. V. *Selling Places*. The Marketing and the Promotion of Cities 1850-2000. London/New York: Spon Press, 1998.

PARTE 3

NATUREZA, PAISAGEM E CULTURA

NATUREZA E SOCIEDADE

Marta Inez Marques

Este capítulo[1] visa contribuir para a desnaturalização e superação do conceito de natureza da sociedade burguesa, moldado com o auxílio da ciência moderna e do dualismo epistemológico entre os estudos da natureza e da sociedade. Ele apresenta um conjunto de abordagens críticas e propõe o desenvolvimento de uma abordagem da relação entre sociedade e natureza a partir do materialismo dialético e do uso dos conceitos de *produção da natureza* e de *metabolismo entre sociedade e natureza* com o intuito de identificar mediações e múltiplas determinações constitutivas de cada uma das duas categorias.

Com uma frequência cada vez maior, ouve-se falar da existência de problemas ambientais e da necessidade de uma mudança na forma como nos apropriamos e usamos a natureza. Uns defendem transformações radicais e advertem que, do contrário, ocorrerá a destruição do planeta, outros acreditam ser possível enfrentar os problemas ambientais com medidas compensatórias e estratégias de mercado, entre esses dois extremos encontra-se ainda uma grande variedade de posições.

Cada um de nós se posiciona em relação a esse debate conforme os conceitos de natureza e de sociedade que temos. Do ponto de vista do senso comum, a natureza parece algo dado sobre o qual não há o que se discutir. Mas, como lembra Raymond Williams (2005: 73), "[...] a ideia de natureza contém, embora frequentemente despercebida, uma quantidade extraordinária de história humana".

Além disso, discursos sobre a natureza podem parecer contraditórios e expressar ideias conflitantes derivadas de esferas sociais e momentos distintos, mas possuem sempre um significado político. Todo projeto sociopolítico é também um projeto ecológico e vice-versa. "Se, além disso, conceitos, discursos e teorias podem operar, quando internalizados em práticas e ações socioecológicas, como 'forças materiais' que moldam a história, então as batalhas atuais travadas sobre os conceitos de 'natureza' e de 'ambiente' são de imensa importância" (Harvey, 1996: 174).

Trata-se de um tema bastante polêmico, sobre o qual existe uma extensa literatura, de modo que não será possível esgotar essa discussão no âmbito do presente texto. Também não se pretende propor um modelo ou uma teoria geral para a análise da natureza, mas tão somente um caminho que permita abordar a unidade ontológica entre natureza e sociedade e as diferentes relações que se estabelecem entre elas a partir do processo de produção social.

O capítulo está dividido em três partes: (1) o conceito moderno de natureza e seus críticos; (2) materialismo dialético, filosofia das relações internas e o conceito de natureza; e (3) produção da natureza e metabolismo sociedade e natureza.

O CONCEITO MODERNO DE NATUREZA E SEUS CRÍTICOS

O estudo da relação entre sociedade e natureza é uma questão central para o pensamento geográfico, que tem se valido de conceitos como paisagem e região, dentre outros, para apreender a síntese dela resultante. No entanto, tem prevalecido a compreensão de que a sociedade e a natureza são entidades distintas, constituídas por características e propriedades que lhes são intrínsecas, além de externas e estranhas entre si. Segundo Smith (1988: 31),

> A partir de Bacon, tornou-se lugar comum que a ciência trate a natureza como exterior no sentido de que o método e o procedimento científicos ditam uma absoluta abstração tanto do contexto social dos eventos e objetos em exame quanto do contexto social da própria atividade científica.

Sob a modernidade (fenômeno sociocultural, econômico e político), naturalizam-se as relações sociais constitutivas da sociedade burguesa, incluindo a sua relação com a natureza, e esta sociedade é tomada como o conceito universal de sociedade. Outras formações sociais e saberes são desvalorizados, considerados inaptos e assim subordinados ao domínio de um saber de caráter objetivo, capaz de acessar as coisas em si, como é característico da ciência moderna.[2]

A natureza é pensada como dada, externa, estoque de recursos disponível para o usufruto humano. Ao mesmo tempo, também se adota uma noção de natureza abstrata, apoiada na ciência física, concebida como um conjunto de objetos e fenômenos gerais que compõem uma ordem estável e universal. Em ambas as formas de representação, prevalece uma visão reducionista e objetivista, que concebe cada elemento individualmente, em sua composição e funcionamento próprios. O conceito de natureza da ciência moderna contribui para reafirmar a ordem social estabelecida, uma ordem em que a produção e circulação de mercadorias (coisas) assumem um papel central e a natureza é transformada em meio de produção em escala mundial.

Com a generalização das relações de produção capitalistas e da forma valor[3] regulando o processo de acumulação, a abstração assume um papel central na sociabilidade em geral. O avanço dos cercamentos e a imposição da propriedade privada da terra, tornada mercadoria, são momentos do processo de criação do espaço abstrato. O espaço, comumente indiferenciado da materialidade e da natureza em outras formações sociais, torna-se entidade independente e separada da matéria no capitalismo, um espaço abstrato e instrumental. Um espaço concebido "como vácuo [vazio], como receptáculo universal no qual os objetos existem e os eventos ocorrem" (Smith, 1988: 111) fornece um enquadramento para a realidade. "Enquanto o espaço e a matéria permaneceram de algum modo confundidos, a atividade material humana não pôde ser conceituada em abstração ao espaço físico" (Smith, 1988: 114). Para Smith (1988:115):

> A separação do espaço relativo e do espaço absoluto [de I. Newton] ofereceu os meios pelos quais um espaço social poderia ser separado do espaço físico, sendo o espaço social definido não em relação a uma natureza primeira independente e exterior, mas a uma segunda natureza humanamente produzida.

O mundo social, de um lado, e o mundo natural ou físico, do outro, têm sido analisados por diferentes disciplinas, em suas especialidades e com base em suas respectivas teorias, e a relação sociedade e natureza, pensada como um fato *a posteriori* que põe em contato estes dois mundos. Esse caminho, bastante difundido na Geografia, tem se revelado problemático dada a dificuldade verificada para se estabelecer o diálogo entre diferentes tradições de pensamento e as distintas lógicas identificadas para explicar cada um desses dois mundos. Isso é reforçado pelo grande distanciamento existente entre as abordagens das ciências da natureza, de forte viés positivista, e as teorias sociais, sobretudo aquelas mais sensíveis a particularidades dos fenômenos culturais e políticos, bem como à diversidade e às contradições que lhes são correlatas.

Essa dificuldade se tornou mais evidente a partir do final dos anos 1960, quando passaram a crescer as denúncias quanto às perturbações desencadeadas sobre os processos geobiofísicos, que sustentam a teia da vida nas várias regiões do planeta, pelas formas de intercâmbio estabelecidas entre sociedade e natureza sob o modo de produção capitalista. Tais perturbações apresentam consequências diversas, algumas ainda não avaliadas devidamente em seu alcance e múltiplas implicações sociais e ecológicas. São exemplos de perturbações importantes: a contaminação do alimento e do meio ambiente, com forte impacto sobre a saúde humana e dos seres vivos em geral, decorrente do uso abusivo de agrotóxicos; a destruição de biomas; a extinção de formas de vida diversas; os desvios e barramento de cursos hídricos; a criação de ilhas de calor pelo elevado adensamento urbano e grande extensão do ambiente construído; a manipulação genética e criação de organismos transgênicos etc. Nesse contexto, dá-se o incremento dos negócios envolvendo a natureza, o acirramento do debate acadêmico e político sobre o meio ambiente e o surgimento de novos enfoques com o objetivo de alcançar uma melhor compreensão dessa realidade e, desta forma, contribuir para o enfrentamento de seus dilemas.

Essa situação coincide com um período em que a ciência enfrenta uma crise de paradigmas e a reflexão sobre as questões ecológicas passa a ser fortemente influenciada pela crítica aos reducionismos deterministas da ciência moderna, que explicam pelo elementar, e às teorias gerais, marcadamente abstratas, distantes dos processos materiais em sua multidimensionalidade, contingência e expressão particular. Em lugar dessas teorias, surgiram abordagens diversas de caráter integrador visando repensar o conceito de natureza à luz da negação da separação entre sociedade e natureza, que têm inovado em vários aspectos e contribuído para o enfrentamento da perspectiva dualista.

A seguir serão apresentadas de forma introdutória importantes contribuições elaboradas no âmbito desse debate, agregadas em três grupos: (a) no primeiro grupo reúnem-se as abordagens que partem de uma crítica radical ao ideal de "purificação" e à autoridade da ciência moderna e realizam a desconstrução das teorias gerais, ressaltando a pluralidade e o significado político do conhecimento; (b) no segundo grupo estão reunidos autores e teorias que buscam repensar as fronteiras entre as áreas disciplinares e superar a fragmentação do conhecimento por meio do diálogo entre os diferentes campos constituídos, tecendo de maneira conjunta um pensamento complexo a partir de uma perspectiva sistêmica e da incorporação das noções de desordem e de incerteza; (c) no terceiro grupo estão reunidos trabalhos que se apoiam em abordagens relacionais e reconhecem o significado político do conhecimento, ao mesmo tempo em que adotam uma perspectiva de totalidade.

Os autores reunidos no primeiro agrupamento criticam as concepções realistas, o reducionismo das teorias gerais e a separação sociedade e natureza em que se fundamenta o modelo de natureza característico da modernidade. Eles entendem que toda realidade social é construída e buscam apreender as múltiplas formas de conceituar natureza, seja no âmbito de uma sociologia das ciências, seja ao tratar de temas como gênero, raça, etnia e outros com base na análise de discursos, práticas históricas, biologia e política.

Bruno Latour (1994; 2004) critica a purificação da ordem natural efetuada pela ciência moderna e propõe a reinvenção do que se entende por natureza e a superação de sua separação em relação à sociedade. Ele defende a necessidade de repensarmos o conceito de "objeto" à luz de sua liberação da ideia de natureza como um grande cenário e do reconhecimento de seu caráter ativo e de sua participação como não humano de assembleias humanas e de redes sociotécnicas.[4] Ou seja, Latour pretende enfrentar a separação entre sociedade e natureza por meio de um trabalho de mediação, pela simetria no tratamento de humanos e não humanos e pela atenção aos híbridos de objeto-discurso-natureza-sociedade, sujeitos-objetos – quase-objetos e quase-sujeitos. Conforme Latour (2004: 94), "ao libertar os não humanos da polêmica da natureza, não pretendemos deixá-los a eles mesmos inacessíveis, inatacáveis, inqualificáveis, como se ocupassem a posição bem pouco invejável da 'coisa em si'".

Ele se situa num lugar especial, de suposta externalidade às posições que define como moderna, pré-moderna e pós-moderna, e pretende construir uma abordagem não moderna a partir da aceitação e incorporação de algumas contribuições de cada uma dessas tradições e da rejeição de outras (Latour, 1994: 131-134). O autor acredita na possibilidade de construção de uma ecologia política a partir de diferentes práticas científicas, ancoradas numa diversidade de tradições disciplinares. Assim, Latour (2004) defende a multiplicação das vozes como o caminho para o aperfeiçoamento das formas de representação visando à composição de um mundo comum, um coletivo bem articulado formado por humanos e não humanos a partir da experiência coletiva e da discussão política continuada.[5]

Donna Haraway (1991; 1995) concorda com Latour sobre a necessidade de se questionar a objetividade do saber científico moderno e seu conceito de natureza, mas, diferentemente dele, ela não visa substituí-los por formas de representação aperfeiçoadas. A partir de uma perspectiva feminista socialista, a autora entende que os saberes são sempre localizados ou conhecimentos situados, em que a ancoragem do mundo objetivo se dá por espaços mentais e físicos particulares, ou seja, por "corporificações" específicas. Segundo Haraway, a ciência para o feminismo diz respeito à objetividade como racionalidade posicionada, estabelecida a partir de uma conexão parcial.[6] Escreve Haraway (1995: 16),

> As feministas não precisam de uma doutrina de objetividade que prometa transcendência, uma estória que perca o rastro de suas mediações justamente quando alguém deva ser responsabilizado por algo, e poder instrumental ilimitado. Não queremos uma teoria de poderes inocentes para representar o mundo, na qual linguagens e corpos submerjam no êxtase da simbiose orgânica.

Os trabalhos de Edgar Morin (2000) e de Ilya Prigogine e Isabelle Stengers (1991) correspondem ao segundo grupo aqui identificado. Eles partem de uma crítica à fragmentação e ao reducionismo da ciência moderna em sua busca pela identificação de leis e de determinações causais gerais, adotam a ideia de contingência e de possibilidade em lugar de certeza e defendem o pensamento complexo ou o paradigma da complexidade como alternativa para superar a fragmentação.

Para Morin (2000), o presente desafio da globalidade é também o desafio da complexidade e deve ser enfrentado pela construção de uma abordagem sistêmica que dê conta de entidades naturais como o cosmo, a vida, a natureza. Ele entende que é preciso refletir sobre as bases em que estão estabelecidas as fronteiras entre as disciplinas e buscar ecologizá-las, ou seja, contextualizar, situar e colocá-las em relação, assegurando um diálogo profundo entre elas. Para ele, é preciso pensar a ordem junto com a desordem e a incerteza, com base numa causalidade em círculo e multirreferencial.

Prigogine e Stengers (1991) propõem a passagem de uma concepção do mundo como uno, atemporal e fundamental para um mundo múltiplo, temporal e complexo, um mundo espontâneo e de auto-organização, marcado pela história e pela incerteza. Eles tomam como referência ideias e conceitos da Biologia, da Física, da Termodinâmica e da Cibernética e elaboram uma nova maneira de compreender os sistemas, capaz de abarcar os paradoxos, ambiguidades e conflitos que os constituem, superando a ênfase na estabilidade e nas repetições que caracteriza a visão de natureza na ciência moderna. Dessa forma, os autores visam fornecer uma síntese, uma imagem do mundo formada a partir do entrelaçamento entre micro e macro, ordem e desordem, tempo reversível e irreversível.

Em trabalhos mais recentes, observa-se um movimento de aproximação de Stengers (2018) em relação a posições de autores como Latour e Haraway, sobretudo no que diz respeito à defesa da imanência[7] e à crítica da transcendência, tão comum em teorias gerais e responsável pela tendência à assimilação da diversidade a "uma harmoniosa participação de cada um em um corpo único" (2018: 455) e que conduz geralmente a uma armadilha antipolítica que mistura naturalismo e religião. A autora propõe uma "cosmopolítica" ou uma "ecologia das práticas", que seria a "invenção das maneiras que poderiam ensinar a fazer coexistir práticas diferentes, respondendo a obrigações divergentes" (2018: 445). Esse caminho permitiria o reconhecimento da alteridade no enfrentamento de questões urgentes como a sobrevida da própria humanidade (Stengers, 2018: 463).

No terceiro grupo delimitado, estão reunidas contribuições que têm origem na abordagem decolonial e no materialismo dialético. Ambas as perspectivas tomam como ponto de partida a crítica do moderno sistema-mundo ou da sociedade capitalista e têm alertado para a insustentabilidade de sua forma de organização e reprodução baseada na exploração de povos, segmentos da população, classes sociais e da natureza, e refletido sobre caminhos para o enfrentamento político dessa questão.

Os decoloniais afirmam a íntima relação entre modernidade e colonialidade e reivindicam o descentramento do mundo moderno da Europa com a inclusão dos territórios coloniais. Eles ressaltam a simultaneidade da expansão do mercado capitalista e da subordinação de povos, culturas e territórios. Para isso, se apoiam na teoria do sistema-mundo de Immanuel Wallerstein,[8] que reúne aportes do marxismo e do pensamento braudeliano,[9] valorizando aspectos culturais, históricos e geográficos, além da economia e da política.

Para eles, os ensinamentos de povos nativos não modernos ou não ocidentais e seus modelos próprios de natureza, geralmente baseados em concepções monistas (que concebem vínculos de continuidade entre as esferas biofísica, humana e sobrenatural), devem ser valorizados. Os modelos de natureza de muitos desses povos não modernos possuem mecanismos visando manter a boa ordem e o balanço entre os diversos circuitos da vida sob a proteção dos deuses; "o universo inteiro é concebido como um ente vivente em que não há uma separação entre humanos e natureza, indivíduo e comunidade, comunidade e deuses" (Escobar, 2003: 119-20).

A abordagem decolonial, de influência crescente nos estudos agrários no Brasil e na América Latina, tem se apoiado com frequência em trabalhos da Antropologia e da História e defendido a importância da diversidade epistemológica e do diálogo intercultural como um caminho para o enfrentamento dos dilemas socioambientais contemporâneos e de seus conteúdos políticos.

O materialismo dialético, por sua vez, ora analisa a recriação contraditória de outros modos de vida sob o capitalismo na perspectiva do desenvolvimento desigual e destaca a subordinação e resistência de diferentes formas de relação com a natureza, ora enfatiza as contradições que marcam diretamente a relação capitalista entre sociedade e natureza. Existem os que defendem uma distinção radical entre os estudos da natureza e o materialismo dialético, que seria pertinente apenas para o estudo dos processos sociais, e aqueles que, como a autora deste texto, se posicionam a favor de uma possível unidade epistemológica, conforme será apresentado a seguir.

Defende-se aqui que é possível superar os limites da ideologia moderna de natureza sem recorrer a pluralismos epistemológicos e/ou à naturalização de cosmovisões monistas que atribuem um papel definido a cada elemento do todo (orgânico e inorgânico), como ocorre com grande parte das contribuições críticas aqui analisadas. Para isso, propõe-se o desenvolvimento de uma abordagem dialética da natureza, capaz de ir além da ideia de causalidade restrita da ciência moderna, num movimento que busca a apreensão da realidade em suas múltiplas e recíprocas determinações, nas quais a natureza possui um importante papel.[10]

MATERIALISMO DIALÉTICO, FILOSOFIA DAS RELAÇÕES INTERNAS E O CONCEITO DE NATUREZA

Marx entende o homem (ser humano) como ser natural que se diferencia dos demais animais pelo desenvolvimento de sua capacidade teleológica, o que o habilita a produzir os seus meios de vida. Assim, o trabalho e o processo de produção constituem mediações centrais entre o ser humano e a natureza, por meio das quais se define o seu modo de vida e se redefine a unidade entre as duas partes ao longo da história. Para Marx (2004 [1844]: 84),

> A vida genérica, tanto no homem quanto no animal, consiste fisicamente, em primeiro lugar, nisto: que o homem (tal qual o animal) vive da natureza inorgânica, e quanto mais universal o homem [é] do que o animal, tanto mais universal é o domínio da natureza inorgânica da qual ele vive. [...] Praticamente, a universalidade do homem aparece precisamente na universalidade que faz da natureza inteira o seu corpo *inorgânico*, tanto na medida em que ela é um meio de vida imediato, quanto na medida em que ela é o objeto/matéria e o instrumento de sua atividade vital. A natureza é o *corpo inorgânico* do homem, a saber, a natureza enquanto ela mesma não é corpo humano. O homem *vive* da natureza significa: a natureza é o seu *corpo*, com o qual ele tem de ficar num processo contínuo para não morrer. Que a vida física e mental do homem está interconectada com a natureza não tem outro sentido senão que a natureza está interconectada consigo mesma, pois o homem é uma parte da natureza. (grifos do autor)

Essa diferenciação do ser humano em relação às outras formas de vida e à natureza em geral representa uma separação radical do ponto de vista da lógica formal e do positivismo, porém, para a dialética, ela deve ser compreendida de forma relacional. Um caminho frequentemente adotado pelo materialismo dialético para tratar dessa diferença ressalta a distinção entre primeira natureza, natureza natural, e segunda natureza, ambiente social criado pelo ser humano. Porém, Coronil (2016: 38)[11] destaca que falar de segunda natureza com o objetivo de reconhecer a ativa participação dos seres humanos na transformação da natureza é apenas historicizar essa relação. Para ele, ao conceituar a sociedade e a natureza como distintas, porém partes constitutivas de um todo único, Marx ontologiza a relação.

> A partir do conceito marxista da unidade fundamental entre sociedade e natureza, Ollman estabelece que ambos estão ligados por "relações internas" e não por uma interação externa; ou seja, pela constituição dialética de entidades relacionadas e não pela interação entre entidades separadas. (Ollman, 1971: 28, apud Coronil, 2016: 38-9; tradução nossa)

A ideia de existência de uma relação ontológica entre natureza e sociedade se baseia na filosofia das "relações internas" adotada por Marx, segundo a qual as relações são também internas às coisas, ou seja, as coisas são inerentemente relacionais (Ollman, 1971: 28). O ser humano é uma extensão da natureza e a natureza, uma extensão do ser humano. Segundo Marx (2004 [1844]: 127),

> O *homem* é imediatamente *ser natural*. Como ser natural, e como ser natural vivo, está, por um lado, munido de *forças naturais*, de *forças vitais*, é um ser natural *ativo*; estas forças existem nele como possibilidades e capacidades *(Anlagen und Fahigkeiten)*, como *pulsões*; por outro, enquanto ser natural, corpóreo, sensível, objetivo, ele é um ser que *sofre*, dependente e limitado, assim como o animal e a planta, isto é, os *objetos* de suas pulsões existem fora dele, como *objetos* independentes dele. Mas esses objetos são *objetos* de seu *carecimento (Bedürfnis)*, *objetos* essenciais, indispensáveis para a atuação e confirmação de suas *forças essenciais*.

Para ele, o mundo físico também é concebido numa perspectiva relacional, superando o senso comum de natureza e a abordagem causal. "O sol é o *objeto* da planta, um objeto para ela imprescindível, confirmador de sua vida, assim como a planta é objeto do sol, enquanto *externação* da força evocadora de vida do sol, da força essencial *objetiva* do sol" (Marx, 2004 [1844]: 127). Ollman explica essa passagem da seguinte forma: "Como objetos naturais, o sol e a planta têm suas naturezas – conforme posto por Marx – fora de si, de tal modo que a relação entre eles é concebida como pertencente a cada um e faz parte do significado pleno expresso por seus respectivos conceitos" (2003: 38).

Marx buscou apreender o significado das "coisas" e dos termos que as caracterizam a partir de suas relações no interior do todo. Em lugar de explicar a ordem das "coisas" concebendo-as como se elas fossem fixas, é preciso se perguntar pelas relações e princípios geradores que as produzem e como elas se mantêm. As "coisas" estão em constante fluxo e são constituídas por relações e processos contraditórios que operam dentro de campos específicos ou todos estruturados.

De acordo com Schmidt (1977: 48-53), história e natureza estão entrelaçadas de maneira inseparável em Marx enquanto para Engels (1979 [1883]) elas correspondem a domínios distintos de aplicação do método materialista dialético.[12] Para Schmidt, a dialética da natureza de Engels é uma forma de tratamento exterior ao objeto que se apresenta como um conjunto de leis fundamentais e tende a se transformar numa cosmovisão ou princípio cósmico positivo.

Para compreender os atributos qualitativos e quantitativos das "coisas", "formas" ou "ordens" é preciso considerar os processos e relações que elas internalizam. A explicitação dessas relações é o caminho para alcançar o concreto ou a totalidade como unidade da diversidade ou síntese de múltiplas determinações.[13] Esse movimento deve ser considerado no contexto da ação recíproca sujeito e objeto e da unidade teoria e prática.

Segundo Ollman (2003), diferentemente de Hegel, a visão de Marx se caracterizaria pela atenção dada à natureza interna das relações entre as partes e não ao papel do todo para a explicação dessas relações. Assim, seria possível apreender em Marx diferentes estruturas para um mesmo todo, de acordo com o ponto de vista adotado: "O todo apreendido como as condições inter-relacionadas necessárias para a existência do capital, por exemplo, tem uma estrutura um tanto diferente deste mesmo todo compreendido como as condições inter-relacionadas necessárias para a alienação dos trabalhadores etc." (Ollman, 2003: 49).

A filosofia das relações internas em Marx (2011 [1857-58]: 39-64), longe de implicar um realismo ingênuo na apreensão do mundo, reconhece o lugar do trabalho do pensamento, expresso por meio da atividade de representação, abstração e individuação (conceituação) aliada à identificação das relações e processos constitutivos das "coisas". No entanto, o trabalho do pensamento não ocorre apartado da experiência e do modo como ela é percebida por nossos sentidos, conformados e exercitados em contextos socioculturais específicos. Segundo Marx (1986 [1857-58]), o pertencimento subjetivo a uma comunidade serve de mediação à nossa relação com as condições objetivas de produção, assim, o conjunto de relações sociais historicamente engendradas característico de um dado modo de vida (ou cultura no sentido *lato*) é "naturalizado", concebido como realidade dada, e tende a ser reproduzido.

Nesse sentido, pode-se dizer que as relações sociais aparecem como formas sociais na medida em que são "naturalizadas" e reificadas num determinado contexto social. Conforme destaca Rubin (1987: 57), Marx se pergunta "por que o trabalho assume a forma valor, os meios de produção a forma de capital, os meios de subsistência dos operários a forma de salários, a produtividade aumentada do trabalho a forma de mais-valia incrementada?" Ele se esforça para explicar a origem e o caráter das formas sociais criadas no processo de produção capitalista, começando de formas mais simples e seguindo para formas de complexidade crescente.

Marx desenvolve uma crítica da economia política com base na análise das determinações sociais de categorias abstratas da economia clássica e na compreensão do processo de produção em geral a partir da análise da mútua relação entre os momentos de produção propriamente dita, distribuição, circulação e consumo. Assim, tomando como inspiração os ensinamentos de Marx, propõe-se a análise crítica de discursos diversos (acadêmicos ou não) sobre a relação natureza e sociedade à luz de uma reflexão sistemática sobre o processo de produção com o intuito de identificar as mediações e múltiplas determinações que envolvem essas duas categorias e de desenvolver ferramentas teórico-conceituais que auxiliem na elaboração de uma compreensão dessa relação na perspectiva do concreto. É dessa forma que se buscará dialogar com a contribuição proveniente de outras abordagens, inclusive aquelas que também se posicionam criticamente à ciência moderna.

PRODUÇÃO DA NATUREZA E O METABOLISMO SOCIEDADE E NATUREZA

Tomando como pressuposto a relação ontológica ser humano e natureza e a filosofia das relações internas, entende-se que o ser humano supõe e requer a natureza como objeto de seu carecimento, objeto por meio do qual manifesta suas capacidades e pulsões, suas forças vitais. Do mesmo modo, concebe-se o ser humano como objeto da natureza enquanto manifestação das forças naturais ou vitais e expressão da vida. Com base nesse entendimento tem-se buscado compreender a mediação exercida entre ser humano e natureza pelo processo de produção social, ora da perspectiva da *internalização da natureza neste processo* com o uso do conceito de produção da natureza, ora da perspectiva da *internalização da produção no processo de reprodução da natureza e da vida* com o conceito de metabolismo sociedade e natureza. Nesta seção será apresentado o atual estado da arte dessa proposta teórica e desde já se adverte que as considerações feitas a seguir sobre metabolismo apenas sinalizam para o potencial desse conceito e a necessidade de seu maior desenvolvimento.

Neil Smith (1988; 2007) propõe o conceito de "produção da natureza" como caminho para a superação da concepção burguesa de natureza e da ideia de dominação da natureza,[14] ambas ancoradas no processo de externalização da natureza. Ele se inspira na ideia de produção do espaço de Henri Lefebvre (1974) e abre a possibilidade para a formulação de uma crítica da produção da natureza sob o capitalismo, deixando o destino da natureza em aberto e a ser definido pela história e pela política.[15]

De acordo com Smith (1988), a segunda natureza se generaliza com o capitalismo e, junto com ela, a noção de espaço absoluto, vazio de conteúdo. A relação com a natureza é unificada em escala mundial pelo processo de produção capitalista e pelas determinações do valor de uso e do valor de troca, de modo que não é apenas a natureza local e imediata que é produzida, mas a natureza como totalidade. Para ele, a produção do espaço está inserida no processo mais amplo de produção da natureza, o que nos leva a entender que o espaço construído e o ambiente urbano fazem parte da natureza produzida sob o capitalismo.[16]

Sob o imperativo do capital, outros modos de vida e de relação com a natureza são subordinados ou destruídos. Além de seu caráter unificador, a produção capitalista da natureza ainda é marcada por processos de diferenciação observados em vários níveis e inter-relacionados, para os quais concorrem uma diversidade de fatores, desde os econômicos até a própria diversidade socionatural preexistente. As diferentes naturezas produzidas estão distribuídas de forma bastante desigual entre os países, bem como no interior dos mesmos, e são apropriadas de forma também desigual pelos diferentes povos e classes sociais. A apropriação da natureza como bem privado e monopolizável tem enormes consequências sociais, dentre as quais pode-se destacar como exemplo o limitado acesso da maioria da população às áreas de maior qualidade ambiental e o seu crescente adensamento em áreas degradadas, como ocorre nas periferias das grandes metrópoles mundiais.

A natureza é internalizada no processo de produção como matéria-prima, meio de produção, força produtiva etc. e transformada de diferentes maneiras. Com o advento do capitalismo, a terra, assim como diversos elementos da natureza (orgânicos e inorgânicos) que não são produto do trabalho humano, é individualizada e monopolizada ou privatizada, precificada e tornada alienável ou transacionável, assumindo a forma mercadoria. A privatização, ponto central nesse processo, ocorre geralmente com base na expropriação.

Em relação ao solo agrícola, pode-se dizer que a propriedade da terra dá àquele que a possui o direito de cobrar uma renda pelo seu uso e, sendo um bem finito, ele tem o seu preço aumentado na medida em que cresce a demanda por alimentos e matérias-primas. Segundo Harvey (2006: 347), entre a maioria dos proprietários de terra, independentemente dos diferentes interesses econômicos que estes representam, observa-se uma tendência crescente para considerar a renda da terra como se fosse os juros relativos ao capital investido na compra da terra. Nesse caso, a terra tende a se transformar numa forma de capital fictício e a ser tratada também como ativo financeiro, sendo transacionada de acordo com a renda futura que irá proporcionar.

Segundo Smith (2007), verifica-se o avanço da regulação ambiental nos países centrais do capitalismo a partir dos anos 1980 e, com ela, a criação de uma escassez de natureza passível de ser destruída, dando origem a novas possibilidades de transformação da natureza em mercadoria. Áreas de proteção ambiental se transformam em espaços para a exploração do ecoturismo. Além disso, observa-se uma capitalização da natureza com a criação de títulos para o mercado de compensações como o mercado de créditos de carbono,[17] ou seja, ela assume cada vez mais a forma de capital fictício ao lastrear títulos que asseguram a obtenção de uma renda por meio de sua circulação no mercado financeiro.

Em convergência com as mudanças anteriormente mencionadas, a natureza também se transforma num "banco de biodiversidade" e aprofundam-se os mecanismos de espoliação, dando lugar à privatização e ao patenteamento de seres vivos. Por outro lado, a produção da natureza passa a ocorrer por meio de processos de transformação intensivos com a utilização de novas técnicas como a biotecnologia e a criação de transgênicos, dentre outros. Assim, alinhando-se às determinações gerais do projeto neoliberal, a natureza se transforma numa estratégia de acumulação do capital que pode ser denominada de "capitalismo verde" (Smith, 2007).

O discurso ambientalista é apropriado por um segmento da classe capitalista que vê nos negócios com a natureza uma nova frente de expansão a ser desbravada pelo capital e um caminho para assegurar a sua reprodução em face de mais uma crise de sobreacumulação. Essa posição não é unânime entre os próprios capitalistas, e o atual momento político brasileiro evidencia uma reação de grupos capitalistas que se acham prejudicados pelas políticas ambientais, como aqueles ligados ao extrativismo industrial e ao agronegócio.

A teoria da produção da natureza de Smith procura refletir sobre duas questões centrais: como é produzida a natureza e quem controla esse processo? A partir dela, é possível desvendar as contradições do regime político ambiental global atual e seu atrelamento aos mecanismos de mercado. Dessa forma, podem-se evitar armadilhas como a adoção de uma postura fatalista diante da ameaça cada vez mais real de destruição capitalista da natureza, tal como a conhecemos, ou a nostalgia romântica de uma "vida mais natural", que espera encontrar a solução dos dilemas ambientais presentes em experiências localizadas de outras naturezas-culturas. Ele deixa claro que é preciso disputar a produção da natureza e do espaço, por meio de uma ação articulada envolvendo múltiplas escalas.

Por todo o exposto, fica evidente que a teoria da produção da natureza representa um importante avanço para a abordagem marxista da problemática em tela. Porém, ela em geral tende a enfatizar o poder de mobilização e transformação exercido pelo capital sobre a natureza, deixando em segundo plano a materialidade da natureza.[18]

É preciso considerar que a natureza participa de diversas formas do processo de produção e as forças produtivas aí mobilizadas, em especial a técnica, desempenham um importante papel na definição do modo como se efetiva a relação com a materialidade natural. Propõe-se o uso do conceito de "metabolismo sociedade e natureza" para tratar do conjunto de processos sociais e geobiofísicos envolvidos nessa relação e apreender o sentido geral do intercâmbio entre as partes, com atenção para o que ocorre com a materialidade "natural". A noção de metabolismo é usada em Marx como metáfora biológica para se referir à circulação das mercadorias, mas também no sentido das trocas e transformações envolvendo a materialidade, como quando analisa a relação entre a grande indústria e a agricultura. Marx (1984 [1867]: 101-2) escreve,

> Com a preponderância sempre crescente da população urbana que amontoa em grandes centros, a produção capitalista acumula, por um lado, a força motriz histórica da sociedade, mas perturba, por outro lado, o metabolismo entre homem e terra, isto é, o retorno dos componentes da terra consumidos pelo homem, sob a forma de alimentos e vestuário, à terra, portanto, a eterna condição natural de fertilidade permanente do solo. [...] E cada progresso da agricultura capitalista não é só um progresso na arte de saquear o trabalhador, mas ao mesmo tempo na arte de saquear o solo, pois cada progresso no aumento de fertilidade por certo período é simultaneamente um progresso na ruína das fontes permanentes dessa fertilidade. [...] Por isso, a produção capitalista só desenvolve a técnica e a combinação do processo de produção social ao minar simultaneamente as fontes de toda a riqueza: a terra e o trabalhador.

Acompanhando a reflexão de Marx, John B. Foster (2005) conclui que, como resultado da segunda revolução agrícola, que afeta profundamente a química do solo, observa-se uma "falha metabólica" na relação entre o campo e a cidade no capitalismo. Assim, valendo-se da noção de dialética da natureza conforme elaborada por Engels (1979 [1883]), ele defende a necessidade de se considerar as condições de sustentabilidade impostas pela natureza para fazer frente a esse problema.

De outra parte, Molina e Toledo (2014) analisam as mudanças no "metabolismo social" observadas ao longo da história e identificam três "regimes metabólicos" distintos: o extrativista (ou cinegético), o orgânico e o industrial. Segundo eles, cada um desses regimes corresponde a um certo nível de apropriação humana de ambos, "recursos vivos ou orgânicos (captura de produtividade líquida primária ou biomassa) e minerais (combustíveis fósseis, metais e rochas não metálicas, e minério), e um certo grau de intervenção humana nos processos físicos e biológicos que ocorrem na natureza" (Molina e Toledo, 2014: 4, tradução nossa). Embora eles também se inspirem no pensamento de Marx, acompanham autores recentes da Sociologia Ambiental no movimento de redescoberta do conceito de metabolismo social e no desenvolvimento de uma abordagem sistêmica alinhada aos princípios da teoria da complexidade e distante do materialismo dialético.

Ressalta-se ainda a contribuição de Escobar (2005) para a análise do intercâmbio ser humano e natureza. Ele considera que a crise da natureza é também uma crise da identidade de natureza e entende que "as naturezas podem ser pensadas como híbridas e multiformes, mudando de caráter de um lugar para outro e de um conjunto de práticas para outro" (Escobar, 2005: 19). O autor propõe uma teoria antiessencialista da natureza que parte dos problemas postos pelo encontro entre ciência e construtivismo e se apoia em abordagens da Antropologia Ecológica, da Ecologia Política (definida como o estudo das múltiplas articulações entre História, Biologia e cultura) e de estudos culturais da ciência e da tecnologia.

Assim, Escobar adota a noção de "regime de natureza" para se referir às múltiplas formas que o natural assume hoje, conforme o tipo de articulação discursiva observada entre o histórico e o biológico, e identifica três regimes distintos e inter-relacionados: orgânico, capitalista e tecno. Os regimes de natureza "podem ser vistos como constituindo uma totalidade socialmente estruturada, feita de relações múltiplas e irredutíveis, sem uma origem ou um centro, ou seja, um campo de articulações; há uma dupla articulação, interna a cada regime e aos regimes entre si" (Escobar, 2005: 28).

Escobar parte da constatação de que o conhecimento disponível para examinar cada regime em particular é bastante desigual e propõe que cada um seja abordado a partir da forma de conhecimento específica que lhe parece mais adequada: "podemos estudar mais apropriadamente a natureza orgânica por meio da antropologia do conhecimento local, a natureza capitalista em termos do materialismo histórico e a tecno-natureza a partir da perspectiva dos estudos sobre ciência e tecnologia" (Escobar, 2005: 29).

As diversas contribuições listadas evidenciam o esforço que tem sido feito no sentido de apreender a participação da materialidade natural no intercâmbio entre sociedade e natureza. Porém, ainda há muito a ser feito. Pretende-se contribuir nesse esforço por meio do diálogo e análise crítica das abordagens mencionadas visando forjar instrumentos teórico-conceituais para apreender como se dá a *internalização da produção no processo de reprodução da natureza e da vida* na perspectiva do materialismo dialético. Nesse sentido, acredita-se na potência dos conceitos de "metabolismo sociedade e natureza" e de "regime metabólico" para apreender esse movimento em sua complexidade e amplitude. É preciso considerar simultaneamente as relações imediatas que configuram territórios marcados pelo domínio de regimes metabólicos específicos e a articulação entre estes no contexto de totalidades mais amplas definidas pelos processos de reprodução da vida em seu acontecer em diferentes escalas.

CONSIDERAÇÕES FINAIS

A gravidade alcançada pelos impactos resultantes da produção capitalista da natureza sobre os ciclos geobiofísicos, seus ritmos e capacidade de reprodução, tem se aprofundado nas últimas décadas, desencadeando sérias ameaças para a manutenção da vida no planeta. Mas esses fenômenos não se distribuem igualmente no mundo e também são percebidos, vividos e interpretados diferentemente. Há muito interesse em jogo e há os que se beneficiam de diferentes maneiras dessa produção e seus impactos, aumentando a complexidade dessa problemática.

O presente capítulo apresentou uma breve introdução ao debate crítico que hoje existe a respeito do conceito de natureza da sociedade moderna burguesa, posicionando-se em favor da abordagem do materialismo dialético e defendendo a superação do dualismo epistemológico em que se baseia a divisão entre as ciências da natureza e as ciências sociais.

A unidade epistemológica buscada com base no materialismo dialético toma como referência os princípios da filosofia das relações internas para a compreensão da relação ontológica entre natureza e sociedade. A teoria de produção da natureza e os conceitos de "metabolismo entre sociedade e natureza" e "regime metabólico" são apontados como elementos-chave dessa abordagem, que se complementam no sentido de explicar como *a natureza é internalizada no processo de produção* e, o inverso, como *o processo de produção é internalizado pelos processos da materialidade natural e da reprodução da vida.*

NOTAS

1 Agradeço à leitura do texto e contribuições feitas por Valter Carmo Cruz, Adriane de Sousa Camargo e Pietra Cepero Rua Perez. Obviamente que as dificuldades ainda existentes no texto são de responsabilidade da autora.

2 A ciência moderna se baseia num modo de representação da ação que supõe que o sujeito ou agente não é afetado pelo processo e que aquele que recebe a ação a ela se submete passivamente. Essa forma de representação permite visualizar

ou imaginar ações e eventos sendo feitos e desfeitos, ou seja, como reversíveis, abstração fundamental para a noção de previsão e controle de ações e eventos futuros, tão cara à ciência moderna. "Sujeitos (agentes) e objetos (pessoas, coisas, o corpo do agente) são desconectados da mútua interpenetração e relação interna" (Pred e Pred, 1985: 466).

3 Forma resultante da generalização da produção para a troca e das relações de assalariamento, supõe que o valor contido na mercadoria é determinado pela quantidade média de trabalho necessária para a sua produção considerando-se a economia em geral.

4 Redes sociotécnicas reúnem práticas, instrumentos e fatos em agenciamentos intermediários entre o local e o global.

5 Marques (2018a) apresenta uma análise mais detalhada da posição de B. Latour.

6 "O eu cognoscente é parcial em todas suas formas, nunca acabado, completo, dado ou original; é sempre construído e alinhavado de maneira imperfeita e, portanto, capaz de juntar-se a outro, de ver junto sem pretender ser outro. Eis aqui a promessa de objetividade: um conhecedor científico não procura a posição de identidade com o objeto, mas de objetividade, isto é, de conexão parcial" (Haraway, 1995: 26).

7 Imanência é um conceito filosófico que designa o caráter daquilo que tem em si o próprio princípio e fim. É, portanto, antitético ao conceito de transcendência (caráter daquilo que tem uma causa que lhe é exterior e superior).

8 Immanuel Wallerstein (nascido em 1930), sociólogo americano, tem desempenhado importante papel na crítica ao capitalismo global e no apoio aos movimentos antissistêmicos e antiglobalização.

9 Fernand Braudel (1902-1985), historiador francês e um dos mais importantes representantes da "École des Annales", é conhecido por enfatizar o papel dos fatores socioeconômicos em grande escala na história, por ter cunhado o conceito de "longa duração" e por desenvolver uma abordagem histórica que contempla a diversidade de temporalidades e de histórias. Segundo Ribeiro (2014), para Braudel: "[...] a história é também meio geográfico e sociedade, e não apenas política e biografia. Seu devir não é teleológico e unitemporal, mas ritmado segundo variações climáticas, distâncias, barreiras naturais, crescimento demográfico, epidemias, alimentação, códigos civilizacionais".

10 O filósofo marroquino Alain Badiou defende posição semelhante em artigo publicado no *Le Monde* em 26 jul. 2018 intitulado "Le capitalisme, seul responsable de l'exploitation destructrice de la nature". Disponível em: <https://www.lemonde.fr/series-d-ete-2018-long-format/article/2018/07/26/le-capitalisme-seul-responsable-de-l-exploitation-destructrice-de-la-nature_5336333_5325928.html>. Acesso em: 18 nov. 2018.

11 A versão em inglês do livro em espanhol disponível na internet foi publicada em 1997.

12 Schmidt (1977) destaca que após "A ideologia alemã", texto escrito por Engels em coautoria com Marx, eles trilham caminhos distintos na compreensão do que seja a dialética da natureza.

13 "O concreto é concreto porque é a síntese de múltiplas determinações, portanto, unidade da diversidade. Por essa razão, o concreto aparece no pensamento como processo de síntese, como resultado, não como ponto de partida, não obstante seja o ponto de partida efetivo e, em consequência, também o ponto de partida da intuição e da representação" (Marx, 2011: 54).

14 A ideia de dominação da natureza, bastante difundida entre nós, aparece em abordagens da direita e também da esquerda, inclusive entre marxistas como é o caso dos representantes da Escola de Frankfurt, que põem o conflito entre o homem e a natureza em primeiro plano em suas análises.

15 O conceito de produção, tal como utilizado na tradição marxista, não se reduz ao sentido puramente material que possui para a economia, mas apresenta um sentido ontológico, sendo constitutivo do social. O homem produz história e natureza ao produzir e reproduzir a sua existência.

16 Alinhando-se a essa visão, Harvey (1996: 186) chama a cidade de Nova York de "ecossistema criado".

17 Proprietários que possuem áreas florestais, geralmente em países tropicais pobres, emitem títulos e são pagos para não desmatar enquanto grandes poluidores em áreas industriais de diferentes partes do mundo podem comprar esses créditos como um meio que os permite continuar a poluir.

18 Entende-se por materialidade natural tanto a existência real e ontológica de entidades e processos que chamamos de "naturais" quanto a sua agência e eficácia causal na história (Castree, 1995: 20).

BIBLIOGRAFIA

Badiou, A. Le Capitalisme, seul responsable de l'exploitation destructrice de la nature. *Le Monde*, Paris, n. 22.874, 26 jul. 2018. Disponível em: <https://www.lemonde.fr/series-d-ete-2018-long-format/article/2018/07/26/le-capitalisme-seul-responsable-de-l-exploitation-destructrice-de-la-nature_5336333_5325928.html>. Acesso em: 18 nov. 2018.

Bernini, C. "Geografia e natureza: uma análise crítica das perspectivas." In: Marques, Marta I. M. et al. (orgs.). *Perspectivas de natureza*: geografia, formas de natureza e política. São Paulo: Annablume, 2018.

Castree, N. The Nature of Produced Nature: Materiality and Knowledge Construction in Marxism. *Antipode*, ano 27, n. 1, 1995, pp. 12-48.

Coronil, F. *El estado mágico:* naturaleza, dinero y modernidad en Venezuela, 2016. Disponível em: <https://epulahistoria.files.wordpress.com/2016/10/6-el-estado-mc3a1gico-fernando-coronil.pdf>. Acesso em: 5 jan. 2019.

Engels, F. *A dialética da natureza*. Rio de Janeiro: Paz e Terra, 1979 [1883].

Escobar, A. El lugar de la naturaleza y la naturaleza del lugar: globalización o postdesarollo? In: Lander, E. (comp.). *La colonialidad del saber:* eurocentrismo y ciencias sociales. Buenos Aires: Clacso, 2003.

______. Depois da natureza, Passos para uma ecologia política antiessencialista. In: Parreira, C.; Alimonda, H. (orgs.). *Políticas públicas ambientais latino-americanas*. Brasília: Flacso-Brasil/Abaré, 2005.

Foster, J. B. *A ecologia de Marx:* materialismo e natureza. Rio de Janeiro: Civilização Brasileira, 2005.

Haraway, D. J. *Simians, Cyborgs, and Women:* The Reinvention of Nature. London: Free Association Books, 1991.

______. Saberes localizados: a questão da ciência para o feminismo e o privilégio da perspectiva parcial. *Cadernos Pagu*, n. 5, 1995, pp. 7-41.

Harvey, D. *Justice, Nature and the Geography of Difference*. Oxford: Blackwell, 1996.

______. *Limits to capital*. New York: Verso, 2006.

Latour, B. *Jamais fomos modernos*. Rio de Janeiro: Editora 34, 1994.

______. *Políticas da natureza:* como fazer ciência na democracia. Bauru: Edusc, 2004.

Lefebvre, H. *La production de l'espace*. Paris: Anthropos, 1974.

Marques, M. I. M. Relação sociedade e natureza e a relação sujeito e objeto: retomando a contenda. In: Marques, Marta I. M. et al. (orgs.). *Perspectivas de natureza:* epistemologias, negócios de natureza e América Latina. São Paulo: Annablume, 2018a.

______. et al (orgs.). *Perspectivas de natureza:* geografia, formas de natureza e política. São Paulo: Annablume, 2018b.

Marx, K. *O capital*. v. 1, t. 2. São Paulo: Abril Cultural, 1984. [1867]

______. *Formações econômicas pré-capitalistas*. Rio de Janeiro: Paz e Terra, 1986. [1857-58]

______. *Manuscritos econômicos-filosóficos*. São Paulo: Boitempo, 2004. [1844]

______. *Grundrisse:* manuscritos econômicos de 1857-58, esboços da crítica da economia política. São Paulo: Boitempo, 2011. [1857-58]

Marx, K; Engels, F. *A ideologia alemã*. São Paulo: Boitempo, 2007 [1845-46].

Molina, M. G. de; Toledo, V. M. *The Social Metabolism:* A socio-ecological Theory of Historical Change. Cham: Springer International Publishing, 2014.

Morin, E. *A cabeça bem-feita*. Rio de Janeiro: Bertrand Brasil, 2000.

Ollman, B. *Alienation*. Cambridge: Cambridge University Press, 1971.

______. *Dance of dialectic*. Illinois: University of Illinois Press, 2003.

Prigogine, I.; Stengers, I. *A nova aliança: metamorfose da ciência*. Brasília: Universidade de Brasília, 1991.

Pred, A.; Pred, R. The New Naturalism: A Critique of Order out of Chaos. *Environment and Planning D:* Society and Space, v. 3, 1985, pp. 461-76.

Ribeiro, G. Fernand Braudel e as metamorfoses do tempo e do espaço: o conceito de geohistória em "La Méditerranée et le monde méditerranéen à l'époque de Philippe II" (1949 e 1966). *Confins*, n. 21, 2014. Disponível em: <https://journals.openedition.org/confins/9654?lang=pt>. Acesso em: 15 dez. 2018.

Rubin, I. I. *Teoria marxista do valor*. São Paulo: Pólis, 1987.

Schmidt, A. *El concepto de naturaleza en Marx*. 2. ed. Madrid: Siglo XXI Editores, 1977.

Smith, N. *O desenvolvimento desigual:* natureza, capital e a produção do espaço. Rio de Janeiro: Bertrand Brasil, 1988.

______. Nature as An Accumulation Strategy. *Socialist Register*, n. 43, 2007, pp. 16-36. Disponível em: <https://socialistregister.com/index.php/srv/article/view/5856/2752>. Acesso em: 10 fev. 2010.

Stengers, I. "A proposição cosmopolítica". *Revista do Instituto de Estudos Brasileiros*. Brasil, n. 69, abr. 2018, pp. 442-64.

Williams, R. *Culture and materialism*. London: Verso, 2005.

A NATUREZA NA GEOGRAFIA

Antonio Carlos Colangelo

Neste capítulo, partiremos de uma possível definição de Geografia para em seguida tratarmos do conceito de natureza e de como a disciplina a tem abordado para, finalmente, apresentar uma visão sobre a estrutura e a dinâmica dos sistemas naturais na superfície das terras emersas. Como ponto de partida para o desenvolvimento de nosso raciocínio traçamos um caminho e um modo de pensar a natureza do ponto de vista de da *Geografia Física*.

Inicialmente, podemos afirmar o que parece óbvio: que são muitas as possíveis definições de Geografia, e estamos cientes de que toda tentativa de definição implica também uma limitação. Podemos pensar inicialmente que a Geografia delineia-se por si só no âmbito de sua prática sem, todavia, deixar de nos obrigar ao esforço de sua definição, uma vez que somos questionados sobre a ciência que praticamos. Uma possibilidade de definição do que é a Geografia pode ser construída a partir de seu objeto de estudo e do modo como ela o aborda. E foi justamente essa questão da definição do objeto que produziu uma forte crise em décadas passadas. Consciente das dificuldades envolvidas na tentativa de conceitualizar a disciplina, apresento a seguir um possível caminho conforme aparece amplamente na bibliografia sobre o tema de sua definição. A Geografia é a ciência que estuda a localização, gênese e evolução espaciais de objetos, coisas e eventos, naturais e culturais, à superfície da Terra, bem como o modo e as consequências das intervenções humanas sobre o mundo *natural*. Pode significar a busca pela causa de algum evento, devendo tratar-se então da busca por "leis gerais", as quais supostamente podem estar determinando a localização, gênese e evolução espaciais das coisas e eventos que correspondem a seus objetos de estudo. Nesse caso, os eventos e fenômenos estudados seriam especificações de leis gerais que supõem a existência de regularidades, ou seja, que há um padrão invariável de relações entre coisas. Acontece que as coisas e os eventos que interessam à Geografia são não apenas naturais, mas também culturais, resultantes de complexos processos sociais.

Obviamente os objetos do mundo natural não podem ser abordados da mesma forma que os objetos do mundo cultural.

Como qualquer outro ramo da ciência, a Geografia pode ser vista por diversos ângulos, sendo inumeráveis as possíveis concepções e abordagens, sendo que cada uma delas deve implicar a sua própria definição sobre o seu objeto de estudo. Porém, apesar da diversidade de abordagens existentes, todas elas gravitam sobre uma base comum, ou seja: a que diz respeito ao interesse da Geografia pelo estudo das coisas e fenômenos identificáveis à superfície da Terra, isto é, desses objetos que exibem expressão geográfica. Quer dizer, das coisas e fenômenos, naturais e culturais, que interferem, direta ou indiretamente, sobre a superfície do planeta. Creio na necessidade de adotar, ainda que provisoriamente, um conceito de Geografia que atenda às necessidades teóricas imediatas impostas pelos problemas teóricos que se nos apresentam. Entendo também que a Geografia não estuda exatamente o *espaço*, mas as relações espaciais entre *coisas* e *eventos*, naturais e culturais, que tenham expressão geográfica. O mesmo diríamos da História, que não estuda o *tempo*, mas que procura entender as relações entre os fatos e as mentalidades e até que ponto como elas se dão.

Destas observações podemos afirmar que o conceito de Geografia que nos interessa faz referência não só à localização, mas também à gênese e à evolução do seu objeto de estudo. Quer dizer, leva em consideração a dinâmica, as transformações no tempo sofridas pelo objeto no espaço, o que implica necessariamente transferências de matéria e energia. Finalmente, é feita referência ao interesse da Geografia sobre o modo e as consequências das intervenções da sociedade sobre o mundo natural. Hoje, mais do que nunca, considerando o imenso avanço tecnológico que potencializou o poder destrutivo da sociedade frente ao meio físico terrestre, coloca-se a questão de até onde seguiremos com esse processo de destruição dos biomas, das coberturas pedológicas, dos sistemas hidrológicos, das formas de relevo e das paisagens originais, e aquelas que incluem as formas tradicionais de uso do solo. Nesse sentido, a Geografia tem um papel central no trabalho de expansão da consciência humana sobre o problema da destruição em massa da vida na Terra.

Em segundo lugar podemos afirmar que a natureza tem forte impacto no senso comum. Ela é uma palavra que está em toda a parte, usada com as mais diversas conotações e que, ao final, não sabemos exatamente como defini-la. A dificuldade em conceituá-la é compreensível dado o elevado grau de vulgarização vinculado ao termo. Podemos inicialmente afirmar que o homem participa da natureza desde o seu nascimento. O seu corpo é um presente da natureza, que dela empresta sua matéria e energia. Em última instância, os seus próprios órgãos sensoriais que conectam o seu *ser* ao mundo fazem parte da natureza. Já a percepção das sensações só pode ocorrer com a tomada de consciência em relação ao dado sensorial. Pensando em termos gerais, a tomada de consciência implica a interação com a mente, a interpretação dos dados e a consequente representação do mundo, elaborada a partir de todos os condicionantes histórico-culturais aos quais estamos submetidos. Essa seria talvez a fronteira primordial que separa o homem do mundo natural?

O que entendemos inicialmente como *mundo natural* pode se contrapor ao que chamamos de "mundo cultural", ou seja, o conjunto de ações, intervenções e processos pertencentes às sociedades humanas, desde as mais tradicionais até as que chamamos de sociedades complexas. É notório como as formas de intervenção da sociedade atual sobre o planeta estão em total desarmonia com os elementos e ciclos da natureza. Para o nosso sistema econômico, os elementos a que nos referimos constituem somente fontes de recursos a serem explorados. Se, por um lado, a abundância constitui uma característica fundamental da natureza, por outro, a escassez é o princípio fundamental da economia humana. O mundo natural nos é dado enquanto o mundo cultural herdamos.

ANTROPOMORFIZAÇÃO DA NATUREZA E DESUMANIZAÇÃO DO HOMEM

Na verdade, a relação que uma sociedade humana mantém com seu meio é reflexo da relação que ela mantém consigo mesma. O propósito subjacente ao que podemos chamar de sistema universal de poder da sociedade globalizada, ao qual o mundo está submetido, é duplo: desumanizar o homem e antropomorfizar a natureza. A antropomorfização da natureza é um processo imediatamente reconhecido, basta constatar as profundas intervenções conduzidas pelo homem sobre o meio físico terrestre. Por outro lado, o processo de desumanização a que nos referimos não é de apreensão imediata. Trata-se de um complexo processo de alienação do homem em relação a si mesmo, processo este promovido por um conjunto de fatores.

Há um grande apelo implícito, ou mesmo explícito, para a necessidade do homem atual voltar-se para o mundo, estar integrado à sociedade da informação que é, ao mesmo tempo, uma sociedade globalizada e tecnologizada. Nesse sentido, com a sua atenção voltada quase que permanentemente para o mundo, o homem torna-se um alienado de si mesmo. Quer dizer, não satisfaz as necessidades mais fundamentais de seu *ser*. Esse processo gera uma constante sensação de vazio que busca preencher *satisfazendo* necessidades artificiais de consumo. Trata-se de um modo de vida vinculado a uma grande insatisfação, o que torna o homem ainda mais vulnerável aos apelos de consumo do desnecessário, um dos principais fatores de impacto sobre o meio ambiente.

A preservação da natureza depende fundamentalmente de uma mudança profunda de atitude do ser humano em relação a seus hábitos de consumo em geral e também de alimentação. É falsa a ideia de que a preservação dos biomas florestais é contrária ao crescimento econômico de uma nação. Nos últimos decênios foram devastadas imensas áreas florestais na Amazônia para a implantação de pastagens, além da devastação do Cerrado para o plantio da soja, sem contar os impactos da mineração. O fato é que os ganhos efetivos com a exportação de minérios, soja e carne não promoveram o crescimento econômico esperado para o país. Sabemos que o crescimento da economia depende fundamentalmente da aplicação maciça de recursos nas áreas de educação e tecnologia.

ESTRUTURA E DINÂMICA DOS SISTEMAS NATURAIS NA SUPERFÍCIE DAS ÁREAS CONTINENTAIS

Uma perspectiva para compreender a natureza como conceito se apresenta através dos sistemas que identificamos nos meios físico e biótico terrestres e que são compostos por uma imensa diversidade de fatores e variáveis, os quais se relacionam mutuamente formando uma complexa rede de interações. Tais interações, por sua vez implicam a existência de uma infinidade de processos, ou eventos, que regulam a troca de matéria e energia entre os elementos componentes desses sistemas, dotando-os de uma estrutura e dinâmica próprias. Admitir a complexidade desses sistemas naturais é condição necessária para que possamos entender que qualquer abordagem adotada nunca será capaz de nos revelar a complexidade dos sistemas por completo. Quer dizer, por mais consistente, eficaz e abrangente que uma teoria possa se apresentar, sempre haverá um horizonte para além do qual ela não oferece respostas. Reconhecer que a complexidade dos sistemas, naturais ou culturais, é sempre maior que nossa capacidade científica de resolvê-la é condição necessária para mantermos uma relação, diríamos, saudável com o conhecimento. Porém, não basta admitir a existência de uma *totalidade complexa*, porque nossa mente não tem como apreendê-la em sua complexidade. A complexidade *em si* é uma espécie de caos e, sendo assim, não é inteligível. A complexidade nada mais é que um amontoado de simplicidades.

Esclarecidas essas questões, vamos apresentar uma leitura sobre como se relacionam os elementos componentes dos *sistemas naturais de superfície nas terras emersas do planeta*. Trata-se de apresentar a estrutura desses sistemas, na qual estão articulados os seus seis principais componentes. Esses seis elementos correspondem ao clima, à rocha, ao relevo, ao solo, à água e aos organismos vivos. São também objetos de estudo das seis principais disciplinas que compõem o que tradicionalmente denominamos por Geografia Física, a saber: a Climatologia, a Geologia, a Geomorfologia, a Pedologia, a Hidrografia e a Biogeografia. Correspondem às seis principais esferas que interagem na superfície dos continentes: atmosfera, litosfera, geomorfosfera, pedosfera, hidrosfera e biosfera.

Embora não tenhamos a menor dificuldade em reconhecê-los como os principais componentes desses sistemas, devemos lembrar que cada um deles carrega sua própria complexidade, ou seja, é composto por subsistemas os quais, por sua vez, se inter-relacionam e dos quais podemos identificar e descrever uma infinidade de fatores ou variáveis. Nosso objetivo é apresentar a estrutura fundamental que correlaciona esses elementos e justificá-la estruturalmente e por analogia, o que deve lhe atribuir significado e universalidade. Os elementos a que nos referimos ocupam os vértices de um octaedro, estando organizados em três pares antagônico-complementares. Cada um dos pares define um dos três eixos componentes dessa estrutura.

Do mundo manifesto, tal como o entendemos hoje, abstraímos a ideia de espaço, tempo e matéria. Além disso, a partir do novo paradigma posto pela teoria da relatividade, entendemos também que a matéria ocorre na malha do espaço-tempo. Os três eixos da estrutura octoedral representam o tempo, o espaço e a matéria. No eixo vertical, que está associado à ideia de tempo, identificamos o par antagônico-complementar clima-rocha. Por que o tempo? Porque o conceito de tempo está associado a dois estados: o de mobilidade e o de fixidez. O clima está naturalmente vinculado à ideia de mobilidade, instabilidade, já que os estados da atmosfera estão em permanente mutação, de modo que são referidos como estados de tempo. No polo oposto está a rocha, que por sua vez vincula-se à ideia de fixidez: aquilo que resiste ao tempo. Sabemos que por fim a rocha sofrerá os efeitos da alteração e da erosão em consequência dos agentes atmosféricos. Sofrerá, portanto, modificações importantes em sua estrutura, textura e composição, lembrando que, enquanto os estados de tempo atmosféricos se modificam em minutos, as modificações observáveis nas características do material de origem, em consequência da ação desses agentes intempéricos, somente serão sensíveis numa escala de tempo de, pelo menos, centenas de milhares de anos.

Portanto, o permanente e o efêmero estão, sem dúvida, ligados pela mesma ideia de *tempo*: o confronto entre a mobilidade dos estados de tempo e a fixidez da rocha. Sabemos que as rochas estão em profundo desequilíbrio termodinâmico no ambiente subaéreo e também que apresentam diferentes resistências aos agentes do meteorismo químico, físico e biológico. Trata-se apenas de uma questão de tempo, e elas serão todas alteradas. Ao mesmo tempo, estarão se formando os mantos de alteritas e as coberturas pedológicas que sustentam a biota, a qual está evoluindo simultaneamente. Estarão também atuando, sincronicamente à formação destas formações superficiais, os processos erosivos de natureza mecânica, química e biológica. Exatamente os mesmos anteriormente referidos como agentes meteóricos. Isso nos obriga a estabelecer uma distinção entre o fenômeno erosivo e o fenômeno de alteração. A erosão corresponde à *translocação dos materiais*, que pode ser por *arraste*, *suspensão* ou solução. Partículas sólidas podem ser translocadas nas duas primeiras formas, enquanto os elementos dissolvidos fazem parte da fase líquida do fluxo, seja no caso dos fluxos de superfície, seja nos que percolam o material terrígeno.

Fizemos referência anteriormente às modificações sofridas pela rocha como consequência dos agentes intempéricos. Para explicá-los há uma infinidade de teorias específicas criadas para cada tipo específico e, para todos, a teoria termodinâmica que procura avaliar os estados de equilíbrio dos sistemas e as trocas de matéria e energia envolvidas. As variações de temperatura, a disponibilidade de água, a composição química e mineralógica da rocha e os agentes biológicos presentes devem determinar a intensidade e o tipo de alteração resultante. A presença dos agentes biológicos, fauna e flora, nas escalas micro, meso e macro, é fundamental para a manutenção do equilíbrio desses sistemas, quer dizer, da economia dos seus mecanismos de autorregulação (Chorley e Kennedy, 1971).

Voltando às analogias, é possível mostrar como esses seis elementos – clima, rocha, relevo, solo, água e biota – estão ajustados numa estrutura plena de significado. Estrutura que está subjacente a todos os sistemas naturais em evolução junto à superfície das terras emersas de nosso planeta.

O espaço é uma entidade que, assim como o tempo, não tem materialidade. Ele é experienciado em pedaços, porém, enquanto conceito *a priori*, tem extensão infinita. Em relação à localização, duas condições são definidas a partir do conceito de espaço: o espaço externo e o espaço interno em relação a um dado referencial, uma fronteira. Os polos que definem o eixo que associamos à ideia de espaço estão ocupados pelo par antagônico relevo-solo. As formas do relevo não são entidades físicas, são abstrações feitas a partir do suporte material oferecido pela superfície do terreno, sendo descritas pela sua geometria. Da superfície em direção ao interior do maciço ocorrem diversos tipos de materiais que dão sustentação às formas exibidas pelo relevo terrestre. Esses materiais podem ser: ou a rocha sã aflorante, ou algum tipo de material terrígeno. Os materiais terrígenos são também chamamos de formações superficiais, ou, ainda, de materiais superficiais não consolidados. Eles são os que já sofreram algum tipo de alteração: química e/ou física e/ou biológica. Sendo assim, não mais possuem a consistência da rocha. São materiais de baixa consistência, friáveis, portanto, que possuem alguma estabilidade mecânica devido à coesão eletroquímica vinculada às partículas dos coloides, argilas e humos, e ao atrito, vinculado principalmente às partículas mais grosseiras, arenosas e granulares.

As formações superficiais podem ser autóctones ou alóctones. Sendo autóctones, ou seja, não apresentando sinais de terem sido translocadas no passado, são chamadas de alteritas, ou elúvios. As alteritas são materiais que foram alterados e permaneceram *in situ*. Os materiais alóctones são aqueles que apresentam evidências de terem sido transportados e, nesse caso, podem ser colúvios ou alúvios. Os colúvios são depósitos de encosta, como os resultantes de deslizamentos de terra. Já os alúvios são depósitos fluviais, estando associados à dinâmica dos fluxos hídricos fluviais, portanto no domínio do sistema fluvial (Bigarella, 2003).

Ao contrário da rocha sã aflorante, onde apenas pode se instalar um litossolo, sustentando uma vegetação de gramíneas, liquens e musgos, as formações superficiais que acabamos de descrever abrigam uma grande variedade de tipos de solo e coberturas vegetais. Há sempre uma estreita relação entre relevo e cobertura pedológica, fato que é reconhecido tanto por geomorfólogos como por pedólogos, o que justifica mais uma vez essa relação de antagonismo e complementariedade.

Os solos são identificados a partir de determinadas características morfológicas exibidas pelos materiais que se arranjam desde a superfície do terreno até a transição com a alterita. Essas características resultam da ação dos dois principais mecanismos pedogenéticos: a eluviação e a iluviação. A eluviação corresponde a perdas de material por dissolução ou retirada de coloides por transporte mecânico através dos poros, pelos fluxos de percolação que correspondem às soluções de ataque. A iluviação corresponde ao mecanismo oposto, ou seja, ganhos de material por recristalização, neoformação ou deposição de coloides, com eventual obturação do espaço poral. O que ocorre nos volumes pedológicos que compõem os solos é, na verdade, um jogo de dominância desses mecanismos, sendo que o relevo tem participação nesse jogo.

A forma, a declividade, a orientação, o tipo de formação superficial e o posicionamento topográfico na encosta são variáveis que intervêm sobre a dominância de um ou outro desses mecanismos, porque controlam boa parte dos fatores fisico-químicos e termo-hídricos vinculados aos fluxos de percolação. Eles dependem também da composição mineral da rocha, que interage com algumas características morfológicas dos solos. Cumpre lembrar aqui a importância da atividade biológica na pedogênese: atividade biofísica e bioquímica, nas escalas micro, meso e macroscópicas. Assim, o relevo corresponde ao fator externo, enquanto o solo corresponde ao fator interno.

O terceiro eixo, o eixo da matéria, composto do par antagônico água e biota nos remete ao que parece ser o propósito maior da existência desse nosso planeta. Aqui, a correspondência entre os elementos é muito evidente, porque vida e água são coisas intimamente ligadas. E, além disso, há fortes evidências de que a vida tenha sua origem nos oceanos.

O par antagônico e complementar água-vida anteriormente referido estão ligados pelas propriedades da coagulação e solução. Ou seja, a água é o solvente universal e a vida, os organismos, são o resultado de uma importante coagulação que teve início com a formação das primeiras moléculas de aminoácidos no "caldo primordial". Os atributos a que nos referimos têm correspondência com o "solve"-"coagula" alquímico. Faz sentido se pensarmos que as moléculas orgânicas são compostas por grandes cadeias de carbono-hidrogênio, sendo portanto análogas a grandes coágulos.

O ponto de encontro dos três eixos corresponde a qualquer lugar na superfície das terras emersas do planeta. Sem esquecer que 3/5 do globo terrestre corresponde à superfície ocupada pelos oceanos e que há imensas trocas de matéria e energia entre atmosfera, oceanos e continentes. Lembramos também que todos esses sistemas são dinamizados por três principais fontes de energia: solar, geotérmica e gravitacional.

EQUILÍBRIO E DINÂMICA NOS SISTEMAS DE RELEVO E SOLO

Tratar de alguns conceitos básicos que interessam tanto às ciências da terra como à Geografia num sentido mais amplo tornou-se imperioso, principalmente nos dias atuais, com o advento das *Ciências Ambientais*, cujos objetivos de aplicação imediata levam, com muita frequência, a alguns equívocos em relação a conceitos que pertencem ao corpo teórico de outras áreas do conhecimento.

Aplicação imediata significa fazer diagnósticos e prognósticos sobre as consequências de intervenções humanas as mais diversas sobre a dinâmica processual do meio físico e biótico, em cumprimento às exigências impostas pela lei. Trabalhos desse tipo são muitas vezes realizados sem um grande rigor conceitual, o que é compreensível dadas as condições materiais e, principalmente, cronológicas em que eles são realizados. Por isso, creio que os trabalhos de ciência de base tornam-se ainda mais necessários nos dias atuais.

A ciência de base, por outro lado, opera segundo outros interesses, ou seja, aqueles postos pelas regras estabelecidas no método científico, e, portanto, usando os recursos da indução, que permitem fazer afirmações sobre o que está para além das nossas observações imediatas. Desse modo, o estabelecimento de modelos genéticos e evolutivos construídos a partir de suportes teóricos, com a corroboração de evidências empíricas, faz parte das suas prerrogativas. Dessa forma, somente a partir do cumprimento dessas prerrogativas podem-se agregar novos e autênticos conhecimentos à Geografia Física e às suas correspondentes subáreas. Talvez por causa da urgência por resultados de aplicação e também em função da deficiente interlocução entre diferentes grupos de pesquisa, uma grande variedade terminológica tem sido utilizada, nem sempre com o devido rigor conceitual, o que leva a mal-entendidos e distorções sobre muitos conceitos largamente utilizados.

Uma afirmação como a que acabamos de fazer parece estranha já que dispomos da Teoria da Paisagem e também do conceito, bastante abrangente, de geossistema, os quais buscam cobrir esta lacuna. Mas, devo insistir, ainda não dispomos de uma teoria suficientemente formalizada, capaz de extrapolar os limites da esfera da descrição, para chegar à apresentação de algumas leis geográficas fundamentais, que supomos subjacentes, determinando a localização espacial de nossos objetos de estudo, que são as *coisas e fenômenos* naturais de expressão geográfica. Não será pelo fato de ainda não dispormos, até o momento, de todos os elementos para resolver um problema desta envergadura, que iremos negligenciá-lo ou simplesmente tomá-lo por resolvido. Se não temos ainda condições de resolver o problema teórico da Geografia Física em seu todo, pelo menos podemos tentar resolver alguns problemas conceituais mais específicos, como no caso de alguns conceitos compartilhados pela Geomorfologia e pela Pedologia.

Como consequência da crescente especialização e organização do conhecimento científico, é comum ocorrer entre áreas sobreposição entre áreas vizinhas no que se refere a alguns objetos dos quais são abstraídos conceitos, não exatamente coincidentes. Ou seja, de uma mesma *coisa ou evento* são abstraídos diferentes conceitos, porque os paradigmas sobre os quais se assentam são distintos, assim como as suas interpretações e representações. Esse fato torna, por vezes, dificultosa a comunicação entre áreas de conhecimento vizinhas, levando assim a um prejuízo mútuo. São, portanto, esses conceitos que precisam ser colimados.

O conceito de *sistema natural terrestre de superfície* (SNTS), tal qual o concebemos aqui, difere do conceito consagrado de geossistema na medida em que não tem uma escala de referência fixada e também pela preocupação central com a reconstituição e descrição dos sistemas originais, sem uma vinculação direta com a intervenção humana e sua escala de observação. O conceito de *sistema natural terrestre de superfície* e sua tipologia referem-se às possíveis interações apresentadas pelo conjunto de leis naturais que governam estes sistemas, e em cada lugar se manifestam de maneira muito peculiar, gerando as diferentes paisagens naturais.

PAISAGENS NATURAIS DO GLOBO TERRESTRE

Estamos conscientes da brutal intervenção do homem sobre os sistemas naturais, e de como as paisagens naturais originais foram modificadas por sua intervenção, entretanto, como estamos perfeitamente conscientes também da total impossibilidade de que o homem venha a modificar aquelas leis naturais, devemos concluir que o homem não domina a natureza, mas simplesmente faz uso de algumas de suas leis em seu *benefício*. Por isso, acredito ser extremamente importante, hoje mais do que nunca, tentar entender o funcionamento dos principais mecanismos atuantes nas paisagens naturais, em condições as mais próximas possíveis das originais (Ab'Saber, 1982).

A partir dessa perspectiva, se nos voltarmos para a disciplina geográfica, diríamos que o objetivo fundamental da Geografia Física é tentar entender como os diversos elementos que a compõem estão interligados, como estão correlacionados e, portanto, deste entendimento extrair as principais leis geográficas que estão a determinar sua localização na superfície da Terra. Embora mais complexas, essas leis geográficas na verdade derivam daquelas leis mais fundamentais, tais como as da Física, da Química e da Biologia, as quais se manifestam de modo muito específico em cada lugar da Terra.

Os geomorfólogos falam de processos geomorfogenéticos, e os pedólogos referem-se a processos pedogenéticos. Isso simplesmente porque essas corporações de cientistas se ocupam de objetos de estudo obviamente distintos. Cada grupo busca entender a gênese e a dinâmica evolutiva de seu objeto de estudo tentando caracterizá-las qualitativa e quantitativamente, bem como sua localização e extensão espaciais e temporais. Se, como dissemos anteriormente, as formas do relevo e os solos estão verdadeiramente evoluindo a partir da atuação conjunta e simultânea dos mesmos processos físicos, químicos e biológicos, mesmo que seus efeitos sejam intrinsecamente distintos no tocante à geomorfogênese e à pedogênese, eles são também responsáveis por uma forte interdependência entre a geomorfodinâmica e a pedodinâmica, e, sendo assim, sobre seus tipos. A grande maioria dos geomorfólogos e pedólogos reconhece há muito a proximidade e interdependência entre seus objetos de estudo.

Há sem dúvida um paralelismo, um sincronismo, entre a evolução do solo e a do relevo numa dada área, consideradas as escalas pertinentes. Não acreditamos na ideia de um antagonismo entre a geomorfogênese e a pedogênese, conforme o postulado de Tricart (1977). Pensamos que há uma complementariedade entre a geomorfodinâmica e a pedodinâmica. Esse problema nos remete aos conceitos mais fundamentais: o conceito de dinâmica e o de gênese. Estamos todos hoje convencidos da existência de uma interdependência entre a geomorfodinâmica e a pedodinâmica, e o professor Jean Tricart salientou essa relação com muita propriedade. Entretanto, apresentar as dinâmicas do relevo e dos solos como elementos antagônicos gera um problema de caráter conceitual. A raiz desse problema está no fato de que tanto a geomorfodinâmica como a pedodinâmica estão vinculadas ao mesmo suporte físico-biológico e, portanto, aos mesmos processos físicos, químico e biológicos. Sendo assim, deve haver sincronicidade e não alternância entre as gêneses do solo e do relevo. Se houvesse alternância, eles não poderiam ser coincidentes no tempo e no espaço. A concepção de Tricart é muito didática e tem um forte caráter prático. Ninguém pode negar que se uma área está sofrendo a ação intensa de processos erosivos de natureza mecânica, os volumes pedológicos estão sendo removidos por uma taxa de perdas por erosão bastante elevada, e deve estar ocorrendo uma modificação sensível nas formas do relevo (geomorfogênese).

Sobre que bases poderíamos afirmar que a pedogênese foi interrompida? Este é um ponto que gerou muitos mal-entendidos: Reduzir a geomorfogênese à atuação de processos puramente mecânicos, vinculados ao escoamento superficial ou subsuperficial, e a pedogênese a processos puramente químicos, vinculados à percolação das soluções de ataque. Essa relação apresenta de forma fácil e didática a ligação entre os dois tipos de gênese. Como se alternam, no tempo e no espaço, a pedogênese e a geomorfogênese, num jogo de dominâncias em que o equilíbrio ecodinâmico do sistema estaria associado à intensa pedogênese e fraca, ou incipiente, geomorfogênese, em consequência da fraca, ou incipiente, atuação dos processos erosivos de natureza mecânica. Sendo assim, o estado de desequilíbrio do sistema ocorreria quando da situação inversa.

Como poderíamos aplicar a concepção do professor Tricart a uma unidade geomorfológica como as escarpas da serra do mar. Todos sabemos que, no ambiente tropical úmido, a erosão mecânica, interfluvial e fluvial, é muito intensa, e não só nos sistemas de relevo escarpados. As áreas tropicais mais úmidas são costeiras, estando portanto também nas bordas dos crátons sendo, em sua maioria, regiões que apresentam fortes interferências tectônicas. As escarpas da serra do mar estão submetidas a grandes e frequentes processos erosivos de movimentos de massa, que ocorrem sistematicamente em toda, ou quase toda, estação úmida, de modo que fazem parte integrante da dinâmica do sistema escarpado. Nesse ambiente, os solos são rasos, litossolos ou cambissolos com até um metro de profundidade, havendo muitos afloramentos rochosos e as declividades são muito fortes.

Para finalizar e com base na descrição anterior a partir das elaborações de Tricart, podemos levantar algumas questões que elucidam a importância do conceito de natureza para identificar as transformações do planeta e que de certa forma afetam diretamente a vida: pode-se afirmar que este sistema, *escarpa da serra do mar*, está em desequilíbrio? Podemos dizer que a pedogênese foi interrompida? Os movimentos de massa não fazem parte integrante da *vida* desse sistema? Ele está sofrendo geomorfogênese intensa? Se a resposta a esta última questão for positiva, então deve existir alguma evidência de que o *sistema escarpa da serra do mar* está sendo substituído por outro sistema geomorfogenético?

Portanto, são três eixos e três pares antagônico-complementares definindo uma estrutura octagonal com os seis componentes dos sistemas naturais da superfície das terras emersas ocupando os vértices dessa estrutura. O eixo do tempo com os polos clima e rocha. O eixo da matéria determinado pelos polos água e organismos e o eixo do espaço com os polos solo e relevo.

Do conceito de espaço emerge a ideia de localização e, consequentemente, os conceitos de externo e interno. O relevo refere-se às formas exibidas pelo terreno, que oferece a elas o seu suporte material. A geometria é a ferramenta que dispomos para descrever as formas do relevo: um elemento externo, portanto. Já o solo corresponde a um elemento interno, que ocorre da superfície do terreno para dentro do maciço, até onde forem observadas evidências da atuação da biota e dos mecanismos acima referidos: eluviação e iluviação. As coberturas pedológicas correspondem a uma infinidade de arranjos, organizações, exibidas pelos materiais submetidos aos dois mecanismos acima referidos, onde a atividade biológica tem um papel central por regular uma série de processos fisico-químicos e termo-hídricos. É sobre, e também dentro, dessa fina camada de material que a flora e a fauna estão evoluindo a centenas de milhões de anos.

O imenso desrespeito do homem sobre o Mundo Natural deve ser consequência daquele antigo projeto de dominação sobre natureza, projeto esse que passou a ganhar força com o advento das ciências experimentais que ocorreu na primeira metade do século XVII. Não é culpa de ninguém, mas esse imenso projeto de desumanização do homem e de antropomorfização da natureza promovido pelos poderes constituídos em escala mundial, parece estar muito distante de ser contido. Acredito que a imensa capacidade de adaptação, que nos fez triunfar sobre as outras espécies, agora está se voltando contra nós. Nos adaptamos às condições mais adversas possíveis, criadas por nós mesmos.

BIBLIOGRAFIA

AB'SABER, A. N. Degradação da natureza no Brasil: a identificação das áreas críticas. *Interfácies*, São Paulo, Unesp, 1982, n. 107, 39p.

BIGARELLA, J. J. *Estrutura e origem das paisagens tropicais e subtropicais*. Florianópolis: Editora da UFSC, 2003, v. 3, pp. 884-1.436.

CHORLEY, R. J.; KENNEDY, B. A. *Physical Geography:* A Systems Approach. London: Prentice-Hall, 1971, 370p.

TRICART, J. *Ecogeografia*. Rio de Janeiro: IBGE, 1977, 96p.

NATUREZA, AMBIENTE E CONFLITO

Larissa Mies Bombardi

Este capítulo tem por objetivo trazer à discussão a ideia de que a questão ambiental é, antes de tudo, uma questão social.

O desenvolvimento do capitalismo e sua reprodução ampliada pressupõem conflitos ambientais e sociais, conflitos geográficos, portanto.

A MERCANTILIZAÇÃO DA NATUREZA

Chico Mendes, em palestra proferida no Departamento de Geografia da USP, em 1988, meses antes de ser assassinado, afirmou que (1990: 9)

> [...] nós conseguimos emplacar a nível internacional esta luta em defesa da Amazônia porque aí vinha também a questão ecológica, a questão ambiental.
>
> Os observadores internacionais constataram que a nossa luta também, apesar de ser uma luta pela sobrevivência, em defesa da vida, tinha um caráter ecológico ambiental muito grande [...] hoje, a luta em defesa da Amazônia não interessa só a nós, seringueiros e índios, mas é uma luta que interessa a toda a sociedade brasileira e ao mundo inteiro e a todo o planeta. Nós, os seringueiros, não queremos transformar a Amazônia num santuário, o que nós não queremos é a Amazônia devastada. E aí se pergunta: qual é a proposta que vocês têm? E nós então começamos a discutir além da questão da luta contra o desmatamento, nós começamos a apresentar a proposta alternativa para a conservação da Amazônia.

A fala de Chico Mendes traz elementos fundamentais para uma necessária reflexão sobre o conceito de ambiente e sobre o tema do conflito no âmbito da Geografia. Em primeiro lugar porque sua fala traduz a indissociabilidade entre conflito social e conflito ambiental. E, em segundo lugar, porque ela apresenta um *movimento*, neste caso, por meio da devastação e do desmatamento.

Na lógica do capital, como desvendou Marx, paulatinamente tudo que envolve a vida humana transforma-se em mercadoria. Nesse contexto, a própria natureza transforma-se em mercadoria. O antropólogo Dumont, em sua obra *Homo Hierarquicus* (1992), chama de holocausto moral a transformação em mercadoria daquilo que era mais sagrado no mundo ocidental pré-capitalista: a natureza e o trabalho humano.

Ao longo do desenvolvimento do capitalismo, em um plano direto, a natureza foi transformada em *recurso natural* e, em um plano simbólico, perdeu seu sentido de *mistério* e de "portadora da vida". Como argumentou Carlos Walter Porto-Gonçalves (1996: 34) em *Des-caminhos do meio ambiente*, foi necessário que a natureza pudesse ser vista de maneira subalterna à humanidade, de tal forma que ela pudesse ser *usada* não só em uma perspectiva *prática*, como também em nosso imaginário, em nossa visão de mundo.

> O antropocentrismo consagrará a capacidade humana de dominar a natureza. Esta, dessacralizada já que não mais povoada por deuses, pode ser tomada objeto e, já que não tem alma, pode ser dividida, como já o tinha sido na Idade Média, uma natureza morta, ou mais do que isso, esquartejada.

Pari passu com sua mercantilização, essa é a concepção de natureza que fomos erigindo no decorrer do tempo. Ora, esse processo de mercantilização da natureza se faz, necessariamente, de forma violenta. Primeiro porque, ao transformar a natureza em mercadoria, há uma violência contra a própria natureza, que, neste caso, deixa de ser sagrada, portadora de vida, sustentáculo da humanidade e dos demais seres do planeta e torna-se, inevitavelmente, "recurso natural". Há uma violência implícita nesse processo que se constitui na supressão de biomas, ou de parcela destes. Segundo porque não há natureza sem sociedade. A própria elaboração daquilo que se constitui em natureza é uma elaboração social.

O geógrafo anarquista Elisée Reclus (1985) afirmou que "o homem é a natureza adquirindo consciência de si própria". Há, nesta concepção, uma indiferenciação sociedade-natureza. E, ao mesmo tempo, há uma diferenciação ao refletir sobre qual é o papel da humanidade em sua "indiferenciação" com a natureza: ela é, para Reclus, sua parte consciente. Para além da beleza poética e dialética contida na obra de Elisée Reclus, o processo de constituição da natureza em mercadoria, ou seja, o processo de produção e reprodução do capital é, em si, violento e é conflitivo, ambiental e socialmente.

O AVANÇO DO CAPITALISMO NO CAMPO E DE UMA NOVA FORMA DE VIOLÊNCIA

Marx, em seu texto clássico "A assim chamada acumulação primitiva", desvelou o necessário conteúdo violento do processo de produção do capital e, portanto, de consolidação da sociedade capitalista. Escreve Marx (1982: 354)

> No século XVIII, foi proibida a emigração dos gaélicos expulsos de suas terras, a fim de tangê-los compulsoriamente para Glasgow e para outras cidades industriais. Para ilustrar o método dominante do século XIX basta citar as "limpezas" levadas a cabo pela duquesa de Sutherland. Economicamente instruída, resolveu, ao assumir a direção de seus domínios, empreender uma cura radical, transformando em pastagem de ovelhas todo o condado cuja população já fora reduzida antes, por processos semelhantes, a 15.000 habitantes. De 1814 a 1820, esses 15.000 habitantes, cerca de 3.000 famílias, foram sistematicamente enxotados e expulsos. Todas as suas aldeias foram destruídas e reduzidas a cinzas, todas as suas lavouras convertidas em pastagens... britânicos intervieram para executar a expulsão e entraram em choque com os nativos.

Não é mera coincidência a descrição que Marx faz do processo de cercamento na Escócia – que envolveu expulsão, expropriação e assassinato de camponeses nativos, além da supressão de terras de lavoura para sua transformação em pasto – com o processo que vemos acontecer no campo brasileiro.

Chico Mendes, na palestra referenciada no início deste capítulo, a convite do Prof. Dr. Ariovaldo Umbelino de Oliveira e por ele introduzido, vinha naquele momento denunciar o processo de desmatamento da Amazônia em função da expansão do criatório de gado. Denunciava, portanto, a inviabilidade da permanência dos seringueiros, camponeses, bem como seu modo de vida, em suas terras. Sua fala tinha também o intuito de denunciar a ameaça de morte que ele próprio e outras lideranças vinham sofrendo. Como afirmara Mendes (1990: 12):

> Eu pelo menos fui vítima até hoje, a partir de 1977, de seis atentados; felizmente escapei de todos eles por incrível que pareça. Recentemente eles atacaram um acampamento nosso, no dia 26 de maio, e dois companheiros foram baleados, um seringueiro recebeu sete balaços e outro companheiro duas balas. Felizmente eles conseguiram sobreviver até hoje. A minha casa está sendo guarnecida por quatro seringueiros, onde dois permanecem até meia-noite e os outros dois até o amanhecer do dia. A sede do sindicato diariamente está sendo cercada por pistoleiros, hoje mesmo recebi notícias de Xapuri de que esta noite vários pistoleiros tentaram invadir a sede do sindicato.

Essas ameaças de morte, de fato, se efetivaram. Chico Mendes foi morto a mando de fazendeiros, como se sabe nacional e internacionalmente.

Voltemos à Marx (1982: 354) em "A assim chamada acumulação primitiva":

> Uma velha morreu no meio das chamas de sua cabana... que se recusara a abandonar. Assim, apossou-se essa fidalga de 794.000 acres de terra que pertencia ao clã, desde tempos imemoriais. Aos aborígenes expulsos mandou que se localizassem em 6.000 acres da orla marítima a 2 acres por família... Ela dividiu toda a terra roubada ao clã em 29 grandes arrendamentos para criação de ovelhas, cada um habitado apenas por uma família, em regra oriunda da criadagem dos arrendatários ingleses. Em 1825, os 15.000 aborígines gaélicos estavam substituídos por

> 131.000 ovelhas. Os que foram lançados na orla marítima procuraram viver de pesca. Transformaram-se em anfíbios e, na expressão de um escritor inglês, viviam uma meia-vida constituída de duas partes, uma em água e outra em terra.

Estamos prestes a ingressar na segunda década do século XXI e vemos esse processo avançar com os mesmos elementos denunciados por Chico Mendes há três décadas e por Marx há mais de um século: agressões, ameaças, expulsões, expropriações, assassinatos.

No Brasil, a violência contra indígenas e camponeses (em suas diversas especificidades: ribeirinhos, seringueiros, quilombolas, caiçaras, sitiantes etc.), além das formas já conhecidas, tem tido, no entanto, um elemento muito *sutil* e *silencioso* que é fruto do chamado *avanço tecnológico na agricultura*. No depoimento a seguir, uma camponesa relata um dos eventos de pulverização aérea sobre sua comunidade na Chapada do Apodi, sudeste do Ceará, região com cultivo de frutas para exportação, em que há o uso intensivo de agrotóxicos:

> Quando o avião passava expurgando nossa comunidade parecia que estava nevando [...] Quatro horas da tarde, a gente olhava pra comunidade, via tudo branco. Nem a igreja a gente não via. Muitas galinhas faleceram, muitos animais faleceram. Eu digo isso porque eu tinha no meu quintal 120 galinhas e 80 galinhas morreram numa tarde só, quando o avião passou expurgando. Isso aconteceu no quintal da minha casa. Por isso é que a gente fala contra os agrotóxicos. E a gente tem ainda o caso de doença. E aí eu lembro do companheiro Zé Maria que ele dizia – daqui a dez anos talvez eu não esteja vivo, mas vocês vão estar pra ver o número de câncer em nossa população; o número de crianças que vão nascer com malformação. E a gente já tem um número altíssimo de casos de câncer em nossa comunidade. De janeiro até março nasceram quatro crianças com malformação [...]. (Depoimento proferido por Socorro, Comunidade do Tomé, Audiência Pública, 24 de abril de 2015, apud Freitas e Bombardi, 2018)

Marx falava em *homens-anfíbios*, expressão que, além do conteúdo moral e simbólico, possivelmente ilustra uma *transformação* corporal como decorrência da condição de trabalho que foi imposta aos camponeses expulsos das terras altas na Escócia. Marx relatava, portanto, uma adulteração de corpos; referia-se a uma *deformação* física imposta aos corpos.

Atualmente, estamos diante – e esta é a grande novidade deste novo tipo de violência, redunda-se aqui propositadamente – de adulterações químicas dos corpos. A tecnologia trazida pela chamada *revolução verde* tem se traduzido em formas de violências silenciosas e sutis, posto que são introduzidas quimicamente. Em nível celular, em nível molecular.

O excerto do depoimento da camponesa, citado anteriormente, ilustra os efeitos da pulverização aérea de agrotóxicos diretamente nos animais, matando-os e, mais difusamente, nos seres humanos: como os casos de malformação fetal e câncer. Esses casos, tanto de malformação fetal quanto de câncer por exposição a agrotóxicos, não são apenas constatação empírica, estão suficientemente retratados na literatura científica nacional (Bombardi, 2017; Rigotto, 2011; Pignatti, 2007; Pontes Aguiar, 2017, dentre outros). Tais deformações, portanto, não são metafóricas, mas reais. Dentre outros, destaca-se casos de puberdade precoce que, para além de significar *menarca precoce*, refere-se a bebês com brotos mamários e pelos na região pubiana. (Pontes Aguiar, 2017).

Se no relato de Marx aparecem incêndios provocados para expulsar camponeses, atualmente, no campo brasileiro – além desse expediente de violência, que, ademais, não cessou – ocorrem também as nuvens de agrotóxicos. Outrora, nuvens de fumaça. Hoje, nuvens de veneno. No período de 2007 a 2014, mais de 25 mil pessoas foram intoxicadas por agrotóxicos no Brasil, o que em média significa 8 pessoas intoxicadas por dia. Entretanto, o Ministério da Saúde estima que para cada caso notificado tem-se 50 outros não notificados. Dessa forma, é possível que tenhamos tido, nesse período, cerca de 1 milhão e 250 mil pessoas intoxicadas por agrotóxicos de uso agrícola (Bombardi, 2017). A maior parte desses casos refere-se a intoxicações agudas, isto significa que os casos de câncer, malformação fetal, desregulação endócrina etc., relacionados à exposição a agrotóxicos são pouco considerados nas estatísticas oficiais.

AGRONEGÓCIO, AGROTÓXICOS E CONFLITOS NO CAMPO

O Brasil converteu, nos últimos anos, uma área equivalente ao território de seis *Escócias* para o cultivo de apenas três produtos: soja, cana e eucalipto (Bombardi, 2017). Essa expansão de tais cultivos (soja com mais de 30 milhões de hectares, cana com cerca de 10 milhões de hectares) se faz por meio de extensas monoculturas que têm impactado severamente os biomas brasileiros, dentre os quais se destaca: a mata atlântica, o cerrado e mais recentemente, também, a floresta amazônica (Bombardi, 2017). Desde 2008, o país figura entre os maiores consumidores mundiais de agrotóxicos. Ano após ano, esse consumo aumenta, como é possível observar no Gráfico 1:

Gráfico 1 (USP Agrária/Lasere – FFLCH-USP)

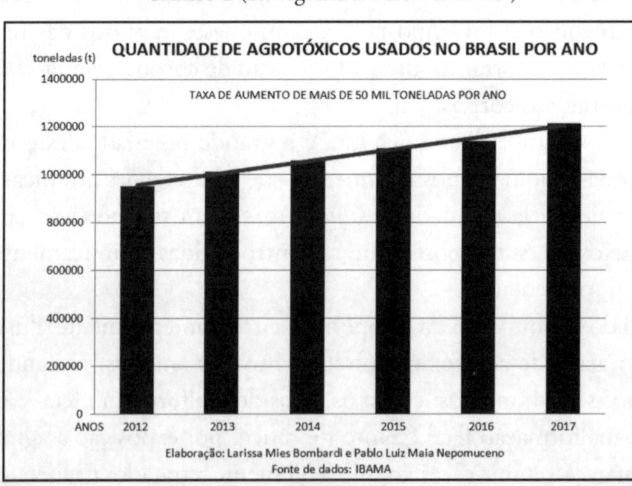

Nota-se que em apenas cinco anos o consumo de agrotóxicos aumentou cerca de 25%. Em termos regionais, no que diz respeito à relação entre a média anual de uso de agrotóxicos (kg) e a área agrícola (ha), destaca-se a região Centro-Oeste, como é possível observar no mapa apresentado a seguir.

Mapa 1 (USP Agrária/Lasere – FFLCH-USP)

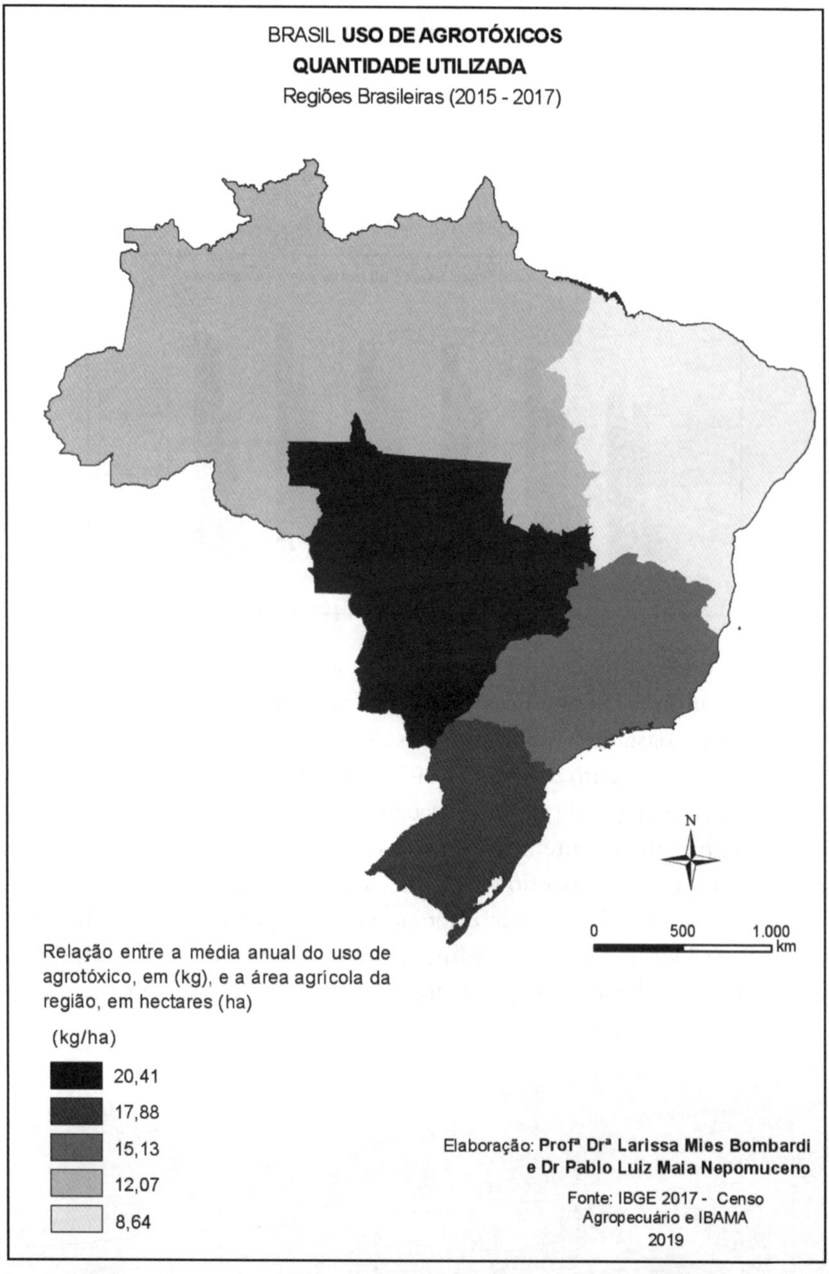

Obviamente, a região Centro-Oeste destaca-se em função de ser aquela que lidera o cultivo de soja no país. Atualmente, quase a totalidade do cultivo de soja no Brasil é feita com sementes transgênicas (organismos geneticamente modificados), e grande parte destas sementes são tolerantes a herbicidas, ou seja, trata-se de cultivos em que há uma venda casada de sementes e agrotóxicos. O aumento do consumo de agrotóxicos no país é, em grande medida, explicado pelo avanço dos cultivos transgênicos: 98% da soja e 88% do milho no país são transgênicos (ISAAA, 2018).

Em termos de volume de agrotóxicos comercializado no Brasil, em primeiro lugar tem-se a soja, com o consumo de cerca de 50% do total, em seguida o milho e a cana, ambos com cerca de 10%. No gráfico apresentado a seguir é possível verificar a liderança da região Centro-Oeste no tocante à quantidade de agrotóxicos utilizada.

Gráfico 2 (USP Agrária/Lasere – FFLCH-USP)

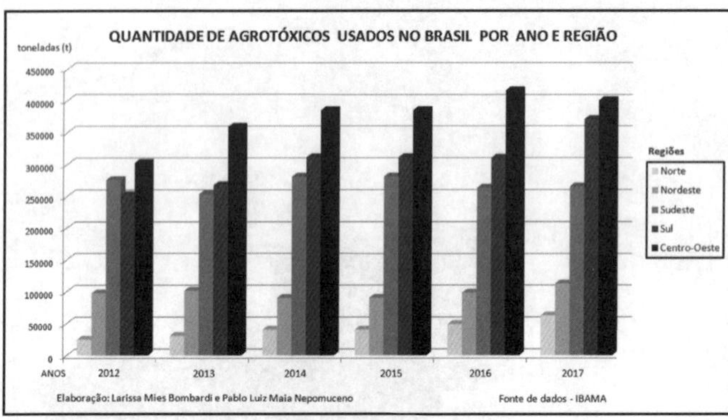

Nota-se, no Gráfico 2, que a região Norte, ainda que em termos absolutos não apresente um consumo tão significativo de agrotóxicos (se comparada a outras regiões), teve um aumento bastante grande ano após ano. Entre 2012 e 2017, a região Norte apresentou um crescimento de mais de 100% no volume utilizado de agrotóxicos.

Esse aumento no uso de agrotóxicos tem também uma dimensão espacial muito clara, ou seja, há nitidamente um aumento do uso de agrotóxicos nas "bordas" da Amazônia, avançando a partir do chamado "arco do desmatamento".

O mapa apresentado a seguir, elaborado a partir dos dados do Censo Agropecuário do IBGE (2006 e 2017), com informações sobre propriedades rurais que fazem uso de agrotóxicos, demonstra este deslocamento espacial da intensificação do uso de agrotóxicos em direção à região Norte.

Mapa 2 (USP Agrária/Lasere – FFLCH-USP)

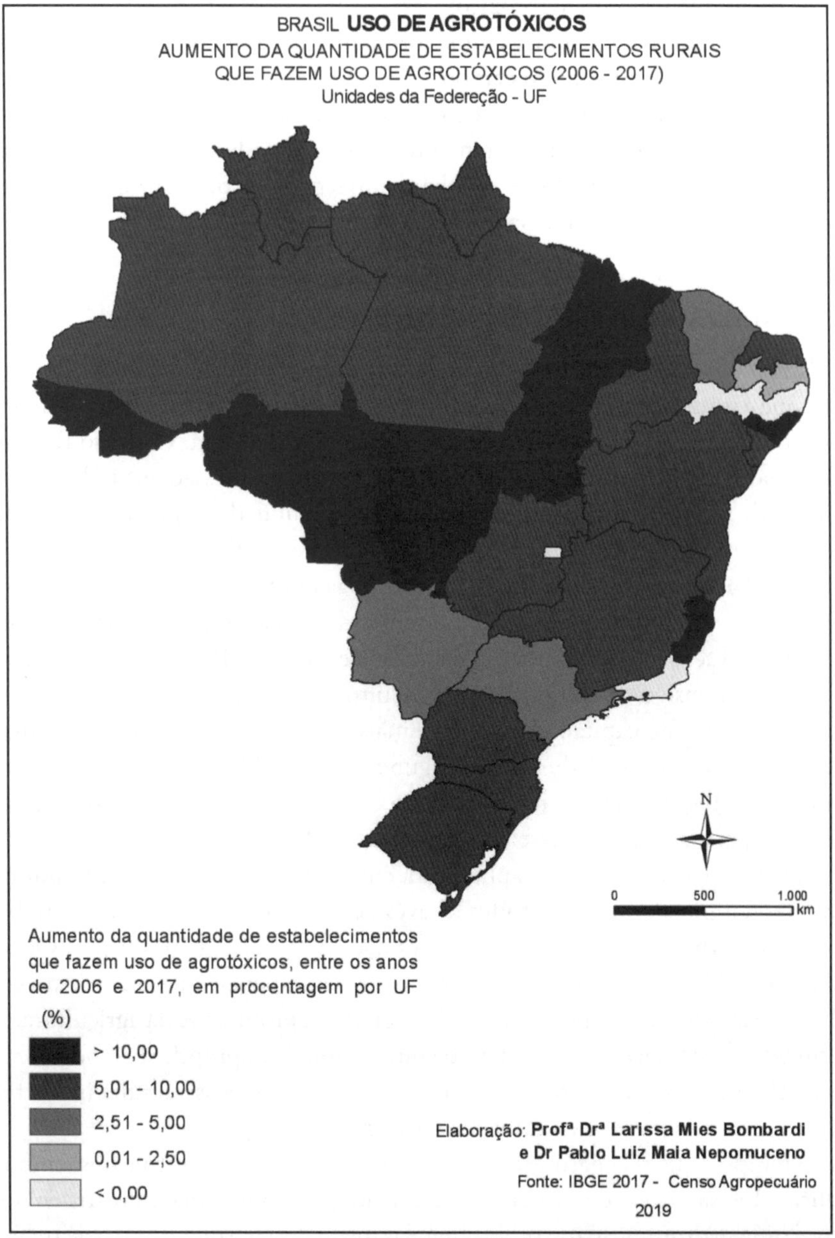

O primeiro elemento que chama a atenção neste mapa é o crescimento no número de propriedades que faz uso de agrotóxicos no período de 2006 a 2017. Nota-se que os estados (no sentido N-NO) do Maranhão, Tocantins, Mato Grosso, Rondônia e Acre, todos eles da chamada Amazônia Legal, e todos eles estados fronteiriços do bioma amazônico, tiveram um aumento de pelo menos 10% do total de estabelecimentos rurais que utilizam agrotóxicos.

Estamos, portanto, diante de uma forma de *varredura, de limpeza* (para usar a expressão de Marx), química do campo.

Sobrepondo-se aos processos já conhecidos de violência social e ambiental que ocorriam de forma *física* – desmatamentos, incêndios, despejos, expulsões etc. –, agora há também, por meio do desenvolvimento tecnológico, uma violência química (ainda que muitas vezes de forma indireta).

A CHAMADA REVOLUÇÃO VERDE

Esta violência química foi e tem sido possibilitada pela chamada Revolução Verde, que é uma expressão que se popularizou, sobretudo a partir dos anos de 1970, e que comumente refere-se ao uso de tecnologia na agricultura. O termo Revolução Verde foi adotado no período da Guerra Fria como uma expressão que indicava a possibilidade de *revolucionar* a condição de vida da humanidade, superando o problema da fome, através do uso intensivo de insumos químicos e tecnologia na agricultura.

A alusão ao *verde* teve, portanto, uma dupla conotação: a primeira delas estava relacionada à agricultura e, a segunda, à contraposição à *Revolução Vermelha* (socialista) como solução para a eliminação da miséria e da fome (Porto-Gonçalves, 2015).

O uso intensivo de tecnologia na agricultura esteve voltado para atender uma necessidade dupla do capital. A primeira e mais direta estava relacionada à demanda de algumas empresas que durante a Segunda Guerra Mundial produziam armas químicas. E a segunda estava relacionada ao próprio movimento de reprodução do capital que passou a apropriar-se também da agricultura.

Esse desenvolvimento do capitalismo, entretanto, é desigual e contraditório, e ao mesmo tempo em que se reproduz através de sua forma clássica, que é o trabalho assalariado, permite que coexistam relações não capitalistas de produção (Oliveira, 2007; 2010). Nesse sentido, não só observa-se a permanência do campesinato como se observa também uma especificidade do capital ao apropriar-se da agricultura. Essa especificidade está relacionada ao fato de que o capital se apropria da renda da terra, ou seja, ele monopoliza o território. Em outros termos: é possível uma indústria de agroquímicos manter-se sem cultivar sequer um único vegetal.

O tempo cíclico da natureza impõe uma dificuldade de controle dos tempos de produção. Dessa forma, de maneira diferente do que acontece na indústria em que é possível uma padronização quase absoluta das mercadorias e do processo de trabalho, na agricultura isso não ocorre, ou não ocorre com a mesma *precisão*.

Evidentemente, o aparato tecnológico da chamada *agricultura de precisão* visa controlar minimamente o processo de produção e permitir que o capital se reproduza na agricultura em sua forma clássica: através do trabalho assalariado e do controle minucioso das etapas e dos processos de produção.

Entretanto, paralelamente a essa forma direta de o capital se reproduzir no campo, há uma forma indireta que se efetiva por meio da venda de insumos químicos ou biotecnológicos (fertilizantes, sementes *tratadas* e transgênicas, agrotóxicos, maquinário, equipamentos etc.). Esses produtos, disseminados na agricultura (seja ela capitalista ou camponesa, com nuances, obviamente), tornam a agricultura subordinada a esse tipo de indústria. O que ocorre é, portanto, uma subordinação da renda da terra ao capital industrial.

As indústrias de biotecnologia, de maquinários, de sementes etc. subordinam a renda da terra apropriando-se de uma parcela do rendimento da agricultura. Nesse caso, portanto, tais indústrias não ficam diretamente sujeitas às variações cíclicas da natureza. Reproduzem-se por meio da agricultura e, contudo, não estão diretamente envolvidas nesta atividade.

Neste mecanismo de desenvolvimento do capitalismo, o campo no Brasil tem sido, literalmente, fumigado com agrotóxicos, num movimento articulado pelo Estado brasileiro, que permite a conjunção de interesses entre os grandes proprietários rurais e as indústrias transnacionais de agroquímicos e sementes.

O avanço do capitalismo é, indubitavelmente, violento. Ao compararmos o momento descrito por Marx e o momento atual, vemos tempos históricos diferentes, espaços diferentes e, no entanto, a permanência da *expropriação e da violência*, características desse processo de desenvolvimento do capitalismo.

A compreensão do desenvolvimento do capitalismo como um processo desigual e combinado – particularmente naquilo que diz respeito à interpretação do campo e do campesinato – teve uma inestimável contribuição das obras de Ariovaldo Umbelino de Oliveira e José de Souza Martins, que, por sua vez, se abeberaram de autores como Rosa Luxemburgo e Theodor Shanin, entre outros.

O binômio *expropriação e violência* é, inclusive, o título de uma das obras de José de Souza Martins (Martins, 1991). Esses autores trazem a interpretação de que o processo de desenvolvimento do capitalismo é, essencialmente, desigual temporal e espacialmente.

Há como que formas contemporâneas de *acumulação primitiva*. Entretanto, como a *acumulação primitiva* é um momento historicamente determinado, o que ocorre, segundo a contribuição destes autores, é um mecanismo de produção do capital que acontece contemporaneamente ao seu processo de reprodução (que se dá de forma clássica, por meio do trabalho assalariado).

A VARREDURA SOCIAL E AMBIENTAL DOS CAMPOS

A permanência da produção do capital, que se faz por meio da violência e da expropriação, nos permite enxergar a conexão entre a varredura física dos campos na Escócia do século XIX e a varredura física e química dos campos no Brasil no século XXI.

Importante ressaltar que, em ambos os casos, essa varredura gerou e gera conflitos ambientais e sociais que, ademais, não podem ser compreendidos senão em sua indissociabilidade. Há um elemento, entretanto que, passados duzentos anos do período relatado por Marx, merece ser olhado com cuidado.

Esse processo de violência que tem feito essa *varredura* social e ambiental dos campos, seja na Europa há duzentos anos, seja na América Latina atualmente, isto é, um estado de conflito que *varre* o campo – neste caso o verbo "varrer" é bastante apropriado porque denota o deslocamento e, ao mesmo tempo, a *limpeza* –, é que tem permitido a produção e reprodução do capital.

O que estamos afirmando é que o capitalismo se desenvolve também e, essencialmente, por meio de sua expansão. Essa expansão ocorre com o deslocamento espacial em que, paulatinamente, a terra e a natureza são mercantilizadas por meio do processo de produção do capital (como no momento da acumulação primitiva, em que a violência é bastante nítida). O caso da América Latina, nesse sentido, é emblemático.

Evidencia-se uma inserção subalterna da América Latina na Divisão Internacional do Trabalho, pela utilização de agroquímicos produzidos por indústrias transnacionais que, em grande parte, têm sede na União Europeia e Estados Unidos e que, contraditoriamente, proíbem o uso de grande parte dessas substâncias em seus territórios. Cerca de 30% dos agrotóxicos autorizados no Brasil são proibidos na União Europeia (Bombardi, 2017).

O avanço do uso de agrotóxicos no Brasil mostra claramente tanto a intensificação deste processo (em termos do aumento do uso de tais substâncias, como observado no Gráfico 1) quanto sua expansão. Essa expansão, como demonstrado no Mapa 2, tem um conteúdo de deslocamento espacial extremamente claro.

O uso de agrotóxicos está, nitidamente, avançando pela Amazônia. É importante, portanto, para que possamos compreender os conflitos sociais e ambientais, que possamos enxergar que há, ao mesmo tempo, um movimento de expansão e um movimento de concentração do capital.

Ao refletirmos sobre como se dá o uso de agrotóxicos no Brasil, este fenômeno de desenvolvimento do capitalismo que é ao mesmo tempo de expansão e concentração – contraditório e desigual – torna-se evidente. Tem havido nos últimos anos uma grande concentração das empresas produtoras de agrotóxicos e sementes. O que tem ocorrido, na verdade, é uma oligopolização do setor. Em um período de apenas oito anos (2000 a 2007), as seis maiores empresas do setor incorporaram 129 outras empresas (Pelaez, 2011; Bombardi, 2011).

Atualmente, esse quadro está ainda mais concentrado: as cinco maiores empresas do setor (considerando a compra da Monsanto pela Bayer) controlaram em 2017 cerca de 70% do mercado mundial de agrotóxicos, são elas: Syngenta, Bayer/Monsanto, Basf, Dow/Dupont, Adama (Agrow, 2018). Além da concentração de capitais no setor agroquímico, vale dizer que se em 2008 este mercado envolveu 45 bilhões de dólares, em 2017 este valor saltou para 55 bilhões de dólares.

Nota-se, portanto, um duplo movimento: deslocamento e expansão espacial do capital no setor agroquímico por meio do uso de agrotóxicos e, por outro lado, concentração e intensificação do capital: tanto em termos do aumento real do faturamento quanto do processo crescente de oligopolização do setor por meio das fusões e aquisições de tais empresas.

Voltemos a Marx (1982: 355) em a "Assim chamada acumulação primitiva":

> O roubo dos bens da Igreja, a alienação fraudulenta dos domínios do Estado, a ladroeira das terras comuns e a transformação da propriedade feudal e do clã em propriedade privada moderna, levada a cabo com terrorismo implacável, figuram entre os métodos idílicos da acumulação primitiva. Conquistaram o campo para a agricultura capitalista, incorporaram as terras ao capital e proporcionaram à indústria das cidades a oferta necessária de proletários sem direitos.

Vemos os *métodos idílicos* da acumulação primitiva renovados, modernizados. Agora são também métodos *biotecnológicos* que adoecem os seres humanos e a natureza e que, em grande medida, estão na raiz dos conflitos geográficos: para além de socioambientais.

São conflitos geográficos na medida em que só logramos compreender sua essência na medida em que mergulhamos na compreensão tanto da sua dimensão espacial, quanto da sua dimensão social, da luta de classes propriamente dita.

Conflitos geográficos, na perspectiva de que se tentarmos compreendê-los apenas pelo viés social ou pelo viés ambiental, nos escapará sua lógica. A lógica dos conflitos no capitalismo traz consigo sua dimensão indissociável e, portanto, geográfica.

Daí a *necessidade da Geografia:* a Geografia carrega consigo a potência de um olhar que abarca, necessariamente, a dialética dos conflitos. Um olhar, portanto, que possibilita ver este movimento contraditório, conflitivo e simultâneo que é de expansão e de concentração do capital.

BIBLIOGRAFIA

Agrow. Agribusiness Intelligence. *Top 20 2018*. Disponível em: <https://agribusinessintelligence.informa.com/-/media/informa-shop-window/agri/files/agrow_top20_2018_online.pdf>. Acesso em: maio 2019.

Bombardi, L. M. *Geografia do uso de agrotóxicos no Brasil e conexões com a união europeia*. São Paulo: FFLCH/USP, 2017.

______. Intoxicação e morte por agrotóxicos no Brasil: a nova versão do capitalismo oligopolizado. *Boletim Dataluta*. Nera – Núcleo de Estudos, Pesquisas e Projetos de Reforma Agrária. Presidente Prudente, setembro de 2011, pp. 1-21. Disponível em: <http://www2.fct.unesp.br/grupos/nera/artigodomes/9artigodomes_2011.pdf>. Acesso em: maio 2019.

Dumont, L. *Homo Hierarchicus*, São Paulo: Edusp, 1992.

Freitas, B. M. C.; Bombardi, L. M. A Política Nacional de Irrigação e o uso de agrotóxicos no Brasil: contaminação e intoxicações no Ceará. *Geographia*. v. 20, n. 43, UFF, Niterói, 2018.

ISAAA. International Service for the Acquisition of Agri-Biotech Applications. *ISAA: Situação Global dos Cultivos Transgênicos em 2017. Resumo Executivo 2018*. Disponível em: <https://d335luupugsy2.cloudfront.net/cms/files/50569/15306214042018-07-03-ISAAA-Resumo-Executivo.pdf>. Acesso em: maio 2019.

Luxemgburg, R. *A acumulação do capital*. Rio de Janeiro: Zahar Editores, 1970.

Martins, J. S. *Expropriação e violência*. 3. ed. São Paulo: Hucitec, 1991.

______. *O cativeiro da terra*. 6. ed. São Paulo: Hucitec, 1996.

Marx, K. *O capital*. São Paulo: Abril Cultural, 1982, livro I, cap. XXIV.

Mendes, C. A luta dos povos da floresta. *Terra Livre*, n. 7, São Paulo, 1990, pp. 9-22.

Oliveira, A. U. de. *Modo capitalista de produção, agricultura e reforma agrária*. São Paulo: Labur Edições, 2007.

______. A questão da aquisição de terras por estrangeiros no Brasil. *Agrária*. São Paulo, n. 12, 2010, pp. 3-113.

Pelaez, V. *Monitoramento do mercado de agrotóxicos*. Disponível em: <http://portal.anvisa.gov.br/wps/wcm/connect/c4bdf28047459 1ae99b1dd3fbc4c6735/estudo_monitoramento.pdf?MOD=AJPERES>. Acesso em: 31 jul. 2011.

Pignati, W. A.; Machado, J. M. H.; Cabral, J. F. Acidente rural ampliado: o caso das "chuvas" de agrotóxicos sobre a cidade de Lucas do Rio Verde – mt. *Ciência e Saúde Coletiva*. Rio de Janeiro, 12 (1), 2007, pp. 105-14.

Pontes Aguiar, A. C. *Más-formações congênitas, puberdade precoce e agrotóxicos: uma herança maldita do agronegócio para a Chapada do Apodi (ce)*. Fortaleza, 2017. 199 f. Dissertação (mestrado em Saúde Pública) – Faculdade de Medicina, Universidade Federal do Ceará.

Porto-Gonçalves, C. V. *Os (des)caminhos do meio ambiente*. 5. ed. São Paulo: Contexto, 1996.

______. *A globalização da natureza e a natureza da globalização*. Rio de Janeiro: Record, 2015.

Reclus, É. A natureza da geografia. In: Andrade, M. C. de (org.); Fernandes, F. (Coord.). *Élisée Reclus*. São Paulo: Ática, 1985.

Rigotto, R. (Org). *Agrotóxicos, trabalho e saúde:* vulnerabilidade e resistência no contexto da modernização agrícola no Baixo Jaguaribe/ce. Fortaleza: Edições ufc, 2011.

Shanin, T. *La clase incomoda:* sociologia política del campesinado en una sociedad en desarrollo (Rusia 1910-1925). Madrid: Alianza, 1983.

GUERRA CULTURAL E MULTITERRITORIALIDADE

Rodrigo Valverde

A despeito da polissemia e imprecisão do conceito, a cultura ganha forças maiores como alavanca para a mobilização de certos potenciais no mundo contemporâneo. Por exemplo, a cultura é evocada como uma essência dos povos que permanece válida no mundo, ainda que tenha se transformado ao longo do tempo; a cultura é igualmente reconhecida como as soluções técnicas encontradas por um povo para garantir a sua sobrevivência diante dos desafios propostos pela natureza; a cultura é pensada também como o conjunto de produtos e comportamentos que tem por princípio um sentido próprio ao lazer, à identidade e ao prazer; lembra-se da cultura como parte de um sistema de códigos comunicativos que é partilhado por certos grupos sociais; a cultura possui ainda um entendimento derivado de uma concepção negativa, na qual seria tudo aquilo reconhecido como irracional. Cada uma dessas concepções de cultura possuiria consequências conflituosas no mundo globalizado, por vezes contribuindo ao aumento da atividade política e/ou comercial, em outros momentos permitindo uma estratégia de resistência ao processo de homogeneização social.

Tal debate sobre a importância da cultura no mundo contemporâneo realça o potencial que as abordagens geográficas podem ter para a sua compreensão. Os padrões de localização, de movimento e suas bases explicativas qualificam as práticas culturais de modo que as suas forças e desafios ganham novos sentidos quando territorializados. Isso é possível na medida em que, do ponto de vista cultural, o mundo contemporâneo não foi totalmente homogeneizado e que a ideia de diversidade tem sido mobilizada por diferentes grupos para alcançarem seus objetivos. A Geografia dessas práticas culturais nos permitiria então estabelecer a influência das redes partilhadas entre agentes e como estas se projetam sobre outros. Sob o plano cultural, a perspectiva de um controle total, soberano e independente de outros, é ilusória. Talvez por isso, as práticas competitivas no mundo contemporâneo têm destacado sentidos e estratégias culturais como formas de se desenvolverem. Trazemos aqui, então, duas noções que são estratégicas para as contribuições geográficas relativas ao campo da cultura no contexto do mundo atual: as multiterritorialidades e as guerras culturais.

Por multiterritorialidades entendemos a existência, dentro de uma mesma parte do mundo, de diferentes forças agindo competitivamente em favor dos seus objetivos. Tomamos como pressuposto que as multiterritorialidades aqui mencionadas se referem ao plano dos sentidos da cultura apresentados. A localização da cultura e a apropriação, ainda que simbólica e/ou temporária, é parte significativa da estratégia desses grupos para ampliarem seus poderes. Sem formas de definirem exclusividades definitivas em um plano imaterial, o jogo das visibilidades e os conflitos simbólicos se tornam cotidiano no plano cultural, em uma constante ação para influenciar novamente o comportamento de outros.

Acionar este debate nem sempre foi tarefa simples dentro da Geografia. Sugerimos aqui evitar problemas comuns tanto da Geografia como um todo quanto de suas abordagens da cultura. De fato, as dificuldades em tratar de debates estéticos, ideológicos e identitários muitas vezes limitou o conhecimento geográfico a oscilar entre uma crítica geral à estrutura produtiva e uma concepção idealista e romântica do lugar. A ausência de maior consideração da cultura para além de uma vaga alusão à indústria cultural como complementar à atividade produtiva limitou severamente os próprios avanços do entendimento na Geografia Econômica e Política, presas à materialidade. Por oposição, a idealização subjetiva de um modo de vida específico levava a cultura a um caminho relativista e dissociado do restante do mundo, resistindo unicamente pelo isolamento. Desconsideramos aqui qualquer sentido banal, acessório ou fútil associado à cultura no passado: nos colocamos junto àqueles que consideram que a cultura cumpre papéis decisivos e assertivos sobre a organização do mundo contemporâneo. Como argumenta Latour (1987: 201), conceitos como cultura:

> Têm uma definição muito vaga porque é apenas quando há uma disputa, por quanto tempo esta dure, e dependendo da força exercida pelos dissidentes [aos significados propostos] que palavras como "cultura" [...] recebem significado preciso [...]. Em outras palavras, ninguém vive em uma "cultura" [...] antes que ele ou ela entre em conflito com outros.

Em um contexto mundial de desregulamentação do trabalho, de competições pelo controle dos mecanismos de reforma dos Estados, de mobilização imaterial como parte das dinâmicas econômicas, de crise da política representativa e da movimentação dos grupos sociais em prol de sua visibilidade e poder, a cultura é um mecanismo importante para ativar novas ordens. As diferentes formas da cultura, algumas contraditórias entre si, permitem romper antigos consensos, superar impasses públicos, alterar racionalidades econômicas e políticas, redefinir valores materiais e imateriais, influenciar instituições e mobilizar pessoas em velocidades e sentidos renovados.

O roteiro dessa discussão pretende comprovar simultaneamente as forças territoriais a partir de práticas culturais e a importância deste tipo de Geografia no mundo contemporâneo. Primeiramente, discutiremos o caráter territorial das guerras culturais, que se qualificaria além da autenticidade e do valor econômico da cultura. Defendemos, então, que a cultura é cada vez mais mobilizada como uma forma própria de agir sobre o mundo que não se propõe como diretamente econômica ou política, mas que possui capacidade de nos unir ou separar a partir de nossas crenças, percepções, comportamentos ou desejos. Para alguns geógrafos, isso significa um deslocamento que pode falsear a discussão ao negar a centralidade do poder; para outros geógrafos, tais localizações culturais ganham visibilidade justamente na medida em que passam a cumprir jogos entre os agentes e certo grau de empoderamento sobre o mundo a despeito das regras e ritos do poder formal – nos colocamos entre estes últimos. Em seguida, apresentamos o desafio de pensar a cultura como modo de ação multiterritorial, fora do conforto de uma localização estanque, "imutável", inquestionável. A multiterritorialidade aqui aborda as modulações entre agentes a partir de um plano simbólico, comportamental e comunicativo. Tais modulações são hoje por vezes apropriadas por agentes dos planos mais altos do poder público ou por grandes agentes econômicos como forma de conferir valores. Isso significa que esse plano de influências mútuas em uma mesma área a partir de práticas culturais é estratégico como modo de ação, mesmo que seja para questionar os agentes mais poderosos. Por último, discutimos como as geopolíticas das culturas são formas e processos que sustentam a importância das abordagens geográficas no mundo contemporâneo. Agir a partir de práticas culturais parece depender de uma certa configuração territorial para superar as barreiras mais comuns da ordem pública.

Ao passar por esses desafios que são ao mesmo tempo teóricos e operacionais para o estudo da Geografia, conferimos visibilidade a uma necessidade de nosso conhecimento para o entendimento de novas formas de agir sobre o mundo. As tentativas de influenciar as dinâmicas do território a partir de práticas culturais se configura em uma tendência que dialoga ao mesmo tempo com o comércio internacional e com os "nacionalismos" que redefinem os limites do Estado. De fato, os agentes hoje parecem mais sensíveis aos custos do controle territorial ou a inércia das grandes mudanças estruturais. Com isso, tais agentes estão mais abertos às formas de promover influências e mudanças a partir de práticas culturais.

O CARÁTER TERRITORIAL DAS GUERRAS CULTURAIS

A expressão "guerras culturais" (*culture wars*) tem sido utilizada nas ciências sociais há pelo menos trinta anos em referência a uma série de conflitos entre valores conservadores e valores liberais no contexto das sociedades modernas. Por valores conservadores, são normalmente evocados a antiguidade, a tradição, a moralidade e a continuidade que seriam partes decisivas da vida social entendida em amplo espectro (línguas, artes, religião, educação, sexualidade etc.). Por sua vez, os valores liberais remetem às rupturas, às tecnologias, à liberdade e à homogeneização social.

O pressuposto do debate das guerras culturais é que estas não são matéria exclusiva do interesse do Estado, reconhecendo a existência de agentes conflituosos dentro e fora dos seus limites territoriais que tencionam a ordem das coisas.

Reconhecemos aqui a precedência do pensamento de Gramsci em suas considerações sobre a "guerra de posição" que sucederia o modelo da "guerra de manobra", de caráter economicista e de conquista militar. A "guerra de posição" sugere entre outras coisas a força da vida social no contexto dos países ocidentais e capitalistas, estabelecendo, ao mesmo tempo, um anteparo à destruição do Estado em momentos de crises econômica e política, e, em oposição, um risco ao seu poder de coesão pela projeção de outros atores e seus discursos em busca de poder. Para Gramsci, "as superestruturas da sociedade civil são como o sistema de trincheiras na guerra moderna" (Gramsci, 1988: 73). De acordo com Raymond Williams, tais guerras de posição permitiriam e se constituiriam por intermédio de um conjunto maior de atores em busca de situações hegemônicas e suas formas de realização combinariam estratégias variadas construídas em primeiro plano pelas comunicações e nos espaços da vida social.

A leitura que Raymond Williams fez da obra de Gramsci tem sido difundida pela possibilidade de que as guerras culturais possam enriquecer a proposição formal de guerra cultural que foi realizada no início dos anos 1990 por Hunter. Este último autor se referia a uma coleção de oposições dentro da filosofia liberal de ordem sobretudo religiosa, metafísica, tendo o caso dos EUA do século XX como grande exemplo, a partir das polêmicas do criacionismo, do direito ao aborto, do casamento homoafetivo, entre outras. De fato, a proposição combinada de elementos divisores das tramas econômicas e políticas nos sugere enxergar em uma série de práticas, a princípio banais, que transformam mais do que simplesmente a vida dos grupos ou modas envolvidas em disputas. Falar em guerras culturais no século XXI induz à compreensão de que os conflitos se projetam em territórios que ultrapassam os limites da vida social.

Tais guerras culturais parecem se tornar mais relevantes nos momentos em que as esferas formais da vida pública demonstram dificuldades em se renovar a partir de um contexto de crise, seja esta última de fundo econômico ou de cunho político. Parte do embate de forças encenado ou ao menos amortizado no contexto das instituições da vida pública moderna (fóruns públicos, parlamentos, jornais, sindicatos etc.) passa a ganhar novos ambientes para a sua realização. Em países em desenvolvimento, a força do conflito de uma guerra cultural em um contexto de crise institucional é capaz de alterar normas, códigos sociais e formas espaciais arraigadas. Segundo Mitchell (2000: 5):

> Como outras guerras, as guerras acerca da cultura são territoriais, elas literalmente "tomam lugar", seja este lugar na parede de um centro de convenções, nas ruas da cidade, ou na mídia impressa e eletrônica. As guerras culturais tratam de definir o que é legítimo em uma sociedade, quem é um "insider" e quem é um "outsider". Elas são sobre determinar as fronteiras sociais que governam nossas vidas. [...] Eles operam para criar os contornos que definem o que conta como conhecimento "apropriado", comportamento "adequado" ou relações "convenientes" entre os grupos.[1]

Também é preciso reconhecer que tais guerras culturais se constroem normalmente em sociedades diversas, que mantêm simultaneamente formas sociais tradicionais e liberais com certo desenvolvimento. Tal afirmação descarta os casos de países inteiros governados por regimes autocráticos de caráter tradicional, ou, de modo inverso, sociedades homogêneas e fundamentadas em valores liberais refratários aos controles e resistências das tradições. Falamos de um enorme conjunto de grupos e sociedades que se desenvolvem em ambientes competitivos em que as forças desses dois polos ganham força considerável.

Tal transferência, no entanto, afeta tanto o sentido geral do conflito quanto às suas possibilidades de transformação do mundo. A busca de uma escola, de um museu, de uma praça, de uma praia, de um site das redes sociais ou qualquer outro ambiente não formalmente político como local da realização de ao menos uma parte dos conflitos entre tradicionalistas e liberais no contexto da sociedade moderna permite que o embate se construa fora dos protocolos, dos ritmos e dos tempos abertos pelos regimentos políticos. Oportunidades e riscos derivam dessa mudança e podem pressionar o sistema político formal paralisado por um contexto de crise. Debates sobre a presença de símbolos religiosos, sobre o tamanho de vestimentas, sobre *bullying*, sobre gírias, sobre pluralidade linguística, sobre o picho ou o grafite, sobre gênero, sexualidade e banheiros, sobre a possibilidade ou não do aborto ou do casamento homoafetivo, sobre a necessidade da opressão policial, sobre as formas de expressão na internet, sobre o ressurgimento do nacionalismo, sobre corpo e nudez, sobre moralidade e imoralidade, sobre a existência de personagens gays em novelas, sobre a presença religiosa em instituições políticas, entre muitos outros, passam a ser mais do que simples e pequenos casos da normatização política do Estado como haviam sido assumidos em certo momento da história da modernidade. Em um contexto de crise e paralisia política formal, tais elementos são elevados a grande visibilidade como mecanismos de transformação, sendo percebidos e ao menos em parte respondidos pelos poderes executivo, judiciário e legislativo como tentativas de se manterem "atuais" ou "populares" diante de aspectos da vida social. Como argumenta Mitchell (2000: 11):

> Não é por acaso que as guerras culturais que estão sendo travadas agora, no final do século XX e início do século XXI, têm uma forma e estilo particulares: são batalhas por identidades culturais – e o poder de moldar, determinar, e, literalmente, colocar essas identidades em uma certa localização. Meu ponto mais importante é que qualquer guerra cultural – agora ou no passado – é tanto um reflexo quanto uma contribuição contínua para as geografias que construímos no mundo. Cada batalha transforma a geografia na qual ela ocorre e, portanto, cria novos contextos – novas situações geográficas – em que a próxima rodada de lutas ocorre. Mas essas geografias não são apenas – e nunca podem ser apenas – "culturais". Em vez disso, elas fazem parte de um conjunto recursivo de relações entre o que chamamos de "cultura" e a mudança do destino político e econômico de diferentes lugares e povos.[2]

Não tratamos aqui de uma oposição que possa ser exprimida em uma análise maniqueísta, como, por exemplo, a de tradicionalistas determinados a promover o mal da sociedade em oposição à liberais e vice-versa. Também não sugerimos que, necessariamente, exista uma rápida possibilidade de enquadramento ideológico que separe os valores tradicionais de forma exclusiva aos valores e práticas dos partidos de direita e os valores e práticas dos partidos de esquerda. No cenário político europeu, notam-se casos em que novas forças políticas de esquerda se aliam ao nacionalismo tradicionalista de direita como estratégia antissistêmica e antieuropeia, tal qual ocorre no separatismo catalão. Tampouco sugerimos que não existam trocas, acordos, limites ou contatos entre os tradicionalistas e os liberais. Tais embates muitas vezes são feitos de modo estético, simbólico e nem sempre derivam em violência física. As formas de expressão dessa guerra cultural não se tornam menos efetivas ou menos agressivas por esses limites ou trocas. Falamos de um mundo conectado por fluxos de informação que, por exemplo, podem responder rápida e diretamente a campanhas difamatórias em redes sociais. Argumentamos que ações em pequena escala possam ter grande repercussão pelos novos equipamentos e práticas de comunicação. Sugerimos que o local onde acontece, que enquadra ou justifica o discurso, passa a ser um elemento decisivo nas possibilidades de transformação de um mundo em crise.

CULTURA E MULTITERRITORIALIDADES: DESAFIOS ANALÍTICOS

Os conflitos políticos da ascensão de práticas culturais seriam suficientemente sérios e válidos para a investigação nas ciências sociais mesmo que não se diferenciassem espacialmente. Poderiam, por exemplo, se projetar igualmente em ambientes públicos e privados, sem maior relevância que pudesse ser atribuída ao território. No entanto, em um mundo no qual a competitividade e a fragmentação se multiplicam em ordens semelhantes à difusão de meios técnicos que servem como plataformas às demandas, é enorme a multiplicidade das forças agindo simultaneamente em uma mesma área.

Tais forças podem agir sob planos analíticos diferentes. Os grupos sociais são dinâmicos e seus membros participam ao mesmo tempo de diversos agrupamentos. A durabilidade de suas ações pode ser variável, sazonal. As suas localizações procuram em primeiro plano a força simbólica dos territórios, a despeito de um planejamento público predefinido ou de uma simples derivação da concentração econômica. Superpostos no território, desaparece o conforto do geógrafo em trabalhar com territorialidades exclusivas em bases territoriais estanques. Entendemos aqui a territorialidade do modo em que esta foi apresentada por Robert Sack (1986), como uma tentativa de afetar, influenciar e/ou controlar o comportamento de outros a partir de diversos processos. A territorialidade seria mais uma relação do que um objeto de acordo com esta perspectiva. Os processos da territorialidade podem ser derivados da qualificação simbólica de uma certa parte do mundo, pode ser definido pela presença ostensiva de certos códigos territorializados, pelos jogos da guerra cultural que são praticados, pelo poder próprio ao deslocamento do discurso para uma perspectiva cultural, entre outros possíveis. As proposições de Sack ajudam a introduzir o debate, ao sugerir que as territorialidades performam ações materiais e simbólicas que opõem grupos sociais para além do encaixe nas regulamentações do Estado. Porém, seus argumentos ainda parecem depender de uma simplificação do número e dos processos dos grupos sociais em ação, exigindo contiguidade e regularidades. O peso das práticas simbólicas e comunicativas tampouco havia alcançado em seu texto as possibilidades que o mundo do século XXI desenha cotidianamente. Para lidar com as dinâmicas do mundo do século XXI é preciso alcançar necessariamente a multiterritorialidade como um desafio analítico para o entendimento da força das práticas culturais.

De fato, se Sack pensava a territorialidade como uma forma de congregar todas as formas de poder (econômico, político) em uma mesma base discursiva que fosse capaz de compreender o peso das estratégias imateriais e em diversas escalas em uma parte do mundo, nos referimos aqui a uma dinâmica que parta mais claramente de um conjunto de práticas relativas à cultura (moda, religião, estilos de vida, artes, linguagem, sexualidade, etnicidade, identidade, entre outras). As ideias de Sack foram usadas a partir da década de 1990 em contextos diferentes daqueles que haviam sido previstos na origem. Falamos aqui de elementos que foram usados apenas perifericamente na obra de Sack, mas que ganharam importância a partir das transformações do mundo e da Geografia como ciência social. Difundidos os modelos hegemônicos da democracia representativa, das variantes do Estado-nação e do capitalismo liberal, outras formas de empoderamento ganham visibilidade. Haesbaert (2007: 39) apresenta a multiterritorialidade como:

> Trata-se assim de vivenciar essas múltiplas modalidades, de forma simultânea (no caso da mobilidade "virtual", por exemplo) ou sucessiva (no caso da mobilidade física), num mesmo conjunto que, no caso dos indivíduos ou de alguns grupos, pode favorecer mais uma vez, agora não mais na forma de territórios-zona contínuos, um novo tipo de "experiência espacial integrada". Esta nova experiência, que é a experiência da multiterritorialidade em sentido estrito, inclui: uma dimensão tecnológico-informacional de crescente complexidade, em torno daquilo que podemos denominar uma reterritorialização via ciberespaço [...], e que resulta na extrema valorização da maior densidade informacional extremamente seletiva de alguns pontos altamente estratégicos do espaço; [...] uma compressão espaço-tempo de múltiplos alcances ou "geometrias de poder" (com o fenômeno do alcance planetário instantâneo ou em "tempo real"), com contatos globais de alto grau de instabilidade e imprevisibilidade; uma dimensão cultural-simbólica cada vez mais importante dos processos de territorialização, com a identificação territorial ocorrendo muitas vezes no/com o próprio movimento e, no seu extremo, referida à própria escala planetária como um todo.

As multiterritorialidades trazem, então, o desafio analítico de sugerir que uma mesma área é disputada por diferentes agentes e que a compreensão de uma certa geografia derivada desta área exige uma metodologia fundada na simultaneidade. Não se trata aqui apenas de fazer apelo a um agente em sua visão interna ou do modo como age e reage diante de outros. A multiterritorialidade pressupõe a flutuação entre agentes regulares (ainda que não presentes o tempo todo) em competição material e simbólica por uma parte do mundo, alterando o sentido desta área. O território não seria o produto de uma única força. Há diversos riscos inerentes a esse tipo de iniciativa: o primeiro é o de que a base territorial seja entendida como um receptáculo, um substrato inerte diante do interesse do jogo social dos agentes. Pela perspectiva da multiterritorialidade, o uso do território é justamente aquilo que anima, qualifica ou justifica a ação dos agentes.

Segundo, ainda que falemos de diversos agentes e da multiplicidade de forças, isso não significa que estes tenham igualdade de acesso ou o controle dos mesmos recursos para agir. A flexibilidade das práticas culturais e a imaterialidade de certas formas simbólicas é mobilizada diferentemente por parte dos agentes. A capacidade que tem de se apropriar de suas áreas de influência é variável em grau, extensão e duração. Com isso, o debate da multiterritorialidade não significa democracia (legalidade, acesso e justiça social) e nem mesmo um processo indubitável de democratização apenas pela multiplicação de forças visíveis. A complexidade da ação multiterritorial pode, inclusive, significar que certos objetivos ou bandeiras relativas à justiça social possam se tornar mais difíceis de serem atingidas pela necessidade de responder ou dialogar com forças que se constroem em planos distintos.

O terceiro risco se refere ao fato de que as multiterritorialidades não se refletem necessariamente em respeito ou tolerância pela simples copresença. Um elemento frequentemente evocado como positivo a um discurso da multiterritorialidade é que a copresença de agentes, ainda que sob um plano conflituoso, derivaria a médio ou longo prazo em um reconhecimento e respeito à diversidade. Se isso é possível em certas circunstâncias, não há garantias ou previsibilidade nesse processo. Em parte, a busca de uma estratégia para influenciar ou afetar o comportamento de outros, dependente de uma certa prática de territorialização, material ou simbólica, vem subordinada a uma tentativa de hierarquização das práticas sociais. O jogo das diferenciações pode ter como consequência a difusão de discursos do ódio que se encontravam subjacentes, ainda que, entre as forças das territorialidades, se observem forças progressistas e símbolos de tolerância. O caminho para se alcançar a tolerância e o respeito à diversidade talvez seja um objetivo utópico da multiterritorialidade, uma posição que não seja jamais perfeitamente alcançado. A copresença é, no entanto, uma pré-condição para a ação de agentes e uma tendência para o jogo de forças no século XXI.

Outro risco que deve ser destacado nos lembra que a multiterritorialidade sugere a insuficiência de que a prática cultural exista apenas em um plano comunicativo, comercial ou ideal, possuindo um imperativo da territorialização como essencial para o seu entendimento. Para os usos feitos dessa noção dentro da Geografia, a territorialização não pode ser metafórica ou meramente discursiva. Ainda que o grau de controle ou influência seja pequeno por parte de um certo agente, sua territorialidade é estabelecida como um modo de se posicionar no mundo, de se apropriar de elementos materiais ou imateriais. Nesse contexto, ainda que de modo temporário, local e condicionado, tais forças exercem efeitos sobre o mundo que ainda estamos aprendendo a reconhecer e usar. A hegemonia de certos consensos político-econômicos alcançada no mundo contemporâneo e a inércia de suas formas e processos apenas reforça o mecanismo de diferenciação e de empoderamento em um plano cultural. O desprezo que certos geógrafos lançam sobre tais posicionamentos territorializantes, classificando-os como epifenômenos, pode enfraquecer o entendimento de processos atuais que não seguem as formas tradicionais de mobilizar bases espaciais em seu proveito. Breve, o desafio da multiterritorialidade pressupõe a busca da territorialização como estratégia de visibilidade e competição, ainda que não se configure os limites de um domínio estável.

Falamos que esse entendimento das multiterritorialidades é particularmente importante para a interpretação dos conflitos comunicativos, simbólicos, de certas partes do mundo. Esses parecem ganhar visibilidade diante da lentidão nas mudanças e da anomia observadas no mundo contemporâneo. As cargas políticas, econômicas e sociais projetadas sobre essas partes do mundo permitem que um determinado poder ganhe visibilidade e influência mesmo nas situações em que não domina ou não tem posse dos territórios. As multiterritorialidades também diminuem os riscos de uma análise unicamente fundada em aspectos materiais do mundo, ou de um foco excessivamente colocado sobre um único agente. Por último, a multiterritorialidade nos permite focar sobre o que é central em nossa análise, os conflitos territoriais, sem conferir pesos exacerbados aos domínios históricos e sociológicos. O estudo de práticas culturais, simbólicas e comunicativas complementa as abordagens mais técnicas e produtivas, conferindo vitalidade à Geografia. Mais importante, esse tipo de estudo parece realçar a importância da Geografia como ciência social na medida em que os territórios e territorialidades mobilizados são essenciais aos mecanismos de diferenciação.

GEOPOLÍTICAS CULTURAIS

A multiterritorialidade pressupõe a presença de diversas forças agindo simultaneamente em uma mesma parte do mundo sem uma total dominância do território, mas sendo tais forças capazes de garantir usos e influências sobre outros. Em certos casos, o jogo de forças pode ser potencializado pelo uso dos princípios de uma guerra cultural, no qual os agentes mobilizam suas forças a partir de práticas culturais para ganhar visibilidade frente aos seus rivais. Frente a esse contexto de disputas e à força das práticas culturais sobre o mundo contemporâneo, certos agentes têm optado pelo desenvolvimento de uma estratégia de poder baseada na influência sistemática dos usos e sentidos do território, sem a obrigatoriedade de arcar com os custos da sua posse. A esta ação chamamos de geopolítica cultural.

A designação "geopolítica" possui uso e sentido correntes dentro das tradições do conhecimento geográfico que normalmente se relacionam às estratégias heterodoxas de apropriação territorial a partir da gestão de recursos naturais. Não negamos o interesse ou a qualidade dessas definições e sua necessidade dentro do mundo contemporâneo, mas sugerimos que há forças de transformação dos poderes que são operadas por diferentes agentes e através de processos distintos. Apesar da geopolítica clássica estar comumente ligada aos recursos de alto valor econômico que são essenciais para a realização de etapas da produção, não há nada de incompatível em seus enunciados com aquilo que se constrói em um plano discursivo, comunicativo. Por exemplo, para operacionalizar algumas das mais bem-sucedidas ações geopolíticas no mundo (como foi a do III Reich nazista), foram necessários apelos às práticas culturais (pangermanismo, supremacia racial etc.) para garantir o rompimento da ordem e o rearranjo das forças. Tampouco o debate da geopolítica é derivativo apenas da escala do Estado-nação, podendo se projetar em outras sem enfraquecimento das suas forças. Parte da sua construção prática depende, inclusive, de uma capacidade de mobilizar pontes escalares diferentes do ordenamento preexistente. Novamente, os casos concretos da realização geopolítica clássica souberam promover as forças sub e supranacionais em prol de seus objetivos. As dificuldades em se trabalhar a geopolítica fora do plano dos recursos naturais ou dos limites do Estado-nação concernem mais aos limites autoatribuídos do conhecimento geográfico do que propriamente a uma exterioridade ou caráter metafórico do debate. Diga-se de passagem, as demais ciências sociais souberam trabalhar ideologia e cultura como formas de ação estratégica. Seguimos então a proposição de Doreen Massey (2008), que argumenta sobre a complexidades das novas geometrias do poder que governam tanto a geopolítica clássica quanto a vida cotidiana.

Sugerimos aqui que as transições das formas de produzir, trabalhar, controlar e agir sobre o território permitem novos sentidos para o debate das ações estratégicas. Os conflitos no século XXI deixam claro que mudar estruturalmente a política ou a economia pode ser tarefa difícil de ser realizada pela inércia da ordem, pelos contrapesos presentes na legislação ou pela lentidão nos ritos da vida pública. Deslocar as ações para um plano das práticas culturais permite aos agentes acelerar mudanças, se colocar nas lacunas que advêm da copresença. Não se trata apenas em reconhecer o peso das tecnologias de comunicação e absorvê-las às estratégias mais tradicionais: agir a partir das culturas é parte importante de uma quebra da imobilidade social. Essas ações a partir da cultura podem problematizar o discurso de classe, alterar a força do apelo à institucionalização, redefinir preços, promover re-hierarquizações a partir do *status* social.

Este debate envolve o que se chama de modo geral de "*soft power*" na área de Relações Internacionais, mas não se limita a essa noção. Essa diferenciação se faz necessária na medida em que o *soft power* tem sido associado às ações do Estado para alcançar nova capacidade de influência sobre o mundo. Quando destacamos a ideia de geopolíticas culturais, não nos limitamos a figura do Estado como único agente. Diferentemente do *soft power*, sugerimos que esse debate também não se refere apenas às formas de um novo valor imaterial a ser acrescido ao cálculo de preços. Além disso, no que há de mais caro ao conhecimento geográfico, o território e as multiterritorialidades não são panos de fundo ou elementos acessórios aos agentes. Uma geopolítica cultural no entendimento geográfico depende do reconhecimento dos modos pelos quais os territórios e as multiterritorialidades são rearranjados a partir de práticas culturais. Quando comparado a uma discussão do *soft power* na área de Relações Internacionais, o grau de detalhamento e de mobilização do território é maior no contexto das geopolíticas culturais.

Falamos aqui de uma estratégia que toma seus princípios na mobilização de forças dos agentes da guerra cultural a partir das multiterritorialidades para rapidamente alterar as formas e ritos do poder. Tal estratégia pode, por exemplo, deslocar o centro do debate econômico e político para outro eixo, em um acelerado processo de transição. Nesse processo, as lacunas das instituições e de suas regulamentações podem servir de ponto de pressão para o reordenamento das forças. Um dos primeiros elementos mobilizados para tanto é justamente reconhecer um descompasso ou desatualização entre a ordem geral, abstrata e institucionalizada e as formas de mobilização do território para os fins dos agentes sociais. Os usos do território são então projetados contra a sua própria regulamentação. Em seguida, são escrutinados os sentidos e símbolos dos territórios que concentrem os usos mais discrepantes, pela vanguarda, omissão ou tradição. Estes passam a cumprir um papel na dinâmica do poder, ainda que não tenham sido planejados e regulados para este tipo de embate. Por último, os territórios regulados e institucionalizados como parte do *status quo* são pressionados material e imaterialmente por intervenções de forças oriundas dessas novas forças, novos discursos e novos territórios, pressionando o sistema como um todo. Nos casos mais banais, tal geopolítica cultural pode significar o aumento da visibilidade de certos agentes ou garantir a difusão de um certo discurso e seus símbolos vinculados. Porém, nos casos mais graves, tal mobilização pode alterar códigos jurídicos, marginalizar certas práticas culturais opostas, intensificar atos violentos, contaminar debates públicos, controlar ciclos eleitorais, enfim, influenciar processos externos aos seus sentidos de origem.

Isso significa que denominar algo de cultural e agir intencionalmente a partir dessa denominação sobre o território é uma forma poderosa de alterar o equilíbrio de forças. Como argumenta Mitchell (2000: 289):

> [...] lutas pela economia, pela representação política, pelos processos de reprodução social que regem nossas vidas sempre estiveram ligadas a processos, práticas e produções que chamamos de "culturais". A própria noção de indivíduo autônomo como ator-chave na sociedade moderna é uma questão de "cultura", pelo menos se vemos a cultura como um processo de divisão e diferenciação e, portanto, parte de um sistema de integração social. Os direitos "culturais", nesse sentido, estão há muito tempo na agenda. O que é diferente, o que é sempre diferente, é o contexto no qual as lutas pela "cultura" estão engajadas, contextos que têm tudo a ver com quem tem o poder de determinar o que é justo, o que é de valor, o que é certo.[3]

O alcance, durabilidade e a força da geopolítica cultural parecem estar sendo testados no presente momento. Seria ela derivada de uma situação de crise e, portanto, dependentes do caos para se sustentar ou a geopolítica cultural é uma força representativa de novos processos de reordenamento dos poderes que tem sentido independente? Talvez mais importante do que definir essa resposta seja aceitar que: a despeito das denúncias realizadas sobre os riscos do deslocamento cultural, o apelo a forças e símbolos culturais territorializados parece despertar paixões e ódios que não são completamente neutralizados por um embate político racional e institucional; e que os usos e sentidos dos territórios possuem forças e influências que se constroem além das câmaras políticas, das bolsas de valores e do chão de fábrica. Nesse processo, é decisiva a capacidade que a Geografia possui de analisar e interpretar as práticas culturais a partir de um vínculo territorial. Nessa capacidade reside uma chave para pensar e agir sobre o mundo do século XXI.

NOTAS

1 No original: "Like other wars, wars over culture are territorial, they literally take place, whether that place is on the wall of a convention center, on the city streets outside, or in the print and electronic media. Culture wars are about defining what is legitimate in a society, who is an 'insider' and who is an 'outsider'. They are about determining the social boundaries that govern our lives. [...] They work to create the contours that define what counts as 'proper' knowledge, 'proper' behavior, or 'proper' relations between groups."

2 No original: "it is no accident that the culture wars being fought now, over the end of the twentieth and beginning of the twenty-first century have a particular shape and style to them: they are battles over cultural identities – and the power to shape, determine, and, literally, emplace those identities. My most important point is that any culture war – now or in the past – is both a reflection of, and an ongoing contribution to, the geographies we build in the world. Each successive battle transforms the geography in which it takes place and therefore creates new contexts – new geographical situations – within which the next round of struggle occurs. But these geographies are not only – and never can be only – 'cultural'. Instead, they are part of a recursive set of relationships between what we call 'culture' and the changing political and economic fortunes of different places and different peoples."

3 No original: "struggles over economy, over political representation, over the processes of social reproduction that govern our lives, have always been linked to processes, practices, and productions that we call 'cultural'. The very notion of the autonomous individual as the key actor in modern society is a question of 'culture', at least if we see culture as a process of division and differentiation and hence part of a system of social integration [...]. 'Cultural' rights have, in that sense, long been on the agenda. What is different, what is always different, is the context within which struggles over 'culture' are engaged, contexts that have everything to do with who has the power to determine what is just, what is of value, what is right."

BIBLIOGRAFIA

BOURDIEU, P. *O poder simbólico*. Rio de Janeiro: Bertrand Brasil, 1992.

______. *A economia das trocas simbólicas*. São Paulo: Perspectiva, 2003.

COSGROVE, D. Towards a Radical Cultural Geography: Problems of Theory. *Antipode* v. 15, 1983, pp. 1-11.

COSGROVE, D. *Social Formation and Symbolic landscape*. Madison: University of Wisconsin Press, 1998.

EAGLETON, T. Culture Wars. Disponível em: <https://ojs.zrc-sazu.si/primerjalna_knjizevnost/article/download/5024/4608>. Acessado em: 28 jan. 2019.

GRAMSCI, A. *Maquiavel, a política e o estado moderno*. Rio de Janeiro: Civilização Brasileira, 1988.

HAESBAERT, R. Da desterritorialização à multiterritorialidade. *Boletim Gaúcho de Geografia*, 29, jan. 2003, pp. 11-24.

______. Território e multiterritorialidade: um debate. *Revista Geographia*, v. 17, 2007. Disponível em: <http://periodicos.uff.br/geographia/article/view/13531/8731>. Acessado em: 29 jan. 2019.

HALL, S. *A identidade cultural na pós-modernidade*. Rio de Janeiro: DP&A, 2006.

HUNTER, J. D. *Culture Wars*: The Struggle to Define America. New York: Basic Books, 1991.

LATOUR, B. *Science in Action*: How to Follow Scientists and Engineers through Society. Cambridge, Massachusetts: Harvard University Press, 1987.

MASSEY, D. *Pelo espaço*: uma nova política da espacialidade. Rio de Janeiro: Bertrand Brasil, 2008.

MITCHELL, D. *The Politics of Culture*. Cultural Geography: A Critical Introduction. Malden: Blackwell, 2000.

MULHERN, F. *The Present Lasts a Long Time*: Essays in Cultural Politics. Cork: Cork University Press, 1998.

NYE, J. *Soft Power:* The Means to Success in World Politics. New York: Public Affairs, 2004.

SACK, R. D. *Human Territoriality:* Its Theory and History. Cambridge: Cambridge University Press, 1986.

THRIFT, N.; Pile, S. (orgs.). *Mapping the Subject:* Geographies of Cultural Transformation. London: Routledge, 1995.

VALVERDE, R.R.H.F. Corporidade e multiterritorialidade na geografia cultural: além da dominação, da resistência e da tradição. *Revista do Departamento de Geografia* (USP), vol. especial (30 anos), 2012, pp. 4-25.

WILLIAMS, R. *Culture and Society*. New York: Columbia University Press, 1963.

PAISAGEM

Sueli Angelo Furlan

A paisagem é um conceito estruturante do pensamento geográfico e está na sua origem como campo científico. Todavia, escrever sobre ela é um grande desafio, pois a produção acadêmica sobre o conceito é extensa e complexa. Vários autores produziram sínteses históricas do conceito abordando as visões organicistas, naturalistas, positivistas do século XIX como também, os enfoques funcionais e culturais que se desenvolveram a partir da década de 1960 (Schier, 2003). O objetivo deste capítulo é apresentar as diferentes abordagens dos estudos da paisagem em Geografia e discutir aspectos teóricos da polissemia do conceito.

São muitas as escolas geográficas de estudos da paisagem. Um dos autores a enunciar o conceito foi Alexander von Humboldt, que em seus textos *L'Essai sur la géographie des plantes* e *Essai d'une description physique du monde (1846 e 1851)* apresenta o que seria um esboço de uma ciência da paisagem numa abordagem naturalista. Neste capítulo revisaremos parcialmente a epistemologia que sustenta historicamente o conceito, representada pela síntese esquemática das principais escolas proposta por Rodriguez et al. (2004),[1] como podemos ver a seguir.

Figura 1 – Evolução histórica da ciência da paisagem

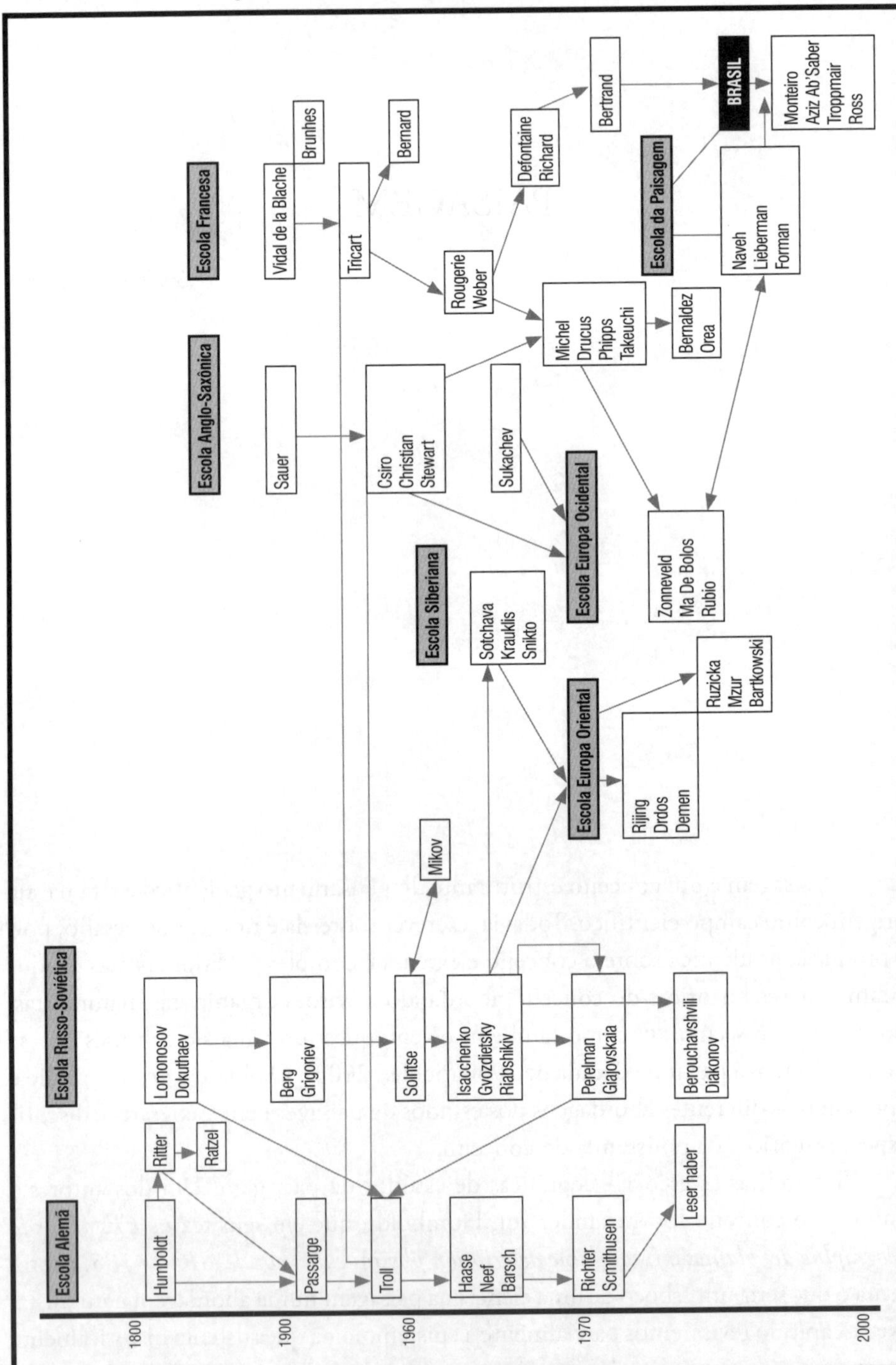

Fonte: Modificado de Rodriguez et al., 2004.

Neste quadro esquemático, os autores identificam grandes escolas. A escola alemã propôs a paisagem como conceito científico e utilizou como método para descrever conjuntos de fatores naturais e humanos que compõem a unidade da paisagem. Autores franceses, cujo destaque foi Paul Vidal de la Blache, que propôs o estudo da paisagem pelos gêneros de vida, que caracterizaram a *paysage* (ou *pays*) como interação do homem com o seu espaço físico. As geografias quantitativas, nos Estados Unidos, substituíram o termo *landscape*, que estava, até então, em uso nesse país sob influência da Geografia alemã (Carl Sauer), pela ideia da "região" de Richard Hartshorne (Schier, 2003). Sauer (1925) valorizou a concepção da paisagem cultural, retomada a partir dos anos 1980. Na Alemanha e no Leste europeu as concepções holísticas e funcionais do *Landschaft*, influenciam e aprofundam o conhecimento sobre processos ecológicos. A paisagem ecológica (*Landschaftsökologie*) proposta por Carl Troll é reconstruída na escola americana com Forman e Godron na década de 1980 e no Brasil nos estudos geoecológicos. Para muitos autores, a paisagem ecológica (*Landschaftsökologie*) proposta por Carl Troll é reconstruída na escola americana com Forman e Godron na década de 1980.

De certo modo, os estudos sobre paisagem ampliaram-se ao longo do tempo analisando criticamente suas oposições, tais como natureza/cultura, país/paisagem, tempo/espaço, ciência/estética e assim por diante. Essas oposições são fundantes da dicotomia ciência da natureza e ciência humana. No entanto, entendemos que a paisagem, em si, é a quebra destas oposições e dicotomias na medida em que contém tempo e espaço, natureza e cultura, ciência e estética.

Nosso objetivo, aqui, não é historiar o conceito, pois numerosos autores já o fizeram de modo brilhante, mas problematizar alguns caminhos de estudo da paisagem partindo de reflexões recentes. Escreve Claude Rafestin (1998: 109):

> O conceito de paisagem é provavelmente uma das mais paradoxais tanto por sua origem como por sua evolução e utilização na Geografia. O termo é relativamente recente na língua francesa, pois remonta a meados do século XVI: significa a extensão que se pode abranger com a visão. As origens pictóricas são óbvias e, já no século XV, a paisagem começou a ser objeto da pintura. Não que a paisagem seja estranha a tempos antigos, mas, em todo caso, não parece ter desempenhado o mesmo papel no Renascimento. A partir deste momento, uma ruptura é de fato sensível no modo de representar a natureza. Durante o período medieval, a paisagem não está sujeita ao mesmo olhar que hoje lançamos sobre ela: a paisagem não existe como texto, mas sim como pretexto.

A paisagem tradicionalmente é definida pelo observador numa perspectiva da interação do conjunto dos elementos dos sistemas naturais e dos múltiplos tempos de usos e transformações impressas pela sociedade neste pré-texto. Mas o que explica o que vemos? Vemos o que explica a paisagem? Como podemos compreender o que vemos? Como explicar a complexidade do que estamos observando através dos olhos do observador que produziu a fotografia? Como explicar a interação dos sistemas funcionais da natureza e a produção humana da paisagem? Devemos investigar sobre a formação e configuração espacial, a estrutura e a transformação no tempo buscando interpretar os componentes presentes? Quais seriam as metodologias que nos auxiliariam a desenvolver um olhar capaz de ligar fatos da natureza e fatos da sociedade? Essas questões decorrem do fato de que o que vemos não é, imediatamente, sua explicação. O conceito se formula através de um procedimento de método.

Termo polissêmico, nos deparamos com diversos conceitos de paisagem tanto na Geografia como em vários outros campos do saber, e disso decorre múltiplos caminhos investigativos para compreendê-la. No âmbito da Geografia, os estudos das paisagens se pautam pela busca do entendimento dos processos que a moldaram, processos não visíveis e visíveis. Como escreve Conti (2014: 240):

> A ideia de paisagem não se refere apenas ao que é observável pois o conhecimento dos fenômenos e processos menos visíveis são essenciais para se interpretá-la de forma cabal. Nessa linha Ab'Saber afirma: "As paisagens têm sempre o caráter de herança de processos (fisiográficos e biológicos), de atuação antiga, remodelados e modificados por processos de atuação recente. Assim sendo, as paisagens são uma herança, um patrimônio coletivos dos povos que, historicamente os modificaram ao longo do tempo e do espaço" (Ab'Saber, 2003: 9). Defendem o mesmo ponto de vista Milton Santos e Carl Sauer, sendo que este último sublinhava o papel da cultura ao longo do tempo.

A paisagem envolve a forma e o conteúdo. Geógrafos de diferentes épocas definiram a paisagem por sua visibilidade e materialidade. Para Santos (2008), tudo aquilo que nós vemos, o que nossa visão alcança, é a paisagem. Esta pode ser definida como o domínio do visível, aquilo que a vista abarca. Mas não é uma visão unidimensional, e sim uma extensão viva verticalizada no tempo de vários processos naturais, culturais e econômicos combinados. Portanto, é formada por um mosaico de volumes, cores, movimentos, odores, sons, texturas, cheiros etc., que marcam sua singularidade. Como escreve Raymond Chevalier (1976: 504), a paisagem é uma expressão objetiva das civilizações.

A paisagem como porção visível de um território pode ser investigada por exemplo pela experiência afetiva dos sujeitos que a percebem e a partir delas constroem um sentido para a vida; pelas decisões políticas e econômicas que definem as funções da paisagem no contexto urbano e rural, pelas disputas territoriais quando, por exemplo, se colocam em jogo os interesses da conservação ambiental capitalista e os usos tradicionais das comunidades locais; pela aceleração e metamorfose promovida pela especulação imobiliária no contexto urbano; pelos processos ecológicos que definem os habitats para as espécies da fauna e flora; pelo mapeamento das características do uso e cobertura da terra, entre outros. Para cada investigação, na busca por sua explicação, há distintos caminhos para interpretar o observável.

Enfrentando o conceito de paisagem como um sistema temporal complexo, recorremos a Besse (2006),[2] que apresenta algumas definições da paisagem como uma extensão temporal e espacial que pode ser definida como: a) uma representação cultural (principalmente informada pelas artes plásticas na pintura); b) um território produzido pelas sociedades ao longo de sua história; c) um complexo sistêmico que articula os elementos naturais e culturais em uma totalidade objetiva; d) um espaço de experiências sensíveis rebeldes às mais diversas formas possíveis de objetivação e e) um sítio, ou projeto, ou um contexto de projeto.

Em vários idiomas, a tradução do termo *paisagem* refere-se sempre a um conjunto de elementos e uma determinada extensão. Definem-se por sua localização e pelo seu sítio, ou seja, ao mesmo tempo por uma posição espacial e por uma vizinhança características que as delimitam. Portanto, as paisagens configuram também situações geográficas com uma determinada identidade marcada por sua localização composição (interação biofísica-cultural) e extensão. Temos assim *landschaft* em alemão, *landscape* em inglês, *paese* ou *paisagio* em italiano, *paysage* em francês.

Na Figura 2 resumimos caminhos pelos quais tem-se estudado interações que explicam o que vemos: os processos sistêmicos nas paisagens e o sentido cultural, econômico e social que a paisagem possui para quem a vive.

Figura 2

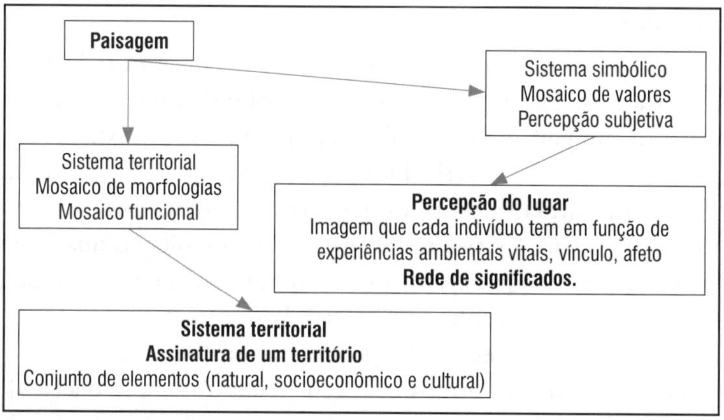

SOBRE AS DIFERENTES ABORDAGENS DO CONCEITO

A paisagem como sistema territorial

Um caminho profícuo repousa na ideia de paisagem representando a assinatura de um território. Aqui a morfologia dos tempos naturais e sociais aparecem sobrepostos. Nessa vertente, os estudos buscam identificar tantos aspectos funcionais, os arranjos espaciais considerando a paisagem como mosaico funcional de morfologias, como econômicos decorrentes das disputas territoriais. Os procedimentos de estudos são muitos. Trabalha-se com documentos imagéticos (produtos digitais do sensoriamento remoto, geoprocessamento) e metodologias empíricas em várias escalas de análise. As espacialidades dos fenômenos são traduzidas em representações cartográficas que auxiliam a interpretar a configuração territorial de fenômenos, tais como a fragmentação e conectividade de habitats na mata atlântica. Nessa perspectiva funcional os estudos de ecologia da paisagem estão inseridos na interpretação do mosaico funcional de um território. Ou mesmo a cartografia de unidades de paisagem bem exemplificadas nas metodologias propostas por Bertrand, Monteiro, Salinas Chavez, entre outros, voltados ao ordenamento e planejamento territorial.

Por outro lado, são determinantes econômicas e sociais que explicam as localizações, os investimentos, as desigualdades sociais, a segregação socioespacial e exclusão social. A paisagem dá visibilidade a esses fenômenos complexos. Nesse caminho de estudos as evidências podem ser pesquisadas em bases de dados sobre os instrumentos urbanísticos como a lei de uso do solo, os planos diretores e seu papel na definição da produção desigual do território, a fragmentação urbana ou os investimentos em determinados setores da agricultura. A produção da paisagem pode ser investigada pelas espacialidades de empresas e sua função estruturante dos sistemas viários e a mobilidade urbana, as políticas e as não políticas de moradia. Enfim a paisagem como um sistema territorial pode ser interpretada à luz de uma investigação ampla sobre a produção do espaço, pois ela é a sua expressão visível.

A paisagem como sistema simbólico

Estudos da paisagem como sistema simbólico investigam a rede de significados históricos, geográficos, a partir da importância atribuída pela sociedade a determinadas paisagens como patrimônio histórico, arquitetônico, turístico, arqueológico, enfim englobam estudos da memória. Buscam compreender essa simbolização através dos valores afetivos, culturais e estéticos que criam vínculos entre indivíduos ou coletivos sociais às paisagens. Esses estudos utilizam metodologias quali-quantitativas que trabalham o sentido da paisagem para as comunidades e também para as artes, as técnicas e manifestações da cultura imaterial. Portanto, desde paisagens sonoras a paisagens sagradas podem ser estudadas pelo sentido de pertencimento.

Desse modo, ao interpretarmos paisagens estamos sempre diante de critérios de recorte, inclusão e exclusão, representações e compreensões da realidade. Essas interpretações seguem metodologias específicas que através de registros documentais, técnicas cartográficas, inventários, pesquisas de campo, registros de memória oral, observação participante, decifram o que não está no plano do visível.

A paisagem: uma síntese de temporalidades

A paisagem não é estática e representa a herança dinâmica das transformações naturais, da informação impressa pela cultura e das forças econômicas em múltiplos tempos. Portanto a paisagem representa dimensões de tempo e espaço. Nesse sentido, não existe uma paisagem essencialmente natural ou cultural. Esta dicotomia pode ser útil quando se deseja recortar algum aspecto que nos permita ler e compreender as paisagens a partir de algum enfoque específico de seus processos, mas a paisagem é sempre um fato cultural (Meneses, 2002). Cada olhar sobre o conjunto natural/cultural pode ter múltiplos significados e, talvez, a compreensão dessa interação seja o principal desafio do estudo geográfico da paisagem. Ao estudar paisagens, devemos investigar a sua transformação no tempo. O estudo de uma paisagem começa pelo entendimento histórico das camadas do tempo. As territorialidades estão representadas pelas camadas do tempo da sociedade e as ideias de natureza predominantes de um determinado tempo, assim a formação do sótio ou suporte bio-geofísico que caracteriza os sistemas naturais podem ser assimilados pelas pessoas a depender da aceleração de sua transformação.

Ab'Saber (1982) considerou a paisagem uma herança, produto da permanência e transformação de diferentes tempos históricos e ecológicos em movimento constante, o que evoca a sua própria memória, existência e pertencimento, e os sistemas naturais, pois desenvolvemos aprendizagens no contexto das paisagens vividas. Mas também construímos identidades com paisagens que são símbolo, como a paisagem do Pão de Açúcar no Rio de Janeiro. Mesmo não vivendo ou conhecendo, é uma paisagem-marca para os brasileiros. São momentos históricos que contêm o modo como a paisagem foi produzida e assimilada. As paisagens que passam por transformações mais lentas, ou que perduram por longo recorte temporal, são mais facilmente percebidas e assimiladas pelas pessoas, ao contrário das transformações aceleradas que apagam os elementos que davam sentido às paisagens anteriores.

Para Besse (2006), mesmo a paisagem sendo

> [...] uma dimensão do visível, é o resultado, o efeito, ainda que indireto e complexo, de uma produção. A paisagem é um produto objetivo, do qual a percepção humana só capta, de início, o aspecto exterior. Há como que um "interior", uma substância, um ser da paisagem que só deixa ver seu exterior. É, aliás, isso o que dará, aos olhos de certos geógrafos, o limite da abordagem paisagística.

Já para Sauer (1925: 303), a compreensão da paisagem está associada a relações temporais. Ela está submetida "a um processo constante de metamorfose ou dissolução e substituição [...]. A temporalidade é histórica e ecológica, pois toda paisagem é indissociável de sua base biofísica e cultural. As territorialidades são múltiplas e sobrepostas num certo tempo e as paisagens acumulam tempos, por este motivo podemos considerá-las sempre multitemporais, pois os tempos históricos e tempos da natureza estão interagindo simultaneamente. Desse modo, reiteramos que não existe uma paisagem essencialmente natural, nem cultural e o novo está sempre no velho e o velho sempre no novo. Para Santos (1982: 23),

> Diante de uma paisagem, ou nossa vontade de apreende-la se exerce sobre conjuntos que nos falam à maneira de cartões postais, ou então nosso olhar volta-se para objetos isolados. [...] mesmo os conjuntos que se encontram em nosso campo de visão nada mais são do que frações de um todo. A paisagem, certo, não é muda, mas a percepção que temos dela está longe de abarcar o objeto em sua realidade profunda.

Portanto, a paisagem representaria o exemplo vivo e dinâmico de tradições e rupturas. Somos ligados a elas e temos em nossa memória o registro da percepção de experiências individuais e coletivas. São também valorizadas como mercadoria para setores econômicos que utilizam a sua estética, fruição como valor de troca e também como novas raridades (Scifoni, 2006). Quando lutamos pela permanência de uma paisagem estamos diante da defesa da memória que não desejamos apagar por seu valor histórico, vínculos identitários, afetivos e também resistência ao desaparecimento promovido pelas determinantes econômicas que se sobrepõem. Na dinâmica que transforma qualquer lugar em mercadoria, as paisagens são aceleradamente apagadas e muitas resistem como cenário destituído de sentido como pode-se observar imagem de uma das paisagens do APA dos Pequenos Lençóis Maranhenses (Barreirinhas – MA (Figura 3). A sobreposição dos tempos da pecuária, da energia eólica e da proteção ambiental. São territorializações na transformação da paisagem que se esvaziam, perdendo sentidos e ganhando outros significados.

Figura 3

Foto da autora

A paisagem acelerada

A paisagem tem sido profundamente afetada pelos processos de mudanças territoriais aceleradas e impostas por valores não visíveis que determinam quais paisagens serão apagadas, transformadas ou produzidas e quais permanecerão.

Santos (2006) também enuncia ideia semelhante ao dizer que a paisagem é sempre heterogênea, pois é formada pelo conjunto de formas naturais e artificiais materializadas em momentos históricos diferentes. Esse autor distingue a paisagem do espaço geográfico, uma vez que a paisagem é uma materialidade das formas submetidas à dinâmica social, ou seja, "o espaço contém a ação, o movimento", condição que o autor defende para separar os dois conceitos em categorias distintas.

Augustin Berque afirma que a interpretação que temos da relação entre sociedade e ambiente, em termos de paisagem, é "historicamente datada e marcada por um contexto singular de um certo modo de vida em uma certa época" (Berque, 1994: 17). E, assim sendo, como os modos de vida e os contextos históricos-geográficos são móveis, são vívidos, estão em constante movimento e transformação, assim os conceitos que fundamentam nosso agir-pensar também devem se permear por esta vivacidade. Ladeira (2019) destaca que a abordagem da paisagem dialoga com a trajetividade apresentada por Augustin Berque. Conforme aponta Berque (2011: 211),

> a trajetividade das coisas na relação da humanidade com a Terra significa que o ambiente não pode ser considerado como um simples objeto exterior, mas, sim, um meio que participa da existência humana e da vida. A abordagem trajetiva da paisagem caminha nesta direção. Ela compreende o trajeto, o caminho que é reversível, uma incessante troca na interação e relação entre o físico e o fenomênico, entre o material e o imaterial, entre o ambiente, os seres, os corpos, os valores humanos, o agir e o pensar. É possível, nesse sentido, o entendimento de que os seres humanos participam da paisagem, como a paisagem participa dos seus corpos, individuais e coletivos – objetiva e subjetivamente.

A paisagem está submetida ao seu valor múltiplo, como mercadoria, patrimônio, afetividade, proteção ambiental, entre outros.

A paisagem funcional e habitat

Nos estudos dos sistemas naturais, o conceito de geossistemas, muito utilizado nas investigações sobre a Geografia da Natureza, é estruturante em metodologias de análise integrada da paisagem em suas dimensões naturais/sociais (Dias e Santos, 2007).

> O conceito de geossistemas foi definido pelo geógrafo e geobotânico russo Viktor Borisovich Sochava como "sistemas naturais, de nível local, regional ou global, nos quais o substrato mineral, o solo, os organismos, a água e o ar, são interconectados por traços de matéria e energia em um só conjunto". (Sochava, 1968, apud Rougerie, 1991)

No Brasil o prof. dr. Carlos Augusto de Figueiredo Monteiro é um dos autores que desenvolveu um postulado nos estudos da paisagem utilizando geossistemas. Esse autor buscou a análise integrada sob o enfoque da organização sistêmica, que considera os elementos de suporte e cobertura na escala espacial, de acordo com o objetivo da pesquisa, portanto a paisagem, para Monteiro (2001: 15), é uma

> Entidade espacial delimitada segundo um nível de resolução do geógrafo a partir dos objetivos centrais da análise, de qualquer modo, sempre resultando da interação dinâmica, portanto instável dos elementos de suporte e cobertura (físicos, biológicos e antrópicos) expressa em partes delimitáveis infinitamente, mas individualizadas através das relações entre eles, que organizam um todo complexo (sistema), verdadeiro conjunto solidário e único, em perpétua evolução.

A Cartografia de Paisagens criou novas conceituações utilizadas na classificação das unidades de paisagens e uma vertente em grande expansão surgiu nos Estados Unidos a partir dos anos 1980 denominada de "nova" ecologia de paisagens. Há muitas pontes entre a Ecologia de Paisagens e o estudo ecológico da paisagem em Geografia. Sartorello (2014) identifica a relação na definição de geofácies (variações espaciais horizontais da diversidade paisagística) e geo-horizontes (variações temporais verticais superpostas), cuja relação entre energia e matéria é base para a estruturação da paisagem. O autor encontra uma clara analogia entre esse pensamento e os conceitos propostos pela nova Ecologia da Paisagem em autores recentes (Turner e Gardner, 1991; Metzger, 2001; Wu e Hobbs, 2007). Essa analogia está no entendimento da estrutura da paisagem, sendo a primeira considerada a estrutura horizontal, relação entre as manchas numa matriz, e a segunda, a estrutura vertical, sobreposição de elementos que formam essas manchas (Sartorello, 2014).

Podemos entender a função de um geossistema a partir de trocas de massas entre os geo-horizontes e geofácies e fluxos de energia. Na concepção da "nova" Ecologia de Paisagens, o entendimento para a configuração da estrutura da paisagem é o mesmo, no entanto a função se dá pelo fluxo de organismos, não sendo considerada a energia, nem outros tipos de matéria (Sartorello, 2014). Identifica-se também uma semelhança em relação à unidade mínima, que no caso da "nova" Ecologia de Paisagens é denominada "mancha", uma área homogênea, que se distingue das unidades vizinhas, espacialmente visíveis na escala escolhida, sendo base para a compreensão da estrutura e função da paisagem.

Temos entre os geossistemas e a paisagem, um maior interesse dos geógrafos pelos aspectos relacionais e dinâmicos do que pela configuração estrutural. A totalidade é abordada por meio da análise de subsistemas, não estando representada nessa totalidade a relação homem-natureza. Assim como nas questões das paisagens percebidas e vividas também não é colocada.

Outro destaque que devemos considerar é no campo de estudos da Biogeografia, que estuda a organização espacial da biodiversidade na paisagem. Um destaque importante foi a publicação em 1968 da definição de Bertrand: "a paisagem, em certa porção do espaço, resulta da combinação dinâmica, logo instável, de elementos físicos, biológicos e antrópicos e que reações dialéticas fazem da paisagem um conjunto único e indissociável" (Bertrand, 2004 [1972]: 141).

Bertrand (1972) considera como fundamento a análise das regiões naturais, *pays*, unidades estruturais, biomas, ou ecossistemas, considerando escalas múltiplas. Concebe a paisagem como resultante do potencial abiótico, integrado a exploração biótica e uso humano. Nesse sentido, a delimitação da paisagem deve ser feita seguindo certos preceitos: nunca deve ser considerada como um fim em si, mas somente um meio de aproximação em relação com a realidade geográfica, não devendo se impor categorias preestabelecidas; é preciso renunciar à determinação de unidades sintéticas na base de um compromisso a partir das unidades elementares; por último, o sistema taxonômico deve permitir classificar as paisagens em função da escala, isto é, situá-las na dupla perspectiva do tempo e do espaço (Bertrand, 1972).

Nesse sentido, Bertrand criou um sistema taxonômico para a divisão das unidades de paisagem. Começa por identificar as unidades em superiores e inferiores. Nas unidades superiores, propõe três níveis – zona, domínio e região –, e nas unidades inferiores, mais três – geossistema, geofácies e geótopo –, cada definição corresponde a uma escala de abrangência.

Bertrand instala a paisagem em uma óptica sistêmica e a entende de maneira ampla – inclui sociedade, subjetividade, o cultural e o simbólico. A paisagem é qualitativa, enquanto o geossistema é quantitativo. Assim, Bertrand comporta a perspectiva da paisagem como um processo, produto do tempo e, mais precisamente, da história; a paisagem como patrimônio cultural, enraizada na memória coletiva e no imaginário.

O estudo ecológico da paisagem e a Geoecologia tem como objetivos a construção de sínteses e modelos espaciais. A paisagem é estudada como uma unidade sistêmica complexa, funcional e interdependente, com resultado material produzido por processos naturais, em geral de tempos longos (tempo profundo), interpenetrados por transformações produzidas pela sociedade com significados socioeconômicos e culturais, em geral de tempos recentes (Campos, 2013; Sartorello, 2014; Troll, 2007). A base da análise da paisagem na abordagem ecológica está na interpretação da sua formação, organização e evolução que reconstituem o ambiente passado e formulam cenários futuros. Descrever, quantificar e representar a frequência dos eventos, as taxas dos processos, os mecanismos desencadeadores e os padrões conduzem à formulação de sínteses analíticas (Forman e Godron, 1986; Hebert, 2004; Troll, 2007). A paisagem é analisada e representada como uma entidade sistêmica, explicitamente espacial e com dimensão territorial. Por associarem mecanismos de causa e consequência, com foco nas relações horizontais, fornecem uma base de conhecimento para a compreensão, o planejamento e a gestão ambiental que pode contribuir com as decisões do ordenamento do território (Campos, 2013; Delpoux, 1974; Lang e Blaschke, 2009; Monteiro, 2000; Salinas, 2004, 2005; Salinas e Troll, 2007; Turner, 2005).

Em décadas recentes, observou-se um desenvolvimento notável da Ecologia da Paisagem, processo que se deu em função da introdução das técnicas e metodologias de Sensoriamento Remoto, Geoprocessamento, Geoestatística e dos Sistemas de Informações Geográficas (SIG). Os temas sobre conservação, planejamento e gestão de áreas socioeconômicas relevantes ou de valor histórico, cultural e ambiental nortearam as pesquisas e os trabalhos técnicos produzidos. Os trabalhos desenvolvidos a partir da tradição geográfica devem identificar padrões e estruturas em uma escala apropriada para a interpretação de fenômenos do relevo, da vegetação, do solo e cobertura da terra. Há uma predileção geral por escalas regionais e dinâmicas ecológicas de grandes áreas, como em formações florestais ou extensas bacias hidrográficas (Forman e Godron, 1986; Hugget e Perkins, 2004; Ross, 2009; Sartorello, 2014; Turner, Gardner e O'Neill, 2001). Uma síntese das abordagens geográficas e ecológicas é apresentada a seguir num quadro proposto por Sartorello (2014). Ele propõe uma síntese comparativa do conceito e abordagens geográficas e ecológicas que podem ser um caminho da investigação que contempla o raciocínio aqui desenvolvido.

	GEOGRAFIA	ECOLOGIA
Observador	Homem	Homem pelo prisma das espécies de animais e plantas
Escala Espacial	Hierarquias e níveis taxonômicos	Adaptável, dependendo da espécie
Estrutura	Resultante da interação entre variáveis físicas, biológicas e antrópicas	Configuração dos elementos da paisagem: tamanho, forma, distribuição e arranjo
Função	Fluxo de energia e matéria	Fluxo das espécies

Podemos concluir pelo exposto que a paisagem é o efeito e a expressão evolutiva de um sistema de causas também evolutivas: uma modificação da cobertura vegetal ou uma mudança nos mecanismos da produção agrícola se traduzem nas aparências visíveis (Besse, 2006). Essa compreensão da ideia de paisagem exprime o quanto esse conceito de investigação está sujeito a transformações, decorrente da dinâmica das condições naturais e sociais. Indica tempo e movimento, intrínsecos à realidade dos lugares.

Portanto a paisagem é um processo, é movimento, não se cria de uma só vez, mas por acréscimos, substituições; a lógica pela qual se fez um objeto no passado era a lógica da produção daquele momento. Uma paisagem é uma escrita sobre a outra, é um conjunto de objetos que têm idades diferentes, é uma herança de muitos diferentes momentos (Santos, 2008; Ladeira, 2019).

NOTAS

1 Este quadro foi proposto por uma equipe de geógrafos liderados pelo Prof. Dr. Jose Manuel Mateo Rodriguez da escola de Havana – Cuba, em 2004.

2 Jean-Marc Besse, "Las cinco puertas del paisaje: ensayo de uma cartografía de las problemáticas paisajeras contemporâneas", em J. Maderuelo, *Paisaje y Pensamiento*, serie Hª del Arte y de la Arquitectura, Madrid, Abada Editores, 2006.

BIBLIOGRAFIA

Ab'Sáber, A. N. O tombamento da Serra do Mar no Estado de São Paulo. *Revista do Patrimônio Histórico e Artístico Nacional*, Rio de Janeiro, n. 21, 1986, pp. 7-20. [Republicado em: *São Paulo: ensaios entreveros*. São Paulo: Edusp/Imprensa Oficial, 2004.]

Berque, Augustin. (dir.). *Cinq propositions pour une théorie du paysage*. Seyssel: Champ Vallon, 1994.

______. O pensamento paisageiro: uma aproximação mesológica. In: Serrão, Adriana Veríssimo. *Filosofia da paisagem*. Uma antologia. Lisboa: Vniversitas, Centro de Filosofia da Universidade de Lisboa, 2011, pp. 200-12.

Bertrand, G. "Paisagem e geografia física global: esboço metodológico". *Caderno de Ciências da Terra*, v. 13, 1972, pp. 11-27.

Besse, J. *Ver a terra*: seis ensaios sobre a paisagem e a geografia. São Paulo: Perspectiva, 2006.

______. Las cinco puertas del paisaje: ensayo de una cartografía de las problemáticas paisajeras contemporáneas. In: Maderuelo, J. *Paisaje y pensamiento*. Madrid: Abada Editores, 2006. (Serie Hª del Arte y de la Arquitectura)

Campos, Waldir W. *Análise e mapeamento da estrutura da paisagem da Ilha Comprida, no litoral sul de São Paulo*. 2013. Dissertação (Mestrado em Geografia Física) – Faculdade de Filosofia, Letras e Ciências Humanas, Universidade de São Paulo, São Paulo, 2013. doi:10.11606/D.8.2013.tde-12032014-115428. Acesso em: 24 de jul. 2019.

CHEVALLIER, R. Le paysage palimpseste de l'histoire: pour une archéologie du paysage. In: *Mélanges de la Casa de Velázquez*, tome 12, 1976, pp. 503-10.

CONTI, J. B. "Geografia e paisagem". *Ciência e Natura*, v. 36, 2014, pp. 239-45. (Ed. Especial)

DELPOUX, Marcel. Ecossistema e paisagem. Trad. May Christine Modenesi. *Revista do Instituto de Geografia da Universidade de São Paulo (IG - USP)*, São Paulo, n. 7, 1974, pp. 1-23.

DIAS, Janise; SANTOS, Leonardo. "A paisagem e o geossistema como possibilidade de leitura da expressão do espaço socioambiental rural". *Confins* [En ligne], 1, 2007. Disponível em: <http://journals.openedition.org/confins/10>; DOI : 10.4000/confins.10. Acesso em: 24 jul. 2019.

ENGLISH, P. W.; MAYFIELD, R. C. *Man, Space and Environment*. New York: Oxford University Press, 1972.

FORMAN, R. T. T.; GODRON, M. *Landscape Ecology*. New York: John Wiley, 1986.

HUGGET, R.; PERKINS, C. Landscape as form, process and meaning. In: Matthews, J. A.; HERBERT, D. T. (eds.). *Unifying Geography*. Common Heritage, Shared Future. London/New York: Routledge/Taylor & Francis Group, 2004, pp. 224-39.

LADEIRA, M. Y. *Paisagem*: cultura-natureza em perspectiva. Uma abordagem trajetiva do conceito de paisagem. 2016. Tese (Doutorado em Geografia Física) – Faculdade de Filosofia, Letras e Ciências Humanas, Universidade de São Paulo, São Paulo, 2016. doi:10.11606/T.8.2017.tde-06012017-110558. Acesso em: 24 jul. 2019.

LANG, S. *Análise da paisagem com SIG*. São Paulo: Oficina de Textos, 2009.

______; BLASCHKE, Thomas. *Análise da paisagem com SIG*. Trad. Hermann Kux. São Paulo: Oficina de Textos, 2009.

LONWENTHAL, D.; PRINCE, H. C. English Landscape Tastes. In: ENGLISH, P. W.; MAYFIELD, R. C. *Man, Space and Environment*. New York: Oxford University Press, 1972.

MATEO RODRIGUEZ, José M.; SILVA, Edson V.; CAVALCANTI, Agostinho P. B. *Geoecologia de paisagens*: uma visão geossistêmica da análise ambiental. Fortaleza: Editora UFC, 2004.

MATTHEWS, John A.; HEBERT, David T. *Unifying Geography*: Common Heritage, Shared Future. London/New York: Routledge/Taylor & Francis Group, 2004.

MENESES, Ulpiano Toledo Bezerra de. A paisagem como fato cultural. In: *Turismo e paisagem*. [S.l: s.n.], 2002.

METZGER, J. P. "O que é ecologia de paisagem?". *Biota Neotropica*. Campinas, v. 1, n. 1/2, 2001.

MIKESSEL, M. W. Landscape. In: ENGLISH, P. W.; MAYFIELD, R. C. *Man, Space and Environment*. New York: Oxford University Press, 1972.

MONTEIRO, Carlos A. de F. *Geossistema*: a história de uma procura. São Paulo: Contexto, 2000. (Coleção Novas Abordagens, 3)

RAFFESTIN, C. "Les paradoxes du paysage". *Compar(a)ison*. n. 2, 1998, pp. 109-18.

ROSS, J. L. S. Geomorfologia ambiental. In: CUNHA, S. B.; GUERRA, A. J. T. (orgs.) *Geomorfologia do Brasil*. 2. ed. Rio de Janeiro: Bertrand Brasil, 2009, pp. 351-88.

ROUGERIE, G. ; BEROUTCHACHVILI, N. L. *Géosystèmes et paysages*. Bilan et méthodes. Paris: Armand Colin, 1991.

______. Homestead and Community on the Middle Border. In: ENGLISH, P. W.; MAYFIELD, R. C. *Man, Space and Environment*. New York: Oxford University Press, 1972.

SALINAS, Eduardo C. Los paisajes como fundamento del ordenamiento ambiental. Experiencias y perspectivas. In: CONVENCIÓN TRÓPICO. La Habana, 2004 (formato digital).

______. La Geografía y el Ordenamiento Territorial en Cuba. *La Gaceta Ecológica*, Ciudad de México, Instituto Nacional de Ecología, n. 76, 2005, pp. 35-51.

SANTOS, M. *Pensando o espaço do homem*. São Paulo: Hucitec, 1982.

______. Natureza do espaço: técnica e tempo, razão e emoção. 4. ed. 2. reimpressão. São Paulo: Editora da Universidade de São Paulo, 2006, v. 1. (Coleção Milton Santos)

SARTORELLO, R. *Interações em estudos para conservação*: conceitos e técnicas para análises geográficas e ecológicas da paisagem. 2014. 1 f. Tese (Doutorado) – Programa de Pós-Graduação de Geografia Física, Universidade de São Paulo, São Paulo, 2014.

SCHIER, R. A. "Trajetórias do conceito de Paisagem na Geografia". *RA'E GA*. Curitiba, Editora UFPR, n. 7, 2003, pp. 79-85.

SCIFONI, Simone. *A construção do patrimônio natural*. 2006. Tese (Doutorado em Geografia Humana) – Faculdade de Filosofia, Letras e Ciências Humanas, Universidade de São Paulo, São Paulo, 2006. doi:10.11606/T.8.2006.tde-27122006-104748. Acesso em: 24 jul. 2019.

TROLL, Carl. A paisagem Geográfica e sua investigação. *Espaço e cultura*, 4, 1997.

TURNER, M. G. *Landscape Ecology In Theory And Pratice*. New York: Springer-Verlag, 2001.

______. Landscape Ecology: What Is The State Of The Science? *Annual Review of Ecology, Evolution, and Systematics*, Wisconsin, Annual Reviews, v. 36, dez. 2005. Disponível em: <http://www.srs.fs.usda.gov/pubs/ja/uncaptured/ja_turner007.pdf>. Acesso em: 7 out. 2018.

TURNER, M. G.; Gardner, R. H. (eds.). *Quantitative Methods in Landscape Ecology*. New York: Springer-Verlag, 1991.

______; ______; O'NEILL, R. V. *Landscape Ecology In Theory And Practice*. New York: Springer-Verlag, 2001.

WU, J.; Hobbs, R. (eds.). *Key Topics in Landscape Ecology*. Cambridge: Cambridge University Press, 2007.

INTERESSE PÚBLICO E REGULAMENTAÇÃO AMBIENTAL

Wagner Costa Ribeiro

Desafios presentes no mundo atual indicam que é necessário alterar a ordem social e produtiva. Vários documentos internacionais difundidos por órgãos multilaterais, instituições de pesquisa, organizações não governamentais, entre outras fontes, mostram desigualdades sociais crescentes associadas a uma alteração dos ciclos biogeoquímicos naturais sem precedentes. Reverter esse quadro é uma tarefa complexa, difícil, mas fundamental para buscar garantir condições mais equânimes socialmente e permitir a reprodução das diversas formas de vida. Nessa reflexão, optou-se por um ensaio sobre o problema ampliado com referências que tratam do tema.

O objetivo deste capítulo é mostrar que o interesse público tem sido postergado nas últimas décadas em prol de uma ideologia de *mercado*, que se traduz em menos Estado e mais *livre* iniciativa, o que vai em direção contrária à necessária regulação das ações humanas e seus impactos socioambientais. Essa forma de organizar as relações sociais tem resultado em desequilíbrios de várias ordens, a começar pelo social, é preciso insistir, mas também afeta a dinâmica de circuitos naturais complexos (ciclos biogeoquímicos) que já trazem (e criarão novas) repercussões que podem dificultar a reprodução das diversas formas de vida.

Para atender esse objetivo, o texto está dividido em três partes. Na primeira evidencia-se a relação entre os temas ambientais e o interesse público. Em seguida, mostra-se que é fundamental discutir como a desigualdade social e o direito das gerações futuras devem pautar as alternativas para retomar o interesse público. Por fim, apresenta-se uma reflexão de como a categoria território pode ser usada na construção de caminhos que orientem o devir em suas múltiplas possibilidades.

MEIO AMBIENTE E INTERESSE PÚBLICO

Após uma série de dramáticos eventos ambientais, ocorridos desde meados do século XX, que envolveram poluição do ar, contaminação do solo e da água, vazamentos de resíduos radioativos, entre outros problemas socioambientais, governos e pesquisadores passaram a dedicar atenção a essas questões. Inicialmente, as preocupações se voltaram aos impactos nos processos naturais e, mais tarde, incorporaram também seus efeitos sociais, econômicos e políticos.

Outra repercussão foi o ingresso dos temas ambientais na esfera do Estado. Isso ocorreu, entre outros aspectos, pela compreensão de que a repercussão de um evento ambiental vai muito além da localidade onde ocorre. Muitos impactos não respeitam limites geográficos, territoriais, sociais, políticos ou econômicos. Eles transbordam o ponto de ocorrência e suas consequências podem chegar a quilômetros de distância, quando não repercutem em dinâmicas mais complexas, como as que envolvem processos biogeoquímicos em diferentes escalas geográficas e em distintas camadas da atmosfera ou da litosfera.

Como já é amplamente difundido, a manutenção das condições de habitabilidade humana na Terra depende de sistemas que estão interligados. Por isso, manter a cobertura vegetal original, por exemplo, é um fator central para a funcionalidade dos serviços ambientais e ecológicos que repercutem na escala local, mas que também influenciam em escala regional, internacional e até global, como é o caso, por exemplo, do lançamento de gases de efeito estufa que intensificam o aquecimento global ou do desmatamento em larga escala.

Esse quadro despertou a atenção de instituições multilaterais. A Organização das Nações Unidas (ONU) incorporou temas socioambientais para sua missão de promover a paz pouco depois de sua criação, em 1945. Não foi por outra razão que uma série de estudos de recuperação de solos foi estimulada, já que o palco da Segunda Guerra Mundial foi duramente afetado pelo lançamento de bombas que contaminaram solos e rios. Havia o temor que, passada a fase do conflito armado, novas tensões surgissem pela impossibilidade de praticar a agricultura. Ou seja, o sistema das Nações Unidas foi um difusor de que é necessário regular as ações humanas para manter o funcionamento do sistema Terra de modo a permitir que o interesse geral possa ser mantido.

Um dos marcos da compreensão de que a questão ambiental passou a ser relevante ocorreu na Conferência sobre Meio Ambiente Humano, promovida pela ONU em Estocolmo, em 1972. Ela instalou um debate que ainda repercute na ordem ambiental internacional (Ribeiro, 2001). De um lado, os países mais ricos, que buscavam salvaguardar seus interesses, e, de outro, países mais pobres, que procuravam atingir indicadores sociais mais equânimes e próximos aos dos países ricos. Essa discussão ficou conhecida como zeristas *versus* desenvolvimentistas. Os primeiros eram os países ricos que ousaram propor aos países mais pobres o congelamento de sua atividade econômica. Já os países mais pobres alegaram que sua população também tinha o direito a um padrão de vida mais elevado, tal qual a dos países mais ricos. O segundo grupo levou vantagem e novas unidades produtivas foram instaladas em países emergentes, que apresentavam leis de regulação ambiental mais brandas que países de renda mais elevada.

A criação do Programa das Nações Unidas para o Meio Ambiente (PNUMA), que passou a coordenar as ações ambientais no sistema das Nações Unidas, também resultou da Conferência de Estocolmo. Coube a esse programa difundir a institucionalização do tema ambiental na estrutura administrativa de países. Isso ocorreu ao mesmo tempo em que restrições ambientais foram introduzidas para a concessão de financiamentos e empréstimos internacionais. Como resultado, muitos países criaram ministérios ou secretarias de meio ambiente.

Vinte anos mais tarde ocorreu, no Rio de Janeiro, a Conferência das Nações Unidas para o Meio Ambiente e Desenvolvimento (CNUMAD). Mais uma vez entrou em pauta a regulação da ação humana, dessa vez mediada por um conceito polêmico, o desenvolvimento sustentável. Independentemente de críticas que se possam apresentar a ele (a principal é que visa manter a sustentabilidade do sistema de produção capitalista), a principal novidade que essa ideia engendra é o debate intergeracional. Ao propor que as ações atuais devem garantir às gerações futuras a possibilidade de reproduzir suas vidas lança um debate ético que envolve o devir. Não cabe à geração atual esgotar os recursos naturais disponíveis. Ela também deve ter a responsabilidade de permitir a quem está por vir capacidade de reproduzir-se enquanto ser no mundo. Para tal é fundamental que os serviços ambientais e ecológicos possam ser mantidos de modo a não comprometer os ciclos biogeoquímicos, cada vez mais determinados pela dinâmica social e econômica.

Em 2012, mais uma vez os países se reuniram no Rio de Janeiro para nova reunião da ONU: a Conferência das Nações Unidas sobre Desenvolvimento Sustentável. Entre os temas discutidos estavam o combate à pobreza e um sistema de governança ambiental internacional.

A pobreza entrou em discussão por pressão do Brasil, na época chefiado pela presidenta Dilma Rousseff. Sua repercussão chegou aos Objetivos de Desenvolvimento Sustentável (ODS), estabelecidos em 2015, que ampliaram os Objetivos do Milênio (OM), oito metas definidas em 2000 e que tinham como foco eliminar a pobreza extrema, a fome, combater doenças como a aids, entre outros, até 2015. Os ODS reviram e ampliaram os OM e marcaram 2030 como data limite para chegar a metas ambiciosas, como erradicar a pobreza, a fome, conservar a biodiversidade, combater as mudanças climáticas, reduzir a desigualdade social, entre outras, anotadas em 17 objetivos.

Esse conjunto de ações da ordem ambiental internacional mostra-se insuficiente para regular o avanço da devastação ambiental e suas consequências sociais e políticas. Infelizmente, as metas parecem apenas uma referência utópica. O que se verifica no mundo é o aumento de emissões de gases de efeito estufa, do desmatamento, de geração de resíduos sólidos urbanos, da concentração da renda e da população em situação de pobreza extrema. Se por um lado a população tem mais informação sobre os efeitos dos problemas socioambientais, por outro parece hipnotizada pelo consumismo desenfreado que demanda recursos naturais e energia como nunca antes.

Por que isso ocorreu? Em parte porque esse movimento do sistema das Nações Unidas enfrentou, com maior intensidade a partir da década de 1990, a reafirmação do liberalismo econômico, uma série de crises do capitalismo e a afirmação do setor financeiro no comando de diversas atividades. A ordem ambiental internacional foi enfraquecida e levou a poucos resultados porque ela afronta o modelo de acumulação capitalista. Mas ela vai acabar se impondo diante da necessidade de reduzir as emissões de gases de efeito estufa e de conservar a biodiversidade, por exemplo. Além disso, a chamada "questão ambiental" acopla à dinâmica natural uma série de processos sociais e econômicos que, imbricados, revelam uma tessitura social concentradora de riqueza e que beneficia uma parcela minoritária no mundo. Ela repercute também de modo específico em áreas urbanas, cujos administradores têm dificuldades para gerir o volume crescente de resíduos, prover sua população com água de qualidade, coletar e tratar corretamente o esgoto, enfrentar eventos extremos, como chuvas intensas ou períodos mais secos, entre outros problemas.

O interesse público deveria ser a força motriz das relações sociais. Mas não é o que se verifica. A remuneração do capital e os interesses de acionistas, nem sempre lícitos, dominam as relações sociais. Esse embate tem se mostrado desastroso em termos da qualidade de vida e da rápida degradação ambiental, afetando a vida de bilhões de habitantes do planeta.

Cabe aqui determinar com mais clareza o que significa o interesse público, em especial em termos socioambientais. Como é notório, o conceito de interesse público tem no liberalismo um argumento de relevo. Nessa visão, o interesse individual levaria ao interesse público, posto que o que cada indivíduo aspira não poderia contrapor-se a de outro indivíduo, já que cada um quer o melhor para si. Logo, esse conjunto de ações individuais levaria a uma articulação entre o interesse privado e público.

Porém, não é essa a visão assumida neste texto. Parte-se da ação do Estado como regulador das ações humanas, retomando as ideias do jusnaturalismo como um fator central na garantia do interesse geral, logo, público. Em uma sociedade de classes, o interesse privado é determinado pela posição social. O Estado deve intermediar essa relação, sob pena de deixar à classe trabalhadora um duro fardo, como, por exemplo, o modelo de previdência privada por capitalização aplicado no Chile.

Quando remete-se a discussão às temáticas ambientais não resta alternativa senão a ação do Estado como regulador do interesse individual e salvaguarda do interesse público. Do contrário pode-se observar o uso intensivo de terras, de água, de recursos naturais por poucas pessoas e um legado de devastação ambiental para a maior parte da população, como ocorre em nossos dias. A divisão territorial do trabalho em curso deixa a países como Brasil e outros da América Latina e África a tarefa de fornecer recursos naturais ou agrícolas a países centrais, o que esvazia o acervo natural herdado nesses países, transferindo-os a outros que podem, além de preservar seus acervos de processos naturais, usar a maior parte dos recursos do planeta em prol de seus restritos interesses.

Com essa premissa se fundamenta ainda mais a ordem ambiental internacional, posto que ela busca o interesse geral em uma escala ainda mais ampla, a planetária. Desse modo, ela pode ajudar a manter as condições de habitabilidade humana (sempre é bom relembrar, por exemplo, ao procurar conter o aquecimento global em até 1,5 graus Celsius, ou mesmo no combate à desertificação e ao desmatamento) e das demais formas de vida, causa primeira da condição de ser no mundo, em vez da acumulação capitalista, que predomina em termos ideológicos.

Por isso é fundamental retomar temas como a desigualdade social e o debate intergeracional, que devem pautar as discussões sobre o interesse público.

DESIGUALDADE SOCIAL E DEBATE INTERGERACIONAL

O debate sobre a desigualdade é dos mais relevantes hoje em dia. Verifica-se atualmente que uma parcela diminuta da população dispõe de muita riqueza concentrada. Segundo relatório da Oxfam, em 2019 apenas 26 super-ricos possuíam a mesma riqueza que 3,8 bilhões de pessoas, praticamente a metade da população mundial (Oxfam, 2019: 12)! Tamanha desigualdade, que cresce a cada ano, revela que o sistema em curso vai levar a conflitos cada vez mais agudos. Ele vem acompanhado da revolução 4.0, do uso de novas tecnologias e da liberação de mão de obra. A "classe média" está por ser ainda mais afetada por essas novas tecnologias excludentes que diminuem a oferta de postos de trabalho. Sua reação tem sido conservadora e expressa apoio a políticos de extrema direita em diversos países. Esse "segmento social" busca uma volta nostálgica a um momento sem retorno. Ao mesmo tempo, não quer assimilar sua nova condição: um grande contingente populacional que será descartado de funções produtivas nos próximos anos por máquinas capazes de tomar decisões. A recusa em assumir sua decadência retarda sua necessária capacidade de reação política, a única forma de alterar esse quadro.

Se o avanço tecnológico vai praticamente eliminar a necessidade do trabalhador para muitas atividades, passa a ser do interesse público o acesso à renda. Sistemas de distribuição da riqueza terão que ser estabelecidos para evitar convulsões sociais agudas que podem levar ao extermínio de minorias enriquecidas, não sem antes gerar muitas revoltas e convulsão social.

E a Geografia com isso tudo? Esse campo do conhecimento tem uma tradição que articula as relações entre a sociedade e a natureza. Ele possui também uma vasta produção sobre os ciclos biogeoquímicos e suas múltiplas interações. E, mais recentemente, incorporou análises que envolvem a transcendência da temática socioambiental, seus efeitos e consequências, combinando aspectos políticos, econômicos, sociais e naturais em diversas escalas. Tamanho acervo discursivo não pode ficar alheio à necessária renovação que deve ser estabelecida em busca de um mundo menos desigual. Analisar impactos em diferentes escalas e territórios é outra possibilidade que o acervo teórico e conceitual da Geografia pode emprestar na busca de alternativas a esse modelo devastador e concentrador de riqueza.

Outro aspecto que deve pautar o interesse público é o debate intergeracional. Para começar, é fundamental refletir sobre o legado que as gerações futuras necessitarão para conduzir suas vidas. Muito menos que smartphones ou novos artefatos tecnológicos, será preciso manter às gerações futuras condições para reproduzirem suas vidas. Solo, água e ar de qualidade são itens que elas necessitarão, no mínimo. Entretanto, hoje em dia em muitas localidades não se encontram mais solo, água e ar limpos. Além disso, o modelo de produção hegemônico atual gera uma infinidade de resíduos, cuja redução e gestão adequada deveriam estar entre as prioridades em curso no mundo.

A degradação de solos, associada ao uso intensivo para a produção agrícola, que há muito tempo deixou de apenas produzir alimento e passou a ter outras metas como produzir energia e materiais, é cada vez mais presente. Além da perda por erosão, o uso intensivo de agrotóxicos contamina o solo e a água, inviabilizando seu uso no médio prazo, além de contaminar pessoas, como trabalhadores diretos da agricultura até consumidores dos produtos agrícolas (FAO e ITPS, 2015). Isso sem deixar de lembrar da desertificação, que tem causas naturais e sociais associadas. A Geografia, por meio de estudos do campo da Pedologia, por exemplo, possui vasto arsenal que mostra a degradação de solos, em especial em países de clima tropical úmido, como é o caso do Brasil. Mais recentemente, estudos geográficos desempenham papel de destaque ao analisar o uso de agrotóxicos e seus impactos nos trabalhadores e em países (Bombardi, 2017).

Em termos de acesso à água o quadro é mais grave. De acordo com a WWAP (2019), 4 bilhões de pessoas (mais da metade da população mundial) vivem em áreas com escassez hídrica pelo menos por um mês ao longo de um ano. Esse contingente deve chegar a cerca de 4,8 a 5,7 bilhões de pessoas até 2050, posto que o consumo e demanda por água aumenta cerca de 1% ao ano (WWAP, 2018: 3), principalmente em função do crescimento da atividade econômica pautada pelo consumismo e, depois, pelo crescimento populacional, em especial nas áreas urbanas, tradicionalmente mais intensivas no uso da água. Os estudos da Geografia voltados ao acesso à água são destaque em diversos países, como na França, na Espanha, no México e no Brasil. Nesses países, encontram-se diversas análises que envolvem pesquisas sobre contaminação da água, hidropolítica e hidro-hegemonia (Ribeiro, 2017a), gestão dos recursos hídricos (Vianna, 2017), acesso à água e direito humano à água, entre outros assuntos.

Qualidade do ar é outro tema que afeta milhões de pessoas. De acordo com a Organização Mundial da Saúde, 4,2 milhões de pessoas morrem anualmente por causas ligadas à poluição do ar. Essa mesma organização aponta que 91% da população mundial vive em áreas com índices de poluição atmosférica mais elevados que os recomendados (WHO, 2019). Esse quadro exige ações rápidas e eficazes. Elas envolvem o conhecimento sobre processos de produção do espaço urbano (Carlos, 2011; 2017), mas também sobre mobilidade urbana, dispersão de poluentes, controle de emissões por veículos automotores, incentivo ao uso de energias alternativas e de ciclovias, entre outros aspectos. Tal gama de problemas pode ser abordada pela tradição discursiva da Geografia, que permite analisar fluxos de mercadorias e de pessoas em áreas urbanas, as mais afetadas pela poluição do ar, que pode ser agravada por fenômenos como a inversão térmica, cuja análise também remete aos estudos da Climatologia Geográfica (Sant'Anna Neto, 2008). Também envolve campos como a Geografia da Saúde, que foi retomada nas últimas décadas com importante contribuição ao debate sobre saúde pública (Barroso, 2018).

Em relação aos resíduos sólidos urbanos, a situação é dramática. Segundo o Banco Mundial, são gerados cerca de 2 bilhões de toneladas de resíduos sólidos urbanos por ano, dos quais 33% não têm um destino final adequado. De acordo com a mesma publicação, a média gerada por pessoa chega a 0,74 quilo, porém, com uma grande discrepância, já que existe quem gere 0,11 quilo e quem chegue a 4,54 quilos por dia! A população de países de renda mais elevada, que equivale a 16% do total, produz cerca de 34% do lixo anual, cerca de 683 milhões de toneladas (Kaza et al., 2018: 3).

O desequilíbrio na geração do lixo reflete diferenças sociais, um dos objetos de estudos da Geografia Econômica e de Geografia Social (Scarlato e Pontin, 1992; Berrios, 1999). Mas a gestão dos resíduos, que inclui sua diminuição a partir do reaproveitamento de materiais e sua reciclagem, para depois ter uma disposição correta, passa pelo crivo de estudos geográficos que combinam outros campos da Geografia, como a Geografia Política (Ziglio, 2014).

O conjunto de temas apontados deveria fundamentar o debate intergeracional e sobre a desigualdade social que avança no mundo. Mas isso não ocorre. A sociedade de consumo (Santos, 1987), incluindo as camadas mais pobres e a classe média, cada vez mais em pânico, está envolta a medos, mentiras e ao ódio (Santos, 2019).

É fundamental retomar o interesse público. Ele pode ser uma bandeira que descortine o medo do futuro e uma pauta para amenizar o ódio ao permitir o foco em temas fundamentais à reprodução da vida na Terra. Essa discussão não parte do zero. Ao contrário, encontra-se no mundo uma série de mecanismos de controle social da iniciativa privada que podem ser revistos e ampliados em prol da coletividade. Vamos tratar de alguns deles.

TERRITÓRIO E INSTRUMENTOS DE GESTÃO AMBIENTAL

Diversos instrumentos de gestão ambiental são usados para regular as ações humanas. Parte deles repercute diretamente nos arranjos territoriais (Moreira, 2006), com evidente repercussão geográfica. O mosaico de unidades de conservação, o plano de manejo de unidade de conservação, o licenciamento ambiental, o zoneamento ecológico (Ab'Saber, 1989) e o estudo e relatório de impactos ambientais (Verdum e Medeiros, 2014) estão entre os principais. O escopo desse texto não permite tratar de cada modalidade, mas pode apontar como a Geografia empresta teorias e metodologias para embasar a aplicação desses instrumentos.

Definir territórios para a gestão pública é uma atribuição clássica da Geografia (Costa, 1992; Haesbaert, 2007; Ribeiro, 2008; Moraes, 2013; Capel, 2016). Essa maneira de ver o mundo, que parte das relações de poder e sua espacialização no território, permite criar mosaicos de unidades de conservação, zoneamento ecológico, planos de manejo e o licenciamento ambiental, ou seja, permite estabelecer unidades de gestão territorial.

Uma das premissas do licenciamento ambiental é estabelecer territórios para a intervenção ou para a conservação de processos naturais, o que remete à ação do Estado como promotor e provedor do interesse público. Já a definição de zonas e suas categorias de restrição de uso do solo urbano pode ser um instrumento fundamental para salvaguardar o interesse geral nas cidades, sejam metrópoles ou cidades médias (Spósito, 2007). Essas duas situações afrontam a razão baseada apenas na acumulação de capital e remuneração de acionistas. Por isso, enfrentam resistências de vários setores, como o agronegócio e a mineração em larga escala, e os agentes imobiliários que atuam na produção do espaço urbano.

Nas cidades também se emprega o zoneamento para definir o uso do solo, com critérios que podem combinar diretrizes sociais e ambientais. Nesse caso, criam-se áreas mais ou menos restritivas à instalação de indústrias, comércio, edifícios com determinada altura, entre outros aspectos. Na perspectiva da produção do espaço urbano, o planejamento estabelece normas que regulam tanto a construção e/ou renovação de edificações quanto o uso do solo no momento e no futuro. Os planos diretores são um dos meios para se chegar a isso e se tornam foco de longos debates políticos.

Pensar em escala regional (Lencioni, 2007; 2017) é uma forma de ver o mundo e buscar as relações entre os lugares (Santos, 1996). Nessa escala, pode-se combinar vários arranjos territoriais que envolvem, por exemplo, unidades de conservação e seus serviços ecológicos e ambientais, que fornecem elementos às áreas urbanas, que deveriam ter suas zonas internas, com as respectivas restrições, baseadas na capacidade de fornecer água do entorno, por exemplo. O mesmo se aplicaria para aceitar a presença de atividades intensivas em uso de água, como mineradoras, ou mesmo as voltadas à produção agrícola, que deveriam combinar características do solo, insolação e oferta de água, antes de mais nada.

No Brasil, uma série de instrumentos de gestão ambiental usam arranjos territoriais que chegam até a se sobrepor. Os comitês de bacia hidrográfica atuam em escala regional e englobam, muitas vezes, unidades de conservação e seus planos de manejo. Cidades, ou mesmo metrópoles, situadas no interior da bacia também têm seus arranjos territoriais próprios. Essa profusão de instrumentos de gestão territorial utiliza elementos clássicos da Geografia (Ribeiro, 2009). Combiná-los é um enorme desafio que remete à política e seu espraiamento territorial em diferentes escalas. Por isso, para a opinião pública fica a impressão de ineficácia, quando, na verdade, se verifica uma batalha política entre distintos agentes sociais com suas bandeiras territorializadas em confronto.

Para delimitar um território na perspectiva da gestão ambiental, independentemente da escala, é fundamental identificar as forças políticas que atuam ou vão passar a atuar nele. Quando o Estado faz esse exercício, ele deve buscar o interesse público frente aos interesses individuais. Uma medida a ser considerada seria a que permite criar e reproduzir os complexos sistemas biogeoquímicos necessários à reprodução da vida. Por isso, o Estado pode estabelecer um território vasto para que os serviços ecossistêmicos sejam mantidos, o que é sempre alvo da resistência de quem pensa em um tempo curto, voltado à remuneração rápida do investimento privado.

Entender a conexão de complexos sistemas naturais e sociais não é uma tarefa simples. Ela envolve diversos especialistas e leva um tempo que afronta a dinâmica da remuneração do capital (Gonçalvez, 2006).

Outra dificuldade é que inúmeras atividades estão em curso, a grande maioria delas sem a menor consideração de seus impactos ambientais e sociais em diferentes escalas. Essa defasagem cria uma enorme dificuldade porque pode levar a impasses que dificultem promover mudanças. Tal aspecto é tão relevante que já levou a novas pautas do movimento sindical, como a transição justa, que em palavras rápidas significa estabelecer critérios para que se possam empregar os trabalhadores que perderão seus postos de trabalho diante das necessárias mudanças no padrão de produção, e o comércio justo, que procura remunerar melhor quem produz localmente e sem necessitar de transporte a grandes distâncias, além de produzir em quantidade adequada à capacidade natural dos solos, por exemplo.

Por isso, após identificar os agentes políticos e seus interesses, é preciso analisar o uso do território e seus impactos sociais e ambientais no presente e no futuro. Para prever o devir se costuma trabalhar com cenários de curto, médio e longo prazos. Mas essa tipologia, que em geral assume 5, 10 e 15 anos, respectivamente, se mostra insuficiente quando se projetam mudanças climáticas com impactos severos daqui a 30, 50 e até 100 anos, como já mostram alguns ensaios.

As demandas para conter as mudanças climáticas e para atender as gerações futuras precisam ser coordenadas. Mas elas afrontam interesses dominantes atuais. Informação e divulgação dessa pauta é o começo de um processo que pode ser lento e insuficiente para alterar o quadro na temporalidade necessária. Como alternativa, é preciso retomar o interesse público no âmbito do Estado, ainda que ele esteja sendo massacrado pelo avanço de uma nova onda conservadora e neoliberal.

Criar territórios e suas restrições também é uma forma de combater a injustiça ambiental (Ribeiro, 2017; Carlos et al., 2017). Com o avanço das práticas produtivas no campo e na cidade, com o aumento da demanda por água, energia e recursos naturais, verifica-se um recrudescimento de conflitos ambientais que se territorializam, indicando focos de tensão social. Mas engana-se quem imagina que isso ocorre apenas no campo. Nas cidades, ele se expressa por meio da falta de acesso à água e na disposição inadequada de resíduos, por exemplo. Ou seja, a luta pela justiça espacial e ambiental passa pelo estudo do território e seus focos de poder para identificar focos de tensão.

Por fim, o ato de estabelecer territórios aplicados à gestão pública é fundamental e necessário. Do contrário, vai predominar uma anarquia, acobertada por uma ideologia da livre iniciativa, que pode sobrepor-se ao interesse público.

Na história recente do Brasil, encontram-se vários exemplos dessa situação. Basta lembrar a revisão do Código Florestal, ou as polêmicas mais recentes que envolvem a titulação de terras indígenas. Nos dois casos estamos frente a uma batalha para criar territórios com vistas a um interesse público.

A revisão do Código Florestal resultou em mais permissão para desmatar. Também permitiu ao produtor rural diminuir as áreas de preservação permanente. Apenas esses dois aspectos mostram o quanto uma política territorial afeta a manutenção de serviços ecossistêmicos necessários à reprodução da vida atual e futura e como o interesse imediato prevaleceu sobre o interesse público, em especial na perspectiva do debate intergeracional.

Em relação às terras indígenas, várias pesquisas, parte delas oriundas de órgãos oficiais do Estado brasileiro, indicam que a conservação de processos naturais ocorre com maior eficácia em terras indígenas que até mesmo em unidades de conservação. Esse aspecto é ignorado no debate sobre o reconhecimento desse direito constitucional dos povos originários que vivem no território que hoje delimita o Brasil. Ou seja, por meio da descaracterização e usurpação de um direito, perde-se também a oportunidade de melhorar a qualidade de vida em geral, em especial das gerações futuras, dados os serviços ecossistêmicos que os povos originários prestaram no passado, mantém no presente e podem vir a ofertar no futuro.

Discutir interesse público e suas demandas é uma tarefa fundamental para entender o mundo contemporâneo. O avanço das forças produtivas é avassalador, tanto no campo quanto nas cidades. Resulta em elevados índices de desmatamento, de emissão de gases de efeito estuda e resulta em inúmeros conflitos socioambientais que expressam injustiça ambiental e espacial.

A regulação da livre iniciativa é mais que uma bandeira. É uma necessidade que se impõe diante de alertas projetados por pesquisadores para a situação irreversível que pode se instalar nos processos biogeoquímicos da Terra, com intensas repercussões sociais. Mas o que se verifica é uma batalha de ideias que leva à discussão para temas menores, que travestem de ideológico o que se deve salvaguardar: as condições de reprodução das diversas formas de vida no planeta.

A tradição discursiva da Geografia oferece diversos conceitos, teorias e metodologias que podem atenuar esse quadro complexo e de difícil resolução, posto que revela antagonismos sociais e desequilíbrio de poder. Por isso, a categoria território foi destacada neste capítulo. Ela é a que melhor pode desvendar a gama de poderes, os meandros não explícitos de interesses pontuais que afrontam milhões de pessoas.

Como apontado ao longo deste capítulo, acesso à água, coleta e destinação correta de lixo, emissões de gases de efeito estufa, desmatamento, uso de agrotóxicos em larga escala, entre outros aspectos, resultam em um mundo marcado pela desigualdade social. Quando se projeta esse cenário para o necessário debate intergeracional, a conclusão só pode ser uma: é preciso regular a ação humana, pois a livre iniciativa de poucos pode levar a uma situação de risco para milhões de pessoas.

Essa tarefa exige combinar escalas tanto no diagnóstico quanto na intervenção para a resolução de problemas. E ela só poderá ser qualificada se legitimada pelo interesse público, pela necessidade de deixar um legado menos devastador às gerações futuras. Por isso, ela remete ao território e, cada vez mais, às diferentes instâncias de poder coletivo, seja por meio do Estado, seja por meio de acordos internacionais estabelecidos em foros multilaterais.

BIBLIOGRAFIA

AB'SABER, A. Zoneamento ecológico e econômico da Amazônia: questões de escala e método. *Estudos Avançados*, 3(5), 1989, pp. 4-20.

BARROSO, L. V. Desigualdades na mortalidade infantil no Município de São Paulo: em busca do melhor indicador. *Confins* (Paris), 2018, pp. 1-20.

BERRÍOS, M. R. Consumismo e geração de resíduos sólidos. *geousp*: espaço e tempo (on-line), (6), 1999, pp. 17-28. Disponível em: <https://doi.org/10.11606/issn.2179-0892.GEOUSP.1999.123360>. Acesso em: maio 2019.

BOMBARDI, L. M. *Geografia do uso de agrotóxicos no Brasil e conexões com a União Europeia*. São Paulo: Laboratório de Geografia Agrária, 2017.

CAPEL, H. Las ciencias sociales y el estudio del territorio. Biblio 3W. *Revista Bibliográfica de Geografía y Ciencias Sociales*. Barcelona: Universidad de Barcelona, 5 de febrero de 2016, V. XXI, n. 1.149. Disponível em: <http://www.ub.es/geocrit/b3w-1149.pdf>. Acesso em: maio 2019.

CARLOS, A. F. A. *A condição espacial*. São Paulo: Contexto, 2011.

______. *Espaço-tempo da vida cotidiana na metrópole*. São Paulo: FFLCH/USP, 2017.

______. et al. (orgs.). *Justiça espacial e o direto à cidade*. São Paulo: Contexto, 2017.

COSTA, W. M. da. *Geografia política e geopolítica*: discursos sobre o território e o poder. São Paulo: Edusp/Hucitec, 1992.

FAO; ITPS. *Status of the World's Soil Resources (swsr) – Main Report*. Food and Agriculture Organization of the United Nations and Intergovernmental Technical Panel on Soils, Rome, 2015.

GONÇALVES, C. W. P. *A globalização da natureza e a natureza da globalização*. São Paulo: Civilização Brasileira, 2006.

HAESBAERT, R. Território e multiterritorialidade: um debate. *GEOgraphia* (UFF), v. 17, 2007, pp. 19-45.

KAZA, S., et al. What a Waste 2.0: A Global Snapshot of Solid Waste Management to 2050. *Urban Development*;. Washington: World Bank, 2018. Disponível em: <https://openknowledge.worldbank.org/handle/10986/30317>. Acesso em: maio 2019.

LENCIONI, S. *Metrópole, metropolização e regionalização*. Rio de Janeiro: Consequência, 2017.

______. *Região e geografia*. 3. ed. São Paulo: Edusp, 2007.

OXFAM. *Bem público ou riqueza privada*? Oxford: Oxfam, 2019.

MORAES, A. C. de. *Território na geografia de Milton Santos*. São Paulo: Annablume, 2013.

MOREIRA, R. *Para onde vai o pensamento geográfico*. São Paulo: Contexto, 2006.

RIBEIRO, W. C. *A ordem ambiental internacional*. São Paulo: Contexto, 2001.

______. *Geografia política da água*. São Paulo: Annablume, 2008.

______. (org.). *Governança da água no Brasil*: uma visão interdisciplinar. São Paulo: Annablume, 2009.

______. Shared Use of Transboundary Water Resources in La Plata River Basin: Utopia or Reality?. *Ambiente e sociedade*, São Paulo, v. 20, n. 3, set. 2017a, pp. 257-70. Disponível em: <http://www.scielo.br/scielo.php?script=sci_arttext&pid=S1414-753X2017000300257&lng=en&nrm=iso>. Acesso em: maio 2019.

______. Justiça espacial e justiça socioambiental: uma primeira aproximação. *Estudos Avançados*, v. 31, 2017b, pp. 147-65.

SANT'ANNA NETO, J. L. Da climatologia geográfica à geografia do clima: gênese, paradigmas e aplicações clima como fenômeno geográfico. *Revista da Anpege*, v. 4, 2008, pp. 1-18.

SANTOS, B. S. Revolução tecnológica num mundo regredido? *Outras Palavras*. 13 de fevereiro de 2019. Disponível em <https://outraspalavras.net/mercadovsdemocracia/revolucao-tecnologica-num-mundo-regredido/>. Acesso em: fev. 2019.

SANTOS, M. *O espaço do cidadão*. São Paulo: Nobel, 1987.

______. *A natureza do espaço*: técnica e tempo. Razão e emoção. São Paulo: Hucitec, 1996.

SCARLATO, F. C.; PONTIN, J. A. *Do nicho ao lixo*: ambiente, sociedade e educação. São Paulo: Atual, 1992.

SPÓSITO, M. E. *Cidades médias:* espaços em transição. São Paulo: Expressão Popular, 2007.

VERDUM, R.; MEDEIROS, R. M. (org.). *RIMA – Relatório de Impacto Ambiental*: legislação, elaboração e resultados. 6. ed. Porto Alegre: Editora da UFRGS, 2014.

VIANNA, P. C. G. Recursos Hídricos, diferentes formas de apropriação no semiárido brasileiro. SUERTEGARAY, Dirce Maria Antunes et al. (orgs.). *Geografia e conjuntura brasileira*. Rio de Janeiro: Consequência, 2017, pp. 311-42.

WHO (World Health Organization). *Ambient Air Pollution – A Major Threat to Health and Climate*. Disponível em: <https://www.WHO.int/airpollution/ambient/en/>, Acesso em: fev. 2019.

WWAP (Unesco World Water Assessment Programme). *The United Nations World Water Development Report 2018*: Nature-Based Solutions for Water. Paris, Unesco, 2018.

______. *The United Nations World Water Development Report 2019:* Leaving No One Behind. Paris, Unesco, 2019.

ZIGLIO, L. A. I. Industrial Solid Waste Management in Brazil and the Basel Convention. *Novos Estudos Jurídicos* (on-line), v. 19, 2014, pp. 559-84.

AS ORGANIZADORAS

Ana Fani Alessandri Carlos é professora titular em Geografia do Departamento de Geografia da Faculdade de Filosofia, Letras e Ciências Humanas da Universidade de São Paulo (USP). Dentre os livros publicados, destacam-se: *Espaço-tempo na metrópole* (menção honrosa do prêmio Jabuti em Ciências Sociais de 2002) e a coordenação (e autora) da Coleção Metageografia: *A crise urbana* (2016); *A cidade como negócio* (2015); *Justiça espacial e o direito à cidade* (2016); *Geografia urbana crítica: teoria e método* (2018), todos publicados pela editora Contexto. Atualmente é coordenadora do Gesp – Grupo de Geografia Urbana Crítica Radial do Departamento de Geografia da USP – e do Grupo de Trabalho "Teoria Urbana Crítica" do Instituto de Estudos Avançados – IEA, USP. É bolsista CNPq nível PQ 1A.

Rita de Cássia Ariza da Cruz é professora doutora em Geografia do Departamento de Geografia da Faculdade de Filosofia, Letras e Ciências Humanas da Universidade de São Paulo (USP), desde 2003. Graduada em Geografia e com mestrado e doutorado em Geografia Humana, tem toda sua formação no Departamento de Geografia da Faculdade de Filosofia, Letras e Ciências Humanas da Universidade de São Paulo. É orientadora de mestrado e doutorado no Programa de Pós-Graduação em Geografia Humana deste Departamento, e suas pesquisas voltam-se, principalmente, para os estudos regionais e para uma análise geográfica do turismo, do que decorre a autoria e organização de alguns livros e diversos capítulos de livro e artigos científicos.

OS AUTORES

Amélia Luisa Damiani é professora titular do Departamento de Geografia da Faculdade de Filosofia, Letras e Ciências Humanas da Universidade de São Paulo (USP) e membro pesquisador do Laboratório de Geografia Urbana – Labur. Coordena, junto com a profa. Odette Carvalho de Lima Seabra, o Grupo de Pesquisa "Geografia Urbana: a vida cotidiana e o urbano" desde 2003, grupo do Diretório de Grupos de Pesquisas no Brasil, do CNPq.

André Roberto Martin é professor titular em Geografia do Departamento de Geografia da Faculdade de Filosofia, Letras e Ciências Humanas da Universidade de São Paulo (USP). Suas pesquisas e produção bibliográfica concentram-se, principalmente, nas áreas de Geografia Urbana, Regional e Política, com ênfase em Geopolítica. É o atual coordenador do Laboratório de Geografia Política (Geopo) do DG/FFLCH/USP.

Antonio Carlos Colangelo é professor do Departamento de Geografia da Faculdade de Filosofia, Letras e Ciências Humanas da Universidade de São Paulo desde 1989, tendo sido anteriormente pesquisador do Estado de São Paulo no Instituto Geológico. Foi chefe do Departamento de Geografia de 2015 a 2018. Professor associado da Universidade de São Paulo (2007), sendo, pela mesma universidade, graduado em Geografia (1984), mestre (1990) e doutor (1995) na área de Geografia Física. Defendeu sua tese de livre-docência pela Universidade de São Paulo em 2007. As áreas de seu interesse transitam desde a Epistemologia da Geografia Física até a modelização matemática aplicada à Geomorfologia, à Cartografia Geomorfológica de Detalhe e à Análise Espacial de Magnitude-Frequência de processos de movimentos de massa. Tem se dedicado também à Geomorfossíntese e à Geomorfocinemática aplicadas à evolução e à estabilidade de vertentes.

Carlos de Almeida Toledo é professor-doutor do Departamento de Geografia da Faculdade de Filosofia Letras e Ciências Humanas da Universidade de São Paulo, atuando principalmente nos seguintes temas: território, região e Estado nacional, migrações, mobilidade do trabalho, crítica da economia política e imperialismo. Possui graduação em Ciências Econômicas pela Universidade de São Paulo (1997), mestrado (2001) e doutorado (2008) em Geografia (Geografia Humana) pela mesma universidade.

César Simoni Santos é professor-doutor do Departamento de Geografia da Universidade de São Paulo (USP), membro do Grupo de Estudos de Geografia Urbana Crítica Radical (Gesp) e membro do Grupo de Teoria Urbana Crítica do Instituto de Estudos Avançados (IEA) da USP. É coordenador do convênio acadêmico firmado com o Geographischen Institut da Christian-Albrechts-Universität zu Kiel, da Alemanha, e pesquisador no projeto "High-rise Living and the Inclusive City" (HIGHRISE), firmado numa parceria entre a USP e a Université Lumière Lyon 2.

Elvio Rodrigues Martins é professor livre-docente do Departamento de Geografia da Universidade de São Paulo. Bacharel pela Universidade do Rio Grande do Sul em 1986, atualmente é professor no curso de graduação e pós-graduação em Geografia da Universidade de São Paulo. Tem buscado entender a dimensão geográfica da existência humana considerando os diferentes elementos que a compõem.

Fernanda Padovesi Fonseca é professora-doutora do Departamento de Geografia da Universidade de São Paulo, onde fez a graduação, o mestrado e o doutorado com a tese *A inflexibilidade do espaço cartográfico, uma questão para a geografia.* Desde 1997 atua no ensino superior e publicou livros didáticos para o ensino fundamental, assim como vários artigos que tratam da representação cartográfica do espaço geográfico, tanto na pesquisa científica como no ensino.

Francisco Capuano Scarlato é professor sênior do Departamento de Geografia da Universidade de São Paulo, possui graduação em Geografia pela Universidade de São Paulo (1968), graduação em História (1973), mestrado (1981) e doutorado (1988) em Geografia (Geografia Humana) pela mesma universidade. Foi coordenador de comissão do Ministério da Educação e professor doutor da Universidade de São Paulo. Tem experiência na área de Geografia, atuando principalmente nos seguintes temas: Geografia Urbana, Geografia Regional, Cidades e Patrimônio Cultural. Atualmente, é professor sênior do Departamento de Geografia e do Programa de Pós-Graduação em Geografia da USP.

Glória Alves é professora-doutora Departamento de Geografia da USP, graduada e licenciada em Geografia pela FFLCH-USP. Mestre e doutora pelo Programa de Pós-Graduação em Geografia Humana da FFLCH-USP, pesquisa na área de Geografia Urbana e orienta mestrado e doutorado nas temáticas de Geografia Urbana e Ensino de Geografia no Programa de Pós-Graduação de Geografia Humana da mesma instituição. É membro da AGB, do Laboratório de Geografia Urbana (Labur) do Departamento de Geografia, onde também participa do Gesp (Grupo de Estudos de Geografia Urbana Radical) e do projeto Metageografia. É coordenadora da Semana de Geografia, atividade que debate e estimula pesquisas sobre o ensino de Geografia. Fez estágio pós-doutoral em Barcelona (2005) e em Paris (2010).

Isabel Pinto Alvarez é professora-doutora Departamento de Geografia da USP, possui graduação, mestrado e doutorado em Geografia pela Universidade de São Paulo (USP). Desde 2010 atua como professora e orientadora no Programa de Pós-Graduação em Geografia Humana (PPGH) da Faculdade de Filosofia, Letras e Ciências Humanas (FFLCH), ambos da USP. É membro do Gesp (Grupo de Estudos de Geografia Urbana Radical), vinculado ao Laboratório de Geografia Urbana da Universidade de São Paulo, e do Grupo de Teoria Urbana Crítica do Instituto de Estudos Avançados (IEA) da USP, além de coordenadora do Grupo de Trabalho "Produção do espaço: perspectiva crítica", na Anpege. Suas pesquisas estão no campo da Geografia Urbana e Planejamento Urbano, através das quais discute a mobilização do espaço pelo capital.

Larissa Mies Bombardi é professora-doutora do Departamento de Geografia da Universidade de São Paulo (USP) desde 2007. Bacharel, mestre e doutora em Geografia pela USP, com pós-doutorado na Universidade de Strathclyde – Escócia – em 2016/2017. Pesquisadora da temática do uso de agrotóxicos no Brasil há dez anos, com diversos artigos publicados e mais de sessenta entrevistas concedidas sobre o tema em meios de comunicação nacionais e internacionais. Autora do atlas *Geografia do uso de agrotóxicos no Brasil e conexões com a união europeia*, lançado em 2017 pelo Laboratório de Geografia Agrária da USP.

Marta Inez Marques é professora-doutora do curso de graduação em Geografia e do Programa de Pós-Graduação em Geografia Humana da Universidade de São Paulo (USP), além de coordenadora do Laboratório de Geografia Agrária da mesma universidade. Mestre e doutora em Geografia Humana pela USP, com especialização em Desenvolvimento Rural pela Université de Paris I (França) e pós-doutorado pela City University of New York (EUA). Tem trabalhado com os seguintes temas: produção da natureza, desenvolvimento desigual do capitalismo e território, movimentos sociais, questão agrária e relação campo-cidade. Tem publicado em coletâneas e em revistas como *Terra Livre*, GEOUSP, *GEOgraphia*, *Revista Nera*, *Revista Agrária*.

Rodrigo Valverde é professor-doutor do Departamento de geografia da USP, possui graduação, mestrado e doutorado em Geografia pela Universidade Federal do Rio de Janeiro (2007), sob orientação do professor Paulo Cesar da Costa Gomes, com estágio de doutorado na Université de Pau et des Pays de l'Adour, na França, sob direção do professor Vincent Berdoulay. Desde 2009, é professor doutor da Faculdade de Filosofia, Letras e Ciências Humanas na Universidade de São Paulo. A ênfase de suas pesquisas se encontra nas trocas entre a Geografia Urbana e a Geografia Cultural, atuando principalmente por intermédio dos seguintes temas: espaço público, indústrias culturais, micropolítica, heterotopia e territorialidades.

Sandra Lencioni é professora titular sênior do Departamento de Geografia da Faculdade de Filosofia, Letras e Ciências Humanas da Universidade de São Paulo, onde obteve vários títulos acadêmicos. Autora de inúmeros trabalhos científicos e do livro *Região* *e geografia*, uma referência na Geografia brasileira, se dedica aos temas: teoria da região, metrópole e metropolização. Tem participado e coordenado vários projetos de pesquisa nacionais e internacionais e é membro do corpo editorial de inúmeras revistas científicas, nacionais e internacionais, bem como de vários comitês e associações científicas.

Sueli Angelo Furlan é professora doutora do departamento de Geografia da USP. Mestre e doutora em Geografia Física pela FFLCH-USP, é bacharel e licenciada em Ciências Biológicas pela Universidade de São Paulo. Desenvolve pesquisas socioambientais em Conservação de Florestas Tropicais. Credenciada no Programa de Ciências Ambientais da USP (Procam) e coordenadora do Núcleo de Pesquisas de Populações Humanas e Áreas Úmidas (Nupaub-USP). Área de Pesquisa: florestas culturais e paisagem e desenvolvimento local em áreas protegidas. Autora de vários livros e coordenadora de conteúdo dos Atlas Ambientais Municipais da Atina Educação.

Valeria de Marcos é professora-doutora Departamento de Geografia da USP, desde 2006. Graduada em Geografia (bacharelado e licenciatura) pelo Departamento de Geografia da FFLCH-USP. Realizou seu mestrado no PPGH da FFLCH-USP sob orientação do prof. dr. Ariovaldo U. de Oliveira e seu doutorado na Università degli Studi di Genova, Italia, sob a orientação do Prof. Massimo Quaini. É vice-coordenadora do Grupo de Estudos de Geografia Urbana (IEA/USP) e atua orientando e pesquisando nas áreas de Geografia Agrária, Amazônia, Ensino de Geografia Agrária, Educação Diferenciada e Anarquismo. Atualmente coordena projeto interdisciplinar de implantação da educação quilombola em Barra do Turvo (SP) envolvendo professores da FFLCH e IME.

Wagner Costa Ribeiro é professor titular do Departamento de Geografia e dos Programas de Pós-Graduação em Geografia Humana e em Ciência Ambiental da referida universidade. Mestre e doutor em Geografia pela Universidade de São Paulo, onde obteve também o título de livre-docente. Atuou como conselheiro no Conselho Estadual de Meio Ambiente do Estado de São Paulo e no Conselho Municipal de Meio Ambiente e Desenvolvimento Sustentável de São Paulo. Pesquisador do Conselho Nacional de Desenvolvimento Científico e Tecnológico, dedica-se a temas como ordem ambiental internacional, gestão dos recursos hídricos e políticas públicas socioambientais. Autor de *A ordem ambiental internacional* e *Geografia política da água*, além de diversos artigos, capítulos de livros acadêmicos e coleções didáticas.

Wanderley Messias da Costa é professor titular (sênior) do Departamento de Geografia da FFLCH-USP. Bacharel e livre-docente em Geografia Humana pela USP e credenciado junto ao Programa de Pós-Graduação em Geografia Humana desde 1992, pesquisador 1 do CNPq e integrante do Geopo (Laboratório de Geografia Política) e do Gacint/iri (Grupo de Análise da Conjuntura Internacional) da USP. Atual vice-presidente da Abed (Associação Brasileira de Estudos de Defesa), é autor de diversos livros e artigos sobre Geografia Política, Geopolítica, Segurança e Defesa, América do Sul, Atlântico Sul e Amazônia.

GRÁFICA PAYM
Tel. [11] 4392-3344
paym@graficapaym.com.br